AVELINO **ALVES** 〉 MÁRCIO **WALBER** 〉 AGENOR **MEIRA**

DESENVOLVIMENTO DE PRODUTOS
UTILIZANDO SIMULAÇÃO VIRTUAL

Como DESENVOLVER PROJETOS com um poderoso recurso que simula o comportamento dos produtos antes de fabricá-los

Desenvolvimento de Produtos Utilizando Simulação Virtual

Copyright © 2022 da Starlin Alta Editora e Consultoria Eireli.
ISBN: 978-65-5520-649-4

Impresso no Brasil — 1ª Edição, 2022 — Edição revisada conforme o Acordo Ortográfico da Língua Portuguesa de 2009.

Dados Internacionais de Catalogação na Publicação (CIP) de acordo com ISBD

A474d   Alves, Avelino
         Desenvolvimento de produtos utilizando simulação virtual: procedimentos e aplicações / Avelino Alves, Márcio Walber, Agenor Meira. - Rio de Janeiro : Alta Books, 2022.
         416 p. : il. ; 16cm x 23cm.

         Inclui bibliografia e índice.
         ISBN: 978-65-5520-649-4

         1. Desenvolvimento de produtos. 2. Tecnologia. 3. Softwares CAD/CAE/CAM. 4. Controle de qualidade. I. Walber, Márcio. II. Meira, Agenor. III. Título.

2022-515   CDD 658.5
                                                        CDU 658.5

Elaborado por Odílio Hilario Moreira Junior - CRB-8/9949

Índice para catálogo sistemático:
1. Gestão de produtos 658.5
2. Gestão de produtos 658.5

Todos os direitos estão reservados e protegidos por Lei. Nenhuma parte deste livro, sem autorização prévia por escrito da editora, poderá ser reproduzida ou transmitida. A violação dos Direitos Autorais é crime estabelecido na Lei nº 9.610/98 e com punição de acordo com o artigo 184 do Código Penal.

A editora não se responsabiliza pelo conteúdo da obra, formulada exclusivamente pelo(s) autor(es).

Marcas Registradas: Todos os termos mencionados e reconhecidos como Marca Registrada e/ou Comercial são de responsabilidade de seus proprietários. A editora informa não estar associada a nenhum produto e/ou fornecedor apresentado no livro.

Erratas e arquivos de apoio: No site da editora relatamos, com a devida correção, qualquer erro encontrado em nossos livros, bem como disponibilizamos arquivos de apoio se aplicáveis à obra em questão.

Acesse o site www.altabooks.com.br e procure pelo título do livro desejado para ter acesso às erratas, aos arquivos de apoio e/ou a outros conteúdos aplicáveis à obra.

Suporte Técnico: A obra é comercializada na forma em que está, sem direito a suporte técnico ou orientação pessoal/exclusiva ao leitor.

A editora não se responsabiliza pela manutenção, atualização e idioma dos sites referidos pelos autores nesta obra.

Produção Editorial
Editora Alta Books

Diretor Editorial
Anderson Vieira
anderson.vieira@altabooks.com.br

Editor
José Rugeri
j.ruggeri@altabooks.com.br

Gerência Comercial
Claudio Lima
comercial@altabooks.com.br

Gerência Marketing
Andrea Guatiello
andrea@altabooks.com.br

Coordenação Comercial
Thiago Biaggi

Coordenação de Eventos
Viviane Paiva
comercial@altabooks.com.br

Coordenação ADM/Finc.
Solange Souza

Direitos Autorais
Raquel Porto
rights@altabooks.com.br

Assistente Editorial
Mariana Portugal

Produtores Editoriais
Illysabelle Trajano
Maria de Lourdes Borges
Paulo Gomes
Thales Silva
Thiê Alves

Equipe Comercial
Adriana Baricelli
Daiana Costa
Fillipe Amorim
Kaique Luiz
Maira Conceição

Equipe Editorial
Beatriz de Assis
Betânia Santos
Brenda Rodrigues
Caroline David
Gabriela Paiva
Kelry Oliveira
Henrique Waldez
Marcelli Ferreira
Matheus Mello

Marketing Editorial
Jessica Nogueira
Livia Carvalho
Marcelo Santos
Pedro Guimarães
Thiago Brito

Atuaram na edição desta obra:

Revisão Gramatical
Alessandro Thomé
Katia Halbe

Capa | Diagramação
Joyce Matos

Editora afiliada à: ASSOCIADO

ALTA BOOKS
EDITORA

Rua Viúva Cláudio, 291 – Bairro Industrial do Jacaré
CEP: 20.970-031 – Rio de Janeiro (RJ)
Tels.: (21) 3278-8069 / 3278-8419
www.altabooks.com.br – altabooks@altabooks.com.br
Ouvidoria: ouvidoria@altabooks.com.br

AGRADECIMENTOS

Gostaríamos de fazer alguns agradecimentos em relação a este trabalho ora consolidado.

Foram muitos anos de envolvimento com projetos, com apoio nos recursos da simulação virtual, desde a época da construção das malhas à mão em projetos de Engenharia Naval, mesmo antes da existência do CAD.

Nesses anos todos, tivemos contato com milhares de alunos e clientes que foram nosso *"laboratório de aprendizado"*, nos levando a desenvolver produtos melhores utilizando os recursos da simulação com protótipos virtuais.

Este trabalho jamais poderia ser desenvolvido sem a experiência que adquirimos em muitas horas de sala de aula, tanto nos cursos de projetos que vivenciamos como nas aulas de Elementos Finitos. Foram atividades em graduação e pós-graduação nas universidades e cursos *in company* nas maiores empresas do Brasil.

Nosso imenso agradecimento aos nossos queridos alunos, que nos permitiram essa constante troca e evolução de ideias, que tentamos consolidar neste trabalho. Aos colegas professores e engenheiros com os quais trocamos ideias sobre nossa visão na prática deste tema, a aplicação de uma metodologia de desenvolver projetos de forma racional e sistemática com auxílio da simulação virtual.

A todas essas pessoas, que seria até injusto particularizar, agradecemos profundamente pela oportunidade e confiança que depositaram em nosso trabalho e pela parceria nessa viagem em busca do conhecimento na área de Desenvolvimento de Produtos junto da simulação estrutural.

Com apreço, os autores

ENG. AVELINO ALVES FILHO, PROF. DR.

ENG. MÁRCIO WALBER, PROF. DR.

ENG. AGENOR DIAS DE MEIRA JUNIOR, PROF. DR.

PREFÁCIO

O principal objetivo desta obra é atender às necessidades específicas dos engenheiros e estudantes que trabalham com desenvolvimento de produtos e usam a tecnologia CAE/elementos finitos como ferramenta fundamental para obter sucesso em seus projetos. Este trabalho resume os 46 anos de experiência que tivemos desenvolvendo projetos com o uso desse poderoso recurso que simula o comportamento dos produtos antes de fabricá-los por intermédio dos protótipos virtuais. Mas vai além! Junta a metodologia de desenvolvimento de um produto, identificando as diversas etapas desde a elaboração da sua ideia inicial até a liberação para a fabricação, com as técnicas de simulação. A experiência que tivemos em aplicações navais, uma área na qual a visão sistêmica é vital, e levamos para as áreas de Mecânica, Aeronáutica e Ferroviária, juntamente com as técnicas de simulação, foi consolidada neste material. Essa experiência vem desde o período em que fazíamos as malhas à mão, e o desenvolvimento de produtos já utilizava esses recursos. A essência permanece, e é esta que procuramos transferir neste trabalho.

Portanto, este livro foi concebido procurando abordar o desenvolvimento de produtos com uma visão equilibrada entre as tarefas do dia a dia da engenharia de desenvolvimento e projetos, técnicas de simulação sempre focadas na visão prática de engenharia e concepção de modelos, sem a falsa visão de que o CAE é uma ferramenta mágica. Esta obra reflete o que aplicamos na prática com o uso da simulação, no desenvolvimento de projetos de navios, ônibus, carros de metrô, vagões, trens de pouso de aviões, peneiras vibratórias, estruturas de casas de força de usinas, locomotivas, truques de trens etc., sempre juntando a prática de projeto e recursos da simulação com visão de engenharia.

Esperamos que este material possa contribuir para a formação daqueles que querem usar efetivamente, na prática, os conceitos de elaboração de projetos e suas etapas, com a visão realística dos recursos da simulação, como fizemos durante esses anos todos. Desejamos aqui passar essa experiência àqueles que buscam uma conexão entre essas duas poderosas metodologias: a de desenvolver produtos e as técnicas de simulá-los durante seu uso.

OS AUTORES

SOBRE OS AUTORES

ENGENHEIRO NAVAL
DR. AVELINO ALVES FILHO

É graduado em Engenharia Naval pela Escola Politécnica da USP (1974), mestre em Engenharia Naval/Elementos Finitos pela Escola Politécnica da USP (1991), doutor em Engenharia Naval/Elementos Finitos pela Escola Politécnica da USP (1995), foi professor dos cursos de pós-graduação/Elementos Finitos do FDTE e PECE da Escola Politécnica da USP por 18 anos, autor da coleção "ELEMENTOS FINITOS-A Base da Tecnologia CAE" em 3 volumes e 14 livros de Física. Trabalha com simulação estrutural/elementos finitos há 46 anos e implantou o CAE nas maiores empresas do Brasil. É diretor do NCE (www.nce.com.br), empresa de serviços de cálculo estrutural e treinamentos em CAE. Nesse período, atuou nas áreas Naval, Aeronáutica, Ferroviária, Automotiva e Mecânica em geral.

ENGENHEIRO MECÂNICO
DR. MÁRCIO WALBER

É graduado em Engenharia Mecânica pela Universidade de Passo Fundo (2000), mestre em Engenharia de Produção com área de concentração em Projeto de Produto pela Universidade Federal de Santa Maria (2003), doutor em Engenharia Mecânica com área de concentração em Mecânica dos Sólidos (2009) e pós-doutor em Engenharia Mecânica pela Universidade Politécnica de Madrid — UPM/INSIA (2011). Foi professor do Curso Técnico em Mecânica da Universidade de Passo Fundo (1998-2002). A partir de 2002, integra o corpo docente do curso de Engenharia Mecânica, e a partir de 2011, atua como docente permanente no Programa de Mestrado Profissional em Projeto e Processos de Fabricação da Universidade de Passo Fundo, onde foi um dos fundadores do PPGPPF — *Programa de Pós-Graduação em Projeto e Processos de Fabricação*. Atuou como engenheiro responsável pelo desenvolvimento de novos produtos em empresa fabricante de ônibus (2000–2005). Tem experiência na área de Engenharia Mecânica, com ênfase em fundamentos gerais de projetos de máquinas, desenho técnico mecânico e projeto mecânico assistido por computador. Atua principalmente nas seguintes áreas: desenvolvimento de produtos, elementos finitos, análise dinâmica e impacto, ônibus e poltronas. Foi conselheiro titular da Câmara Especializada em Engenharia Mecânica e Metalúrgica (2014–2019) do Conselho Regional de Engenharia e Agronomia do Rio Grande do Sul — CREA/RS.

ENGENHEIRO MECÂNICO E CIVIL
DR. AGENOR DIAS DE MEIRA JUNIOR

É graduado em Engenharia Mecânica pela Universidade Federal de Santa Maria (1983) e em Engenharia Civil pela Universidade de Passo Fundo (1998). Mestre em Engenharia Mecânica pela Universidade Federal de Santa Catarina (1994) e doutor em Engenharia Mecânica com área de concentração em Mecânica dos Sólidos (2010). Atualmente é professor titular da Universidade de Passo Fundo. Tem experiência na área de Engenharia Civil e Mecânica, com ênfase em cálculo estrutural, atuando principalmente nos seguintes temas: impacto de estruturas de carrocerias de ônibus, estruturas metálicas, estruturas de concreto armado, otimização estrutural e desenvolvimento de absorvedores de impacto para estruturas de ônibus interurbanos.

SUMÁRIO

1. INTRODUÇÃO: UMA VISÃO GERAL 1
2. MODELO DE DESENVOLVIMENTO DE PRODUTOS UTILIZANDO SIMULAÇÃO VIRTUAL 27
3. ABORDAGENS DE PROBLEMAS ESTRUTURAIS: CRITÉRIOS DE PROJETO 83
4. APLICAÇÃO DO MODELO DE DESENVOLVIMENTO 313
5. IMPLANTAÇÃO DA SIMULAÇÃO VIRTUAL 393

Referências bibliográficas 401

Índice 403

1

INTRODUÇÃO:
UMA VISÃO GERAL

A globalização da economia mundial fez com que as empresas assumissem uma *postura mais competitiva* em relação ao *desenvolvimento de novos produtos*.

Embora façamos adiante a apresentação de diversas técnicas e boas práticas adotadas no Processo de Desenvolvimento de Produtos, os recursos do CAE (*Computer Aided Engineering* — Engenharia Assistida por Computador) desempenham o papel de um dos principais atores neste cenário, e por conta disso, lembraremos alguns pontos importantes que estarão presentes em nossas discussões.

A Engenharia Assistida por Computador (CAE) pode contribuir de forma efetiva no processo de desenvolvimento de novos produtos. Inicialmente, é importante estabelecer e entender a seguinte questão:

ONDE O CAE/ELEMENTOS FINITOS SE LOCALIZA NO PROCESSO DE DESENVOLVIMENTO DE PRODUTOS?

CAE É COMPETITIVIDADE — FALANDO UM POUCO SOBRE ELEMENTOS FINITOS

Para assegurar a participação em um mercado cada vez mais competitivo, que prima pela velocidade das inovações e atendimento às necessidades reais do consumidor final, as empresas tiveram de introduzir em seu processo produtivo o uso de ferramentas adequadas a cada etapa desse processo, agilizando as atividades com vistas a um aumento da qualidade do produto.

Na prática, esses processos produtivos desencadearam o uso de novas tecnologias disponíveis, como forma de garantir a sobrevivência das companhias. O conceito de qualidade passou a ser abordado como *"assegurar o atendimento a todos os itens exigidos pelo cliente e ao maior número de itens desejáveis, com cumprimento de prazos determinados e menor custo"*.

As empresas foram obrigadas a adotar *"Sistemas de Qualidade"* que passaram a ser exigidos pelos clientes como segurança, obrigando seus fornecedores a praticar a política de *"garantia de qualidade"* em todo o **processo de desenvolvimento de novos produtos** e manutenção dessa qualidade em sua linha de produção.

Alguns desses sistemas, conhecidos como ISO-9000, QS-9000 e outros, apenas para exemplificar, foram introduzidos e se tornaram indispensáveis para o atendimento ao mercado interno e externo.

Alguns termos passaram a fazer parte da rotina de trabalho de quase a totalidade das empresas, tais como Sistemas de Qualidade KAIZEN, FEMEA, CEP, CPK, CMK, QFD, logística e, em particular, itens fundamentais para quem vive a rotina de desenvolver projetos e, em consequência, produtos, a saber:

- ❍ **CAD:** Projeto Assistido por Computador
- ❍ **CAE:** Engenharia Assistida por Computador
- ❍ **CAM:** Manufatura Assistida por Computador

O mercado passou a ser mais exigente em relação à formação do perfil do profissional, exigindo uma mão de obra mais qualificada e continuamente atualizada. Ao mesmo tempo, o avanço dos recursos da informática por intermédio de *hardwares* e *softwares* cada vez mais poderosos, rápidos e acessíveis contribuiu para o aprendizado e a expansão do uso das novas ferramentas e tecnologias nas companhias.

Seguindo esse processo competitivo, a *redução de prazos e custos no desenvolvimento de novos produtos e na alteração de produtos existentes* tornou-se uma realidade e um diferencial para quem faz uso de novas tecnologias introduzidas nas áreas de engenharia de produto, processos e de produção.

As ferramentas de CAD — *Computer Aided Design* e CAE — *Computer Aided Engineering* vieram como um poderoso auxílio para a capacitação técnica das equipes de engenharia, tornando possível as metas de redução de prazos e custos.

Esses recursos são realmente fantásticos, mas neste estágio de nossa tratativa deste texto, uma observação deve ser obrigatoriamente mencionada. Elas por si só não resolvem o problema, é muito importante a presença do usuário treinado nos conceitos que sustentam essas ferramentas. De maneira figurada, poderíamos dizer que temos a presença do *hardware*, do *software* e como centro de todo o processo, o *"peopleware"*, que é o projetista que conhece os conceitos de projeto e o analista que conhece os conceitos de CAE, e que se assentam nesta máxima:

"Se o engenheiro não sabe modelar o problema sem ter o computador, não deve fazê-lo tendo o computador."

Isso posto, ao se analisar as fases do Desenvolvimento de Produtos, antes da disponibilidade da utilização de softwares como CAD e CAE, tínhamos custos elevados e prazos demasiadamente extensos para evoluir do produto inicialmente idealizado até a efetiva construção do produto final. Alguns fatores estão relacionados a essa demanda, a saber:

- Demora na concepção do produto.
- Conflito de informações entre as áreas envolvidas.
- Tempo gasto na fabricação de ferramental para protótipos.
- Tempo gasto na fabricação dos protótipos.
- Tempo gasto na validação do produto.
- Reprojeto em função de alterações necessárias, o que muitas vezes reinicia todo o processo a partir da concepção.
- Atraso nas informações de Engenharia, desenho de detalhes, dados para processo de fabricação etc.

Analisando os fatores considerados anteriormente, é fácil compreender que toda morosidade está entre a *"concepção do produto"* e a *"definição final das informações de engenharia"*.

Essa faixa, que compreende as atividades de fabricação de ferramental, protótipos e validação, chegava a dispor de 60% a 70% do prazo total no desenvolvimento de novos produtos. A *fabricação de protótipos* gerava surpresas e imprevistos que eram resolvidos por improvisação, ou seja, o produto era modificado por *"tentativas e erros"*. Veremos adiante que um grande passo no uso das tecnologias mencionadas é a construção dos chamados *"protótipos virtuais"*, que permitem, no ambiente computacional, simular o comportamento do futuro produto a ser fabricado, sem gastos iniciais de materiais e ferramental. Esse é um casamento entre os recursos de software, hardware e, como mencionado, o conhecimento dos conceitos por parte dos projetistas e dos engenheiros.

Os custos elevados e a morosidade dos prazos envolvidos nesses processos que envolvem tentativas e erros anulam o poder competitivo das empresas frente a concorrentes que utilizam ferramentas aplicadas ao desenvolvimento de produtos, como o CAD e o CAE.

O uso da tecnologia CAD/CAE no DESENVOLVIMENTO DE PRODUTOS revela-se como um grande diferencial, reduzindo os prazos e os custos, devolvendo assim o poder competitivo das empresas.

Os *softwares* CAD/CAE permitem o trabalho em Engenharia Simultânea, criando atividades gerenciadas paralelamente entre as diversas áreas de desenvolvimento, antes realizadas em "série". Essa simultaneidade reduz significativamente os prazos e, com a qualidade dos dados compartilhados, evita o conflito de informações entre as áreas envolvidas.

Em conjunto com o que foi anteriormente mencionado, as atividades de concepção do produto, reprojeto e definição das informações de engenharia se beneficiam de ferramentas práticas, rápidas e seguras, garantindo assim prazos menores e maior controle das etapas de desenvolvimento.

Mas, sem dúvida, é nas atividades de fabricação de ferramental, fabricação de protótipos e validação do produto que os recursos de CAD/CAE se mostram indispensáveis na redução de custos e de prazos.

A partir do conhecimento do produto, de suas características construtivas, de sua condição em regime de trabalho e de critérios de validação, é possível a construção de modelos, os chamados protótipos virtuais, que simulam a condição real de uso do produto.

Os longos prazos e custos envolvidos em ferramental, protótipos e validação são vencidos pela criação, simulação e análise em CAD/CAE no processo de desenvolvimento do produto. Antes de se partir para a fabricação de protótipos, que podem ou não ter resultados satisfatórios, o Modelo/Protótipo Virtual direciona as decisões a serem tomadas de forma a definir, dentro de uma ou mais propostas, qual a melhor configuração final do produto a ser desenvolvido, que atenda a todos os requisitos de qualidade e aos critérios de projeto, assegurando a competitividade da empresa.

Vale sempre ressaltar que, de todos os ganhos reais que o uso do CAD/CAE proporciona, é de vital importância a necessidade de formação da mão de obra especializada que tirará todos os recursos dessa tecnologia. A equipe envolvida nessas ações deve conhecer profundamente as características técnicas e os processos de produção e de simulação do produto que se deseja desenvolver. Essas ideias, que hoje são incorporadas ao trabalho de profissionais autônomos, profissionais de empresas de médio e grande porte, para diversas aplicações no desenvolvimento de produtos que demandam avaliação estrutural, permitem o aprimoramento de seus serviços e produtos.

A Figura 1.1 mostra uma linha do tempo com as vantagens proporcionadas pela tecnologia CAE, iniciando com a situação de globalização da economia mundial e passando pela velocidade das inovações e qualidade do produto. Já a Figura 1.2 mostra exemplos de projetos desenvolvidos por meio da aplicação da tecnologia CAE.

É importante ter em mente que a utilização dos recursos de elementos finitos envolve conceitos, e não é possível queimar etapas e encarar o *software* de análise como uma ferramenta que toma decisões, pois estas são tomadas pelo usuário, com base em conceitos. São decisões de Engenharia!

INTRODUÇÃO: UMA VISÃO GERAL   5

FIGURA 1.1 – Vantagens da aplicação CAE/CAD.

Globalização da Economia Mundial	*Velocidade das Inovações e Qualidade*	*Tecnologia CAE – Computer Aided Engineering*
Empresas assumem postura mais competitiva no mercado quanto ao desenvolvimento de novos produtos	• Incrementar no processo produtivo ferramentas adequadas a cada etapa. • Agilizar as atividades e garantir qualidade no produto final. • Uso de novas tecnologias disponíveis no mercado como forma de garantir a sobrevivência das empresas.	• Eliminação do processo de tentativas e erros. • Construção de modelos (protótipos virtuais) que simulam a condição real de uso do produto. • Redução de prazos e custos envolvidos em ferramental, protótipos e validação. • Simulação e análise do produto em CAD / **CAE**.

FIGURA 1.2 – Modelos CAE de diferentes aplicações.

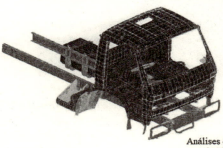

Análises de estruturas constituídas por chapas e que utilizam elementos de geometria bidimensional...

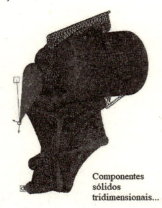

Componentes sólidos tridimensionais...

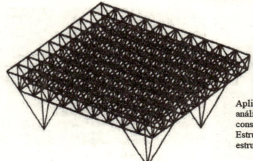

Aplicações do Método dos Elementos Finitos em análise de estruturas reticuladas. Aplicações em construções metálicas, onde são utilizadas Estruturas Espaciais de grandes pavilhões, pórticos, estruturas treliçadas, etc...

Há uma sequência de atividades que demandam domínio dos conceitos, e esse binômio — conceitos e ferramenta computacional — bem equilibrado torna o uso do CAE um poderoso aliado no desenvolvimento de novos produtos.

As figuras 1.3 a 1.6 mostram, a título ilustrativo, alguns modelos em elementos finitos que permitem a certificação do produto por meio de testes práticos, apenas para constatar a validade dos cálculos por intermédio do uso do CAE. A Figura 1.3 mostra o modelo numérico de um carro de passageiros (trem de passageiros) simulado pelo método dos elementos finitos, cujos conceitos básicos necessários para realização da simulação serão explicados mais adiante.

FIGURA 1.3 – Modelo em elementos finitos de um carro de passageiros.

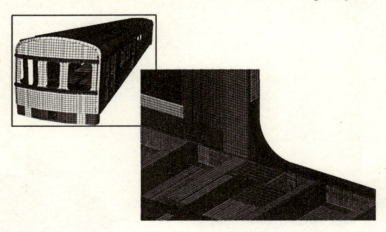

A Figura 1.4 mostra um teste prático com extensômetros (*strain gages*) em um carro de passageiros (trem) para certificar o modelo de cálculo por elementos finitos.

FIGURA 1.4 – Medição com extensômetros para validação da análise numérica.

Na região indicada pela seta do carro de passageiros, que é normalmente uma região crítica (cantos de portas e janelas), a diferença entre a medição e o cálculo por elementos finitos foi de aproximadamente 1%, demonstrando a precisão do cálculo numérico.

FIGURA 1.5 – Modelo numérico de um flange.

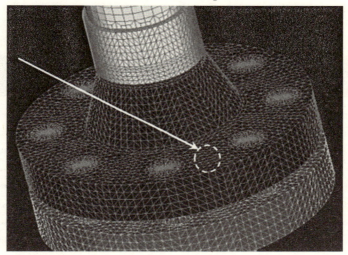

As figuras 1.5 e 1.6 mostram detalhes da preparação virtual do modelo de um flange, com aplicação na indústria do petróleo, evidenciando a preparação da malha de elementos finitos, que deve ser elaborada com muito cuidado, observando o tipo de elemento empregado e o seu tamanho, para que a simulação produza os resultados com precisão.

FIGURA 1.6 – Vista superior da malha de elementos finitos do flange.

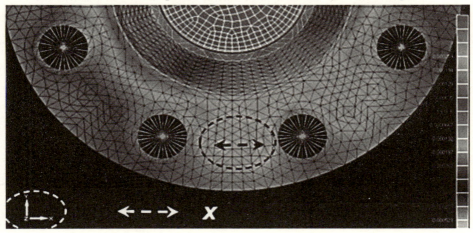

Os resultados de deformação obtidos pelo modelo de elementos finitos apresentaram um $\varepsilon = 221,16$ μs, e as deformações medidas com extensômetros apresentaram um $\varepsilon = 225,4$ μs. A diferença entre o cálculo por elementos finitos e a medição foi de 1,9%.

O quadro de revisão apresentado a seguir mostra uma reflexão fundamental em relação à tecnologia CAE, sendo importante para a formação daqueles que iniciam seus estudos no método dos elementos finitos e para aqueles que já são usuários.

QUADRO DE REVISÃO 1.1:
REVENDO O PASSADO E FAZENDO UMA REFLEXÃO

Quando passávamos pelas primeiras aplicações do método dos elementos finitos, ainda não estavam disponíveis os recursos da computação gráfica como auxílio à chamada Tecnologia CAE (*Computer Aided Engineering*). Nesse período, *os modelos em elementos finitos eram gerados no papel para posterior digitação e preparação de dados de entrada em cartões para processamento em computadores de grande porte.* Desde esse período até hoje, com a "evolução" dos atuais recursos da computação gráfica que utilizamos intensamente, tivemos a felicidade de trabalhar em aplicações práticas do método que incluem estruturas oceânicas, navios, veículos rodoviários e ferroviários, componentes mecânicos e diversas aplicações da mecânica estrutural. Entretanto, é notável que, *apesar das facilidades gráficas introduzidas, a essência do método continua a mesma.*

Na década de 1970, não existiam recursos visuais que pudessem vender a imagem da Tecnologia CAE como uma ferramenta mágica, e o engenheiro utilizava o método dos elementos finitos ciente de que a sua utilização era apoiada em uma base conceitual. Devido a apelos de marketing, as facilidades gráficas disponíveis levaram, muitas vezes, à apologia de que a aprendizagem dos comandos do programa seria suficiente para a solução da maior parte dos problemas de engenharia, criando uma cultura mais voltada para a forma do que para a essência da solução dos problemas. Muitas decepções no uso dessa ferramenta de análise decorreram desse enfoque equivocado. As formas, os processos de "conversar" com os programas se modificam, mas a essência e os conceitos permanecem.

É interessante comentar o caso fictício de um paciente que vai a um consultório e o médico sugere que não entende muito daquele assunto, mas tem um *software* de medicina, e informando os sintomas, a resposta do seu mal e os remédios já são obtidos como "saída" do programa. O paciente, se tiver juízo, sai correndo do consultório. Não há motivo para supor que na área de engenharia de simulação seja diferente, embora haja "pacientes" que acreditem nessa falácia, e "médicos" que a vendam.

Um dos pontos mais importantes que contribui comprovadamente para o sucesso e progresso no uso dos recursos de CAE, e que tivemos a oportunidade de verificar nesses anos trabalhando nessa área, está relacionado aos *CONCEITOS FUNDAMENTAIS OBRIGATÓRIOS NA UTILIZAÇÃO DA TECNOLOGIA CAE.* Muitos profissionais que iniciam suas aplicações na área de elementos finitos encontram dificuldades, pois o aprendizado de uso dos *softwares* é feito sem base conceitual, confundindo o aprendizado de manuseio de programas com o conhecimento do método dos elementos finitos. Justifica-se, portanto, a filosofia de abordagem:

"Se o engenheiro não sabe modelar o problema sem ter o computador, ele não deve fazê-lo tendo o computador."

Por outro lado, muitas vezes, o aprendizado é de tal profundidade em "técnicas matemáticas", que após um longo curso voltado para o entendimento das formulações gerais do método, visando um grande espectro de aplicações, surge a pergunta: *Como utilizar esse conhecimento na prática?* Em função dessa abordagem surgem o temor e o desestímulo quanto à aplicação desse conhecimento, tornando o estudo e entendimento do método uma dádiva para iniciados.

Em uma área em que há mestres de saber inigualável e literaturas disponíveis já consagradas, é importante que se apresente os conceitos do método dos elementos finitos de forma mais didática, em que, a partir de exemplos simples, e em grau crescente de dificuldade, introduza-se o *embasamento conceitual fundamental*, visando a posterior utilização e entendimento dos *softwares* aplicativos, à luz dos conceitos. Deve-se sempre, dentro dessa linha, sem fugir aos aspectos matemáticos que convêm a uma abordagem conceitual, valorizar o *entendimento físico do método e dos conceitos; estes permanecem e são o alicerce para uma boa utilização dos softwares aplicativos.* As formas, os processos dos quais o usuário dispõe para definir os modelos no computador, surgem e morrem; podem ser mais rápidos a cada dia, em função das tecnologias gráficas cada vez mais poderosas. No entanto, é importante observar sempre que dispor de uma ferramenta gráfica poderosa, mas sem base conceitual, pode ser o caminho mais rápido para obter uma resposta errada.

Essa visão é importante para a formação daqueles que iniciam seus estudos no método dos elementos finitos e para aqueles que, já sendo usuários do método, tenham o interesse de meditar um pouco sobre os seus conceitos fundamentais, os quais constituem o alicerce para a resolução das dúvidas que se colocam diante de nós ao abordarmos as grandes questões práticas da engenharia. O uso da ferramenta computacional com essa visão física e de engenharia é fundamental para o uso do CAE no desenvolvimento de produtos.

A Figura 1.7 mostra o exemplo do modelo de um suporte de equipamento de trem de metrô. A tecnologia CAE já estava disponível, muito antes do CAD, mas os recursos gráficos não, e os modelos eram construídos, necessária e obrigatoriamente, alicerçados nos conceitos do método. Em resumo, a malha de elementos finitos era feita "à mão"!

FIGURA 1.7 – Modelo de elementos finitos produzido sem auxílio computacional.

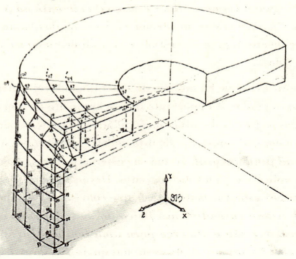

CONSEQUÊNCIAS DA DISCUSSÃO ANTERIOR

Como podemos perceber, o CAE passou a fazer parte do Conceito de Qualidade no Desenvolvimento dos Produtos. Uma das tarefas mais importantes nesse aspecto, desde o simples caso de um componente mecânico, ou até a estrutura completa de um veículo, ou qualquer estrutura, é determinar seu comportamento estrutural e garantir que não haverá falhas tanto em condições normais de operação como em situações críticas. O método dos elementos finitos é ferramenta extremamente valiosa para determinar esse comportamento.

É crescente o número de empresas desenvolvendo os seus produtos com a utilização de modernas ferramentas de análise, tal como o CAE. Tais recursos tornaram-se essenciais à obtenção de produtos com alta qualidade e desempenho. Ao invés de se desenvolver o produto por tentativas e erros, com aumento dos custos de produção, procura-se obter significativos ganhos com o uso da Engenharia Preditiva. O seja, o comportamento dos componentes e sistemas é simulado no computador, onde são previstas as falhas e as consequentes correções dos problemas por intermédio das técnicas de simulação, mas cabe uma reflexão.

Apesar das vantagens citadas em relação ao uso da tecnologia CAE, a experiência tem mostrado que a introdução de sistemas CAE para execução automática das tarefas de Engenharia, por si só, por vezes não conduziu a resultados esperados para algumas empresas, gerando, em alguns casos, frustrações e até descrédito.

Observou-se na prática que, mesmo com a disponibilidade de poderosas ferramentas para análise, o tempo gasto com testes de durabilidade em campos de prova ou laboratórios nem sempre foi reduzido substancialmente. Os objetivos só são atingidos se alguns cuidados e procedimentos foram aplicados durante o processo de implantação e uso dessa tecnologia.

À expectativa, muitas vezes frustrada, trazida pelos sistemas informatizados deve-se basicamente ao fato de que a tecnologia computacional por si só não garante o retorno esperado no desenvolvimento de projetos e, em consequência, dos produtos. Surgem então alguns pontos vitais no Processo de Implantação e uso do CAE nas empresas. Essas questões serão complementadas adiante, mas estão e devem estar sempre presentes ao se tratar do uso da tecnologia CAE. O diagrama seguinte chama nossa atenção para essas questões, que em uma primeira instância devem fazer parte de nossos questionamentos antes de iniciarmos qualquer ação nessa área. A Figura 1.8 mostra uma sequência de perguntas referentes a dúvidas relacionadas à aplicação do método dos elementos finitos.

FIGURA 1.8 – Perguntas e respostas sobre aplicação do método dos elementos finitos.

> Por que algumas empresas que adquiriram softwares de CAE não obtiveram o sucesso desejado em suas aplicações, e outras transformaram o uso dessa tecnologia em fonte de ganhos efetivos?

> Como a Tecnologia CAE se insere no processo de desenvolvimento de um produto e como o afeta?

> Como utilizar de forma efetiva essas ferramentas computacionais no desenvolvimento de projetos de engenharia, reduzindo custos de testes e custos com ferramentais?

> Como obter resultados confiáveis já na fase de análise preliminar?

> Como integrar a análise de Engenharia com a fabricação?

> Como comparar o desempenho de várias alternativas de projeto e selecionar aquela de melhor viabilidade técnica e econômica?

> Quais pré-requisitos são importantes para se utilizar com sucesso ferramentas CAE (Computer Aided Engineering)?

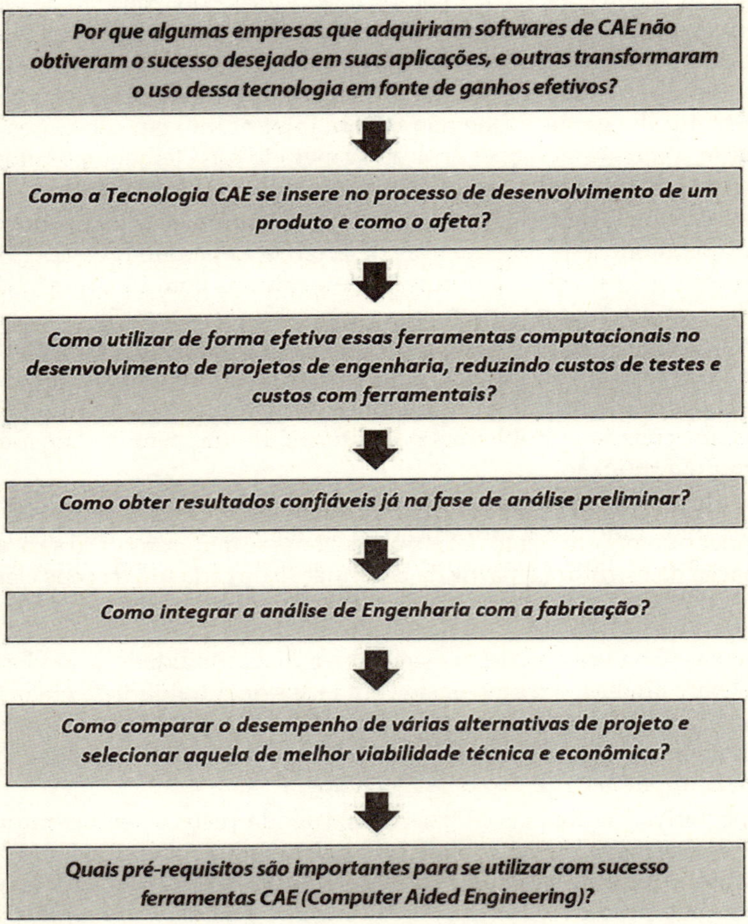

A PRIMEIRA VISÃO DO MÉTODO DOS ELEMENTOS FINITOS – ALGUMAS QUESTÕES IMPORTANTES – USO DO CAE E SUA IMPLANTAÇÃO

Dentro do contexto de uso do CAE no Desenvolvimento dos Produtos, colocaremos algumas questões que possam fornecer um direcionamento sobre a forma adequada de tratar a implantação e o uso dessa tecnologia. Evidentemente, a formulação matemática do Método não é objeto deste texto, e na bibliografia recomendada indicamos as leituras adequadas aos usuários que pretendem tirar resultados das conhecidas análise lineares, dinâmicas e não lineares. Vale sempre lembrar que o foco desta obra é o desenvolvimento de produtos, e como o CAE é um dos atores principais nessa missão, estamos condensando esses conceitos aqui para não dispersarmos nossos estudos, evitando-se a consulta em uma vasta literatura.

DE FORMA SIMPLES E DIRETA, QUAL É A IDEIA PRINCIPAL DO MÉTODO DOS ELEMENTOS FINITOS, UMA DAS MAIS PODEROSAS FERRAMENTAS DE ANÁLISE, UTILIZADA DE FORMA CRESCENTE COMO RECURSO DE APOIO À ENGENHARIA (COMPUTER AIDED ENGINEERING)?

A Figura 1.9 mostra um tipo de estrutura que estamos acostumados a ver no nosso dia a dia na Engenharia Estrutural. Uma estrutura metálica, constituída de barras individuais e que, conectadas entre si, formam um conjunto. Cada uma dessas barras do conjunto constitui um *elemento*, e esses elementos estão conectados em pontos-chave para formar um conjunto estrutural. A esses pontos-chave os engenheiros dão o nome de Junta estrutural, NÓ estrutural, ou simplesmente NÓ.

O grande objetivo do engenheiro de estruturas é entender o comportamento desse conjunto estrutural. Mas para entender isso, ele precisa entender o comportamento estrutural de cada um de seus elementos. Para um engenheiro de estruturas, entender o comportamento delas é saber como se deformam. Ou seja, entender a deformação da estrutura a partir da deformação de cada um de seus elementos.

FIGURA 1.9 – Estrutura representativa do modelo de elementos finitos.

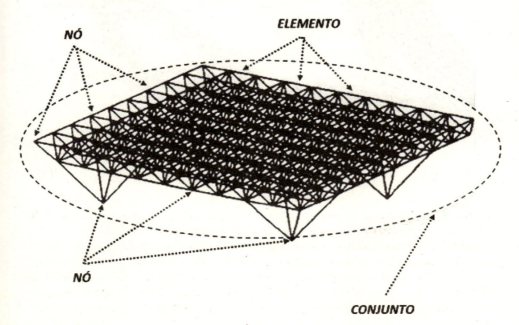

Poderíamos até dizer que faz parte da mente humana, ao tentar entender o comportamento de um conjunto, entender como cada um de seus trechos ou componentes se comporta; entender o comportamento do todo a partir do entendimento do comportamento de cada uma de suas partes. A velha ideia do *"dividir para dominar"*!

Os modelos de elementos finitos fazem exatamente isso: identificam os componentes individuais ou os elementos que fazem parte de um conjunto para entender o comportamento do todo. Portanto, ao se falar em elementos finitos, dois conceitos imediatamente surgem: *os elementos e os nós.*

No caso da estrutura anteriormente mostrada, o entendimento dessa subdivisão é quase que natural. Diríamos que a identificação dos componentes individuais ou elementos e dos nós é imediata.

Já no exemplo a seguir, mostrado na Figura 1.10, essa ideia continua, mas é mais sutil. A subdivisão é artificial, embora a ideia continue sendo entender o comportamento do conjunto a partir de cada um de seus elementos. Certamente você nunca deve ter visto um "chassi de caminhão todo quadriculado se movimentado nas ruas, ou uma malha nas avenidas".

FIGURA 1.10 – Modelo de elementos finitos de um chassi de caminhão.

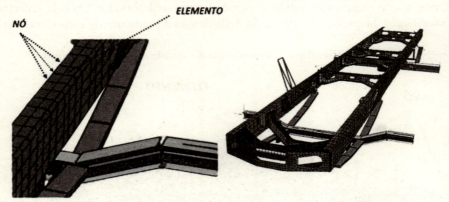

E QUAL O CAMINHO PARA ENTENDER O COMPORTAMENTO DO CONJUNTO ESTRUTURAL?

O entendimento do comportamento do conjunto estrutural está fundamentado em uma ideia bastante simples e que trazemos desde a física básica, que é o conceito de *rigidez*. Ao estudarmos a mola, *definimos a rigidez dela por intermédio de sua constante elástica*. Ao afirmarmos que uma mola tem uma constante elástica de 100Kgf/mm, significa que, se aplicarmos nela uma força de 100Kgf, ela *"deformará"* 1mm. Falando de forma mais simples, já que deformação na mecânica estrutural não tem unidade: o conhecimento da rigidez é o "passaporte" para o cálculo da deformação. E essa é a grande questão do engenheiro de estruturas: calcular a deformação da estrutura e verificar se esta é aceitável para o material que está sendo objeto de estudo. A Figura 1.11 ilustra esse conceito.

O conceito de "mola equivalente" — ou rigidez equivalente — a um dado conjunto de molas também faz parte do dia a dia do engenheiro ou técnico. Dado um conjunto de molas em série ou em paralelo, podemos saber qual a deformação desse conjunto a partir da deformação de cada um de seus componentes ou elementos. Assim ocorre também na análise estrutural; a rigidez da estrutura inteira depende da rigidez de cada um de seus elementos.

A diferença é que, em uma mola, somente a rigidez axial está presente, e em uma viga, que faz parte do conjunto, ela tem rigidez axial na direção da barra, rigidez à flexão em planos perpendiculares e rigidez à torção. A rigidez da estrutura é contabilizada a partir desses componentes. Ou seja, a "rigidez da estrutura inteira" depende da rigidez de cada um de seus elementos de forma análoga ao conceito da mola equivalente, mas nesse caso as rigidezes se manifestam em várias direções do espaço.

FIGURA 1.11 – Exemplo de deformação da mola.

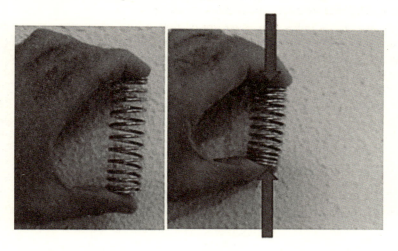

Pode-se montar a rigidez da estrutura a partir da rigidez de cada um de seus elementos!

Essa é, de forma simples, a primeira ideia do método dos elementos finitos!

A estrutura, o componente mecânico ou, de forma geral, o *"corpo contínuo"* é subdividido em um ***número finitos de partes*** — *os elementos* — que são conectadas entre si por intermédio de pontos discretos que são chamados de ***Nós***.

E por que discretos? Essa ideia é fundamental no método dos elementos finitos. Quando montamos um modelo, por exemplo, de 10 mil nós, não estão sendo calculados os deslocamentos dos infinitos pontos do contínuo, mas somente daqueles 10 mil. Julgamos que esses 10 mil são suficientes para representar o quanto a estrutura foi deformada. Esse é um ponto que pode ser demonstrado matematicamente e é estudado nos textos e cursos de elementos finitos.

Outro ponto: como normalmente temos milhares ou milhões de equações a serem resolvidas no computador, há uma questão "administrativa" para executar essa árdua tarefa, que é deixada para o computador. O analista monta o modelo que depende do conhecimento dos conceitos do método! E o computador faz a "contas"!

A maneira de administrar essa imensa quantidade de dados requer organização. A forma mais compacta e elegante de armazenar e operar essas informações numéricas no computador é por intermédio de ***matrizes***. Inclusive quanto ao armazenamento dos dados referentes à rigidez dos elementos e da estrutura como um todo.

Daí o porquê de existir a Matriz de Rigidez dos Elementos e a Matriz de Rigidez da Estrutura. ***A Matriz de Rigidez da Estrutura é montada a partir da Matriz de Rigidez de cada um de seus elementos.***

Essas operações cujos conceitos gerais foram aqui expostos são detalhadas no curso de elementos finitos referenciadas na bibliografia sugerida nesta obra. A Figura 1.12 mostra os principais passos envolvidos em uma análise de um sistema discreto padrão.

FIGURA 1.12 – Etapas para realização de uma análise estrutural.

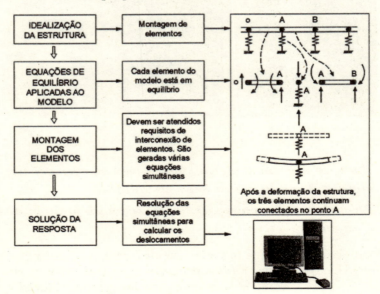

As inúmeras equações algébricas geradas a partir da condição de equilíbrio de cada elemento são resolvidas com o auxílio de computadores eletrônicos. O meio mais eficiente de armazenar e processar essas informações é por intermédio de matrizes, que são bastante utilizadas nos procedimentos do MEF (Método dos Elementos Finitos).

Essa ideia se aplica de modo geral para os mais diversos tipos de estruturas de geometria muito mais complexas que a das "simples" estruturas metálicas reticuladas?

Sim. Existem no dia a dia das aplicações mecânicas diversos componentes que apresentam características bastante diferentes das estruturas constituídas apenas por vigas. A caixa estrutural completa de um veículo, por exemplo, compreendendo chassi, para-choques, eixos, componentes de máquinas, carcaças de embreagem e transmissão, caixas de direção etc. Nesses casos, o "corpo contínuo" é *subdividido artificialmente* em um certo *número finito de elementos* também conectados nos nós. Ou seja, estamos fazendo uma representação aproximada da peça contínua.

As figuras de 1.13 a 1.15 mostram modelos de elementos finitos de alguns componentes mecânicos mais complexos utilizados em trens.

FIGURA 1.13 – Modelo de um engate de trem.

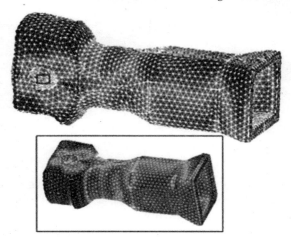

Geometria sólida 3D na qual é montada a malha de elementos

FIGURA 1.14 – Modelo de uma lateral de truque de trem.

FIGURA 1.15 – Modelo de uma caixa de direção.

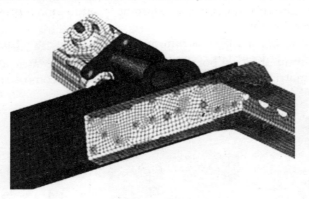

A SUBDIVISÃO DESSES COMPONENTES EM ELEMENTOS CONSTITUI UM PROCESSO AUTOMATIZADO QUE É DECIDIDO INTERNAMENTE PELO SOFTWARE DE ELEMENTOS FINITOS?

Não!!! Embora os recursos gráficos de geração de elementos disponíveis nos *softwares* de análise sejam atualmente bastante poderosos, *a ação do engenheiro de análise é vital*. É interessante observar dois aspectos iniciais, que dependem fundamentalmente da decisão do engenheiro e constituem as características principais do método dos elementos finitos:

1. *A subdivisão da estrutura em elementos*, isto é, a "malha" de elementos finitos.
2. *A escolha do elemento apropriado* para modelar uma dada situação física.

A escolha do tamanho adequado e o conhecimento das propriedades do elemento escolhido para representação do problema são a mais fundamental característica do Método. Acreditar que o *software* tome essa decisão pelo analista constitui uma temeridade. Lamentavelmente, em alguns casos, utiliza-se o *software* com essa visão. A decepção na obtenção de resultados é certa.

EM TERMOS PRÁTICOS, COMO O ANALISTA ESTRUTURAL "CONVERSA" COM O PROGRAMA DE ELEMENTOS FINITOS PARA MONTAR UM MODELO, COMO PROCEDE NA ESCOLHA DOS TAIS ELEMENTOS?

Do ponto de vista prático, os *"softwares"* de elementos finitos oferecem uma biblioteca de elementos do programa, contendo diversos elementos, cada qual tentando representar um diferente comportamento físico, conhecido da Mecânica Estrutural (placas, cascas, membranas, sólidos, vigas etc.). Esse comportamento é descrito por intermédio de "funções matemáticas" que, em última análise, contabilizam a rigidez daquele elemento individual. Mesmo para um simples elemento de viga, essa rigidez apresenta diversos componentes diferentes: rigidez axial, rigidez à flexão, ao cisalhamento, à torção etc.

A forma mais compacta e elegante de representar essas características dos elementos no computador é por intermédio da Álgebra Matricial. Daí decorre o conceito de matriz de rigidez de um elemento. Assim como a rigidez de uma mola é contabilizada por intermédio da relação força-deslocamento, em um elemento finito, a ideia é a mesma, porém em caráter mais amplo, de sorte que os diversos componentes de rigidez de um elemento estão relacionados aos diversos componentes de força e deslocamentos presentes. Dispondo da biblioteca de elementos, o analista estrutural constrói um modelo adequado da estrutura acessando essa biblioteca, desde que conheça como cada elemento trabalha. Assim, o *software* monta a matriz de rigidez da estrutura a partir da matriz de rigidez de cada elemento, que, em última análise, contabiliza a rigidez da estrutura inteira.

A Figura 1.16 representa uma visão geral, sempre ligada aos conceitos, de como a maioria dos *softwares* trabalha, mostrando a sequência lógica do método.

Desde a malha manual do passado até os poderosos recursos gráficos hoje disponíveis, a essência do método não mudou. ***Divide-se o conjunto em Elementos,*** e para isso obrigatoriamente devemos ***entender o comportamento físico de cada trecho da estrutura***. A partir da rigidez de cada elemento, o *software* de Análise monta a rigidez da estrutura e usa a notação matricial. Do ponto de vista matemático, é gerado um sistema de equações algébricas, que para ter solução única, ou seja, ser possível e determinado, tem de ter restrições (apoios!!!). Aplicando-se as cargas, a estrutura se deforma, E essa primeira ideia é dada pelo deslocamento dos Nós. Entre os nós estão os elementos, e a partir dos deslocamentos nodais conhecidos, usando técnicas de interpolação, são determinadas as deformações dentro de cada elemento, um por um. Se no modelo há um milhão de elementos, o que ocorre no interior de cada elemento é calculado separadamente. A partir da visão da deformação de cada trecho ou elemento tem-se a ideia clara da deformação do conjunto.

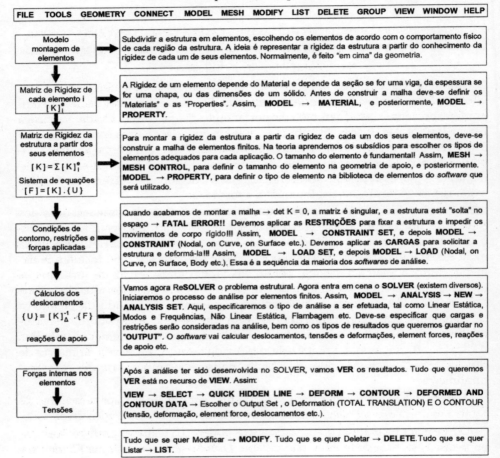

FIGURA 1.16 – Sequência lógica de um tipo de *software* de análise como exemplo ilustrativo respeitando a sequência teórica (Alves Filho, 2015).

A Figura 1.17 ilustra alguns casos de aplicação, resolvidos a partir dos *softwares* e recursos computacionais existentes na atualidade.

FIGURA 1.17 – Casos de análise utilizando recursos computacionais.

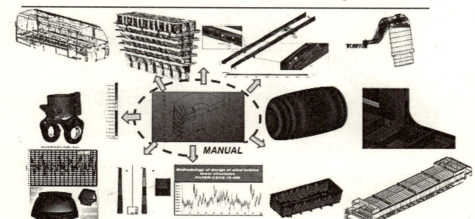

E como são obtidas as respostas que interessam ao projetista da estrutura?

Depois de montado o modelo estrutural, é determinada a configuração deformada da estrutura no computador, por intermédio dos deslocamentos dos nós, qualquer que seja a forma da estrutura e o tipo de carregamento. É determinado então o estado de tensões na estrutura e, consequentemente, a avaliação de sua resistência mecânica.

A Figura 1.18 mostra as etapas de realização de uma simulação estrutural, partindo do modelo em CAD, desenvolvimento da malha e a etapa de pós-processamento, em que se visualizam os deslocamentos e as tensões atuantes na estrutura.

FIGURA 1.18 – Casos de análise utilizando recursos computacionais.

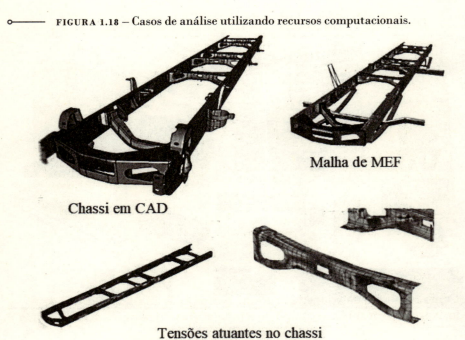

AS APLICAÇÕES DO MÉTODO DOS ELEMENTOS FINITOS LIMITAM-SE AO ÂMBITO DO *CÁLCULO ESTRUTURAL*?

Não. Embora o MEF tenha sido mais tradicionalmente associado a aplicações estruturais, como análise linear de estruturas, vibrações livres e forçadas, análise não linear envolvendo grandes deformações, grandes deflexões, plasticidade, instabilidade estrutural etc., as técnicas de discretização de sistemas contínuos que têm obtido comprovado sucesso no âmbito da Análise Estrutural são mais gerais e podem ser aplicadas em outras áreas de engenharia e análise, constituindo uma poderosa ferramenta para resolver uma ampla classe de problemas em física matemática, tais como transferência de calor, escoamento de fluidos, ondas eletromagnéticas, hidrodinâmica etc.

A Figura 1.19 mostra o exemplo de bloco, no qual as duas paredes estão a diferentes temperaturas, pois separam dois ambientes, e o coeficiente de condutibilidade térmica do material é conhecido. Por intermédio do método dos elementos finitos, é possível determinar o campo de temperatura nos blocos.

FIGURA 1.19 – Exemplo da malha de MEF de um bloco.

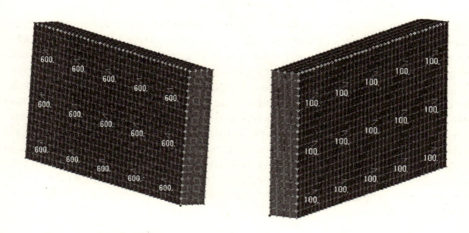

Como resultado da análise estrutural, o campo de deslocamentos é determinado. Na análise térmica, o campo de temperaturas é determinado (Figura 1.20).

FIGURA 1.20 – Resultado da análise de um bloco.

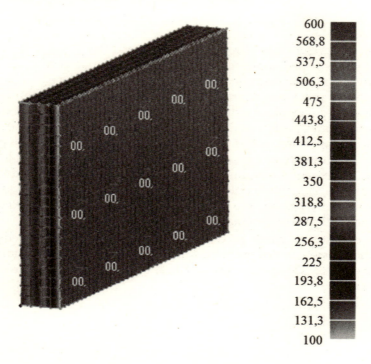

Então o método dos elementos finitos pode ser utilizado no sentido de aplicar o conceito de Engenharia Preditiva?

Sim, o método dos elementos finitos é uma *ferramenta extremamente valiosa para ajudar as equipes de engenharia em uma das tarefas mais importantes no desenvolvimento de um produto*, que é determinar o seu comportamento estrutural e garantir que não haverá falha tanto em condições normais de operação como em situações críticas de operação, por intermédio da determinação do panorama de "tensões" no componente. A análise de tensões é um passo intermediário e um dos *inputs* para tomar decisões sobre a definição das características estruturais do produto (espessuras, materiais, geometria, condições de trabalho etc). A utilização adequada da tecnologia CAE permite reduzir o ciclo de desenvolvimento do produto e o número de testes de campo, realizando previsões do seu comportamento e resultando em substancial redução de custos. Para executar uma análise estrutural que conduza a decisões adequadas, deve-se atender a alguns pré-requisitos:

- *Entendimento claro do problema físico a ser simulado.*
- *Conhecimento do comportamento estrutural desejado (critério de projeto).*
- *Propriedades dos materiais envolvidos.*
- *Características dos elementos finitos envolvidos na análise.*
- *Definição da região objeto de interesse, definindo a extensão do modelo de análise.*
- *Condições de Contorno — cargas e vínculos da estrutura.*

Enfim, a representação adequada do fenômeno físico que se quer estudar passa inicialmente pelo conhecimento do fenômeno, o que deveria ser, até certo ponto, óbvio. Satisfeita essa condição, o modelo proposto deve representar, trecho a trecho da forma mais acurada possível, o que ocorre na estrutura real. Essa representação só poderá ser feita se o "analista estrutural" conhecer o comportamento dos elementos finitos disponíveis e identificar na estrutura o objeto de análise dos comportamentos, de sorte a utilizar o elemento adequado para cada aplicação. Em resumo, os *softwares* de elementos finitos não são sob hipótese nenhuma "ferramentas mágicas", que independem do julgamento do analista, mas constituem, sim, um "auxílio" na solução numérica da enorme quantidade de equações algébricas que são geradas decorrentes do processo de montagem dos "elementos" para representar a estrutura inteira.

Antes de testar o veículo no campo de provas, a engenharia preditiva, por intermédio do método dos elementos finitos, prevê o bom comportamento do projeto, e os testes são apenas para certificar o produto, e não para efetuar tentativas e erros.

QUE ASPECTOS SÃO IMPORTANTES DURANTE O PROCESSO DE IMPLANTAÇÃO DA TECNOLOGIA CAE NOS DEPARTAMENTOS DE ENGENHARIA DAS EMPRESAS?

Um dos pontos mais importantes que contribuem comprovadamente para o sucesso e progresso no uso dos recursos de CAE, e que tivemos oportunidade de verificar nestes últimos 46 anos trabalhando com o Método, está relacionado aos *conceitos fundamentais obrigatórios na utilização da tecnologia CAE*. Muitos profissionais que iniciam suas aplicações nessa área encontram dificuldades na utilização da tecnologia CAE. Estas advêm do fato de que o aprendizado de uso do *software* é feito sem conhecimento satisfatório do método dos elementos finitos, confundindo-se o aprendizado de manuseio de programas com o correto conhecimento do método. Justifica-se, portanto, a filosofia de abordagem já mencionada algumas vezes aqui:

"SE O ANALISTA NÃO SABE MODELAR O PROBLEMA SEM TER O COMPUTADOR, ELE NÃO DEVE FAZÊ-LO TENDO O COMPUTADOR!"

Em visão oposta à anterior, muitas vezes o aprendizado é de tal profundidade em "técnicas matemáticas", que após um longo curso puramente acadêmico, surge a pergunta: como utilizar esse conhecimento na prática? Em função dessa abordagem, surgem o temor e o desestímulo quanto à aplicação desse conhecimento. Deve-se introduzir o embasamento conceitual fundamental visando posterior utilização e entendimento do *software* aplicativo, à luz dos conceitos. Essa metodologia tem se revelado constituir uma visão equilibrada entre o conhecimento teórico necessário e a aplicação prática, sendo o ponto de partida para aqueles que pretendem se desenvolver nessa área. Acreditar que um "mero treinamento" de utilização dos comandos do *software* fornecerá o subsídio para as aplicações seguras do método constitui outra temeridade, e o custo dessa abordagem normalmente é muitíssimo maior que o de um bom treinamento conceitual. Adicionalmente, essa visão equivocada muitas vezes conduz ao descrédito quanto aos resultados do uso dessa tecnologia.

ORGANIZAÇÃO DO LIVRO

Esta obra foi concebida com o objetivo de apresentar ao leitor um modelo de desenvolvimento de produtos que contemple em suas etapas, a importante contribuição da simulação virtual. Os conteúdos apresentados, além da experiência prática dos autores, mostram um método de desenvolvimento de produtos inovador, que considera a simulação estrutural mecânica presente nas diferentes etapas da metodologia proposta, seguindo o modelo apresentado por Pahl *et al.* (2005), derivado da norma de projeto alemã VDI 2221, que é um modelo de desenvolvimento de produtos sintéticos, dividido em quatro fases. Desse modo, o modelo proposto considera diferentes tipos de simulação virtual, como análises tipo estática, dinâmica, não linear e de fadiga, tendo como proposta principal o desenvolvimento do produto com o "olhar" para a simulação estrutural.

O Capítulo 1 apresenta uma conceitualização, ressaltando a importância da utilização do método dos elementos finitos no desenvolvimento de novos produtos. O Capítulo 2 apresenta em detalhes o modelo proposto pelos autores, com explicações e instruções para sua aplicação na prática. O Capítulo 3 apresenta uma série de exemplos (casos reais) de produtos desenvolvidos com a utilização da simulação virtual, para que o leitor tenha um apoio na compreensão do método, com quadros explicativos referentes a conceitos importantes que devem ser observados. O Capítulo 4 apresenta um estudo de caso completo de aplicação do desenvolvimento de um produto, com explicações adicionais relacionadas à utilização do modelo proposto na prática. Por fim, o Capítulo 5 apresenta um procedimento de implantação do método dos elementos finitos, mostrando os principais critérios e ações para implantar a simulação virtual em empresas que desenvolvem produtos industriais.

Algumas figuras desta obra são apresentadas em cores no site da editora Alta Books (acesse: www.altabooks.com.br e procure pelo nome do livro ou ISBN), para que o leitor tenha uma visão clara dos panoramas de tensões e esforços, como se vê no software de análise. Sugerimos consultar essas figuras, pois elas representam os fenômenos físicos, demonstrando em cores de forma mais realísticas os resultados, como se veria no software.

Como observação adicional, vale citar que muitos diagramas onde foram construídos gráficos que representam fenômenos físicos, o objetivo não é apresentar em caráter detalhado os valores representados nas escalas das grandezas, mas apenas mostrar ao leitor a forma de variação dessas grandezas.

A Figura 1.21 mostra como o livro está organizado.

FIGURA 1.21 – Organização do livro.

2

MODELO DE DESENVOLVIMENTO DE PRODUTOS UTILIZANDO SIMULAÇÃO VIRTUAL

O desenvolvimento de novos produtos necessita obrigatoriamente de um método ou procedimento para organizar e sistematizar suas atividades. Esse método pode ser simples ou complexo, dependendo do grau de detalhismo e precisão que se pretende atingir com o produto desenvolvido. Ainda, adicionalmente, cada empresa pode criar e adaptar os métodos existentes na literatura, de acordo com a sua realidade, a partir da sua capacidade e limitação.

A realização de simulações virtuais por meio da aplicação dos recursos da tecnologia CAE na prática, aliada ao conhecimento da base teórica necessária para a solução de problemas de engenharia, pode contribuir de forma significativa para o desenvolvimento de um projeto industrial mecânico, aplicado a qualquer área da engenharia, devido à possibilidade de gerar várias configurações de um produto ou componente, podendo-se avaliar virtualmente seu comportamento e verificar qual desses modelos tem o melhor desempenho de resistência estrutural e mínimo peso, agregando ao produto características de qualidade, segurança e confiabilidade, tornando-o mais competitivo.

Em projetos que envolvem pesquisa e desenvolvimento, realizam-se várias atividades, necessárias para sequenciar o processo, tornando simples, eficaz e fluente a organização do trabalho de projeto, o que é proporcionado por procedimentos metódicos. Isso promove segurança para que não ocorram situações nas quais, ao final do desenvolvimento de um produto, seja necessário retornar às etapas iniciais, o que pode gerar custos e modificações ao projeto de modo a se tornar uma malha de alterações. Da mesma forma, a utilização de etapas de trabalho e de decisão asseguram que exista subsistência da relação entre objetivos, planejamento, execução e controle (PAHL et al., 2005).

A Figura 2.1 apresenta um plano de trabalho geral, subdividido em duas fases: formulação conceitual e pesquisa e desenvolvimento. Essas fases contemplam algumas atividades importantes do processo de desenvolvimento de produtos.

FIGURA 2.1 – Plano de trabalho geral.

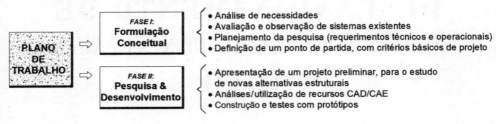

Na fase de formulação conceitual, o conceito deve ser definido com base na necessidade do usuário, que, a partir da observação de sistemas existentes, planeja o desenvolvimento definindo requisitos técnicos e operacionais, para estabelecer um conceito que servirá como ponto de partida para o projeto. Na fase de pesquisa & desenvolvimento, o conceito é transformado em um projeto definitivo, são realizadas análises numéricas utilizando recursos CAD/CAE e, posteriormente, a construção do protótipo físico. As figuras 2.2 e 2.3 mostram as principais atividades elaboradas nas duas referidas fases.

Esse plano de trabalho servirá como base para o modelo proposto apresentado na sequência. O modelo elaborado sistematiza as principais atividades que devem ser observadas no desenvolvimento de produtos industriais, com a simulação estrutural adicionada a esse processo.

O modelo para desenvolvimento de produtos apresentado nesta obra tem como base as fases estruturadas por Pahl *et al.* (2005), derivadas da norma de projeto alemã VDI 2221 (1987), que divide a atividade de projeto em quatro fases, sendo:

- 1ª FASE: Planejamento do projeto
- 2ª FASE: Concepção
- 3ª FASE: Projeto do produto
- 4ª FASE: Detalhamento

FIGURA 2.2 – Fase 1: formulação conceitual.

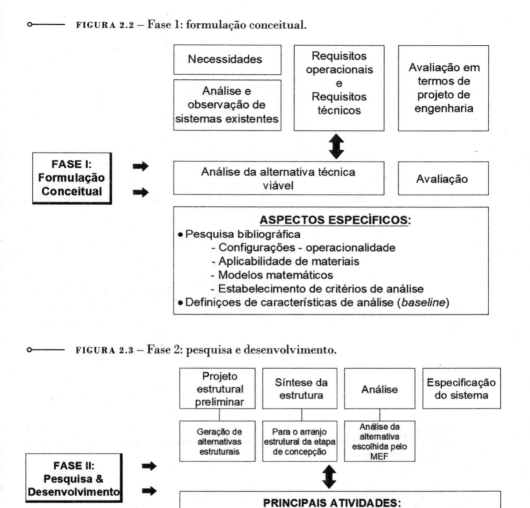

FIGURA 2.3 – Fase 2: pesquisa e desenvolvimento.

O modelo foi criado com o propósito de incorporar às atividades de elaboração do conceito e de projeto a simulação virtual do tipo estrutural, a fim de possibilitar que o desenvolvimento tenha como resultado um produto que agregue ao elemento/conjunto projetado uma grande confiabilidade do ponto de vista de resistência estrutural. Diferentes tipos de simulações podem ser utilizadas na atividade de projeto, e cabe ao engenheiro projetista decidir qual tipo, como e quando empregar sua utilização no processo de desenvolvimento. Essa atividade também é denominada de **ANÁLISE DE ENGENHARIA**.

Com sua utilização, as ferramentas de simulação podem agregar ao projeto a característica de confiabilidade e segurança, fatores que, além de agregar qualidade ao produto final, agilizam as atividades de desenvolvimento, pois as incertezas de resistência estrutural do projeto são minimizadas. O método proposto visa a construção de um protótipo virtual com elevado grau de detalhismo em sua construção, o que tornará seus resultados precisos e confiáveis, a ponto de substituir protótipos físicos, que normalmente são utilizados para testar a resistência do produto projetado.

Nesse modelo, as fases de concepção e projeto do produto (2ª e 3ª fase) terão uma ênfase maior, necessitam de uma maior atenção com vistas à realização de simulações virtuais. A fase de detalhamento é executada quando o projeto está completamente definido, avaliado e testado, portanto, não será muito enfatizada. O produto será certificado durante a fase de projeto do produto, que contempla, além da realização de diferentes avaliações de simulação, a construção do protótipo físico.

O modelo proposto é apresentado na Figura 2.4. Na sequência, todas as atividades propostas serão detalhadas com quadros de explicações adicionais, para que o leitor compreenda e possa utilizar o método na prática. Ainda, o Capítulo 4 apresentará o desenvolvimento completo de um produto seguindo esse modelo.

FIGURA 2.4 – Modelo de desenvolvimento usando simulação virtual.

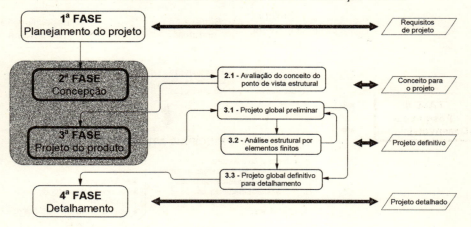

O modelo apresenta como resultados da primeira fase os requisitos de projeto estrutural a serem seguidos no processo de desenvolvimento do produto, com as recomendações que se fazem necessárias.

Na segunda fase, define-se o conceito, com a realização de uma avaliação simplificada sob o ponto de vista da resistência estrutural, simulando modelos com menor grau de complexidade, para iniciar a elaboração (Fase 3) com um conceito já direcionado para esse fim.

A terceira fase refere-se ao projeto do produto. Concebido a partir do conceito estabelecido na fase anterior, será submetido a diferentes tipos de simulações numéricas de acordo com a aplicação. Adicionalmente, teremos também a construção do protótipo físico, até que o projeto geral final seja aprovado para o detalhamento, que contém atividades específicas (Fase 4).

PRIMEIRA FASE: PLANEJAMENTO DO PROJETO

A primeira fase é dividida em duas etapas: planejamento do produto e definição dos requisitos de projeto.

Na etapa de planejamento do produto, são realizadas atividades como verificação das necessidades do consumidor, avaliação das tecnologias envolvidas, estudos de viabilidade e estabelecimento do tipo de inovação, de acordo com o tipo de projeto desenvolvido, que podem ser categorizadas como inovadoras, adaptáveis e alternativas. Essa etapa não terá uma abordagem realizada, pois está bem difundida na literatura existente de projeto de produto.

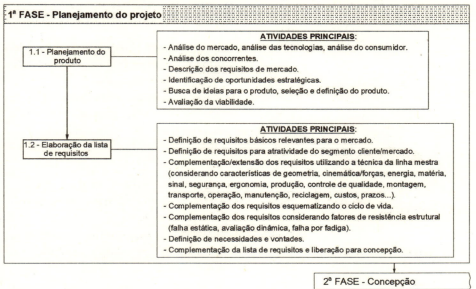

FIGURA 2.5 – Etapas e atividades da fase de planejamento do produto.

Na segunda etapa, são listados os principais requisitos que deverão ser observados durante todo o processo de desenvolvimento, sendo este o documento das especificações do produto. A Figura 2.5 mostra as etapas e as principais atividades na fase de planejamento do projeto.

A lista de requisitos deve conter especificações de projeto com indicações quantitativas e qualitativas. Para auxiliar sua elaboração, orienta-se a utilização da técnica da linha mestra, proposta por Pahl *et al.* (2005). Essa técnica estabelece diferentes características, e a partir delas são especificados os requisitos de projeto.

As principais propriedades desejadas apresentadas na linha mestra norteiam a elaboração dos requisitos, tornando-se grandezas e condições que influenciam o desenvolvimento e a construção ao longo do processo de projeto.

O Quadro 2.1 mostra uma sugestão com as principais características para a realização de um projeto mecânico, adaptada de Pahl *et al.* (2005). Foi incluída a especificação de critérios de resistência estrutural para o projeto, tornando uma avaliação obrigatória a ser realizada ao longo do processo. São relacionadas como sugestão dezenove características. O projetista deve definir quais se encaixam e devem ser utilizadas no projeto.

QUADRO 2.1 – Linha mestra com características de projeto (adaptado)

	CARACTERÍSTICAS	DESCRIÇÃO
1	Geometria	Tamanho, altura, comprimento, diâmetro, demanda de espaço.
2	Cinemática	Tipo de movimento, direção do movimento, velocidade e aceleração.
3	Forças	Magnitude da força, direção, frequência, peso, carregamento, deformação, rigidez, propriedades elásticas, estabilidade, ressonância.
4	Energia	Potência, eficiência, perdas por atrito, ventilação, variáveis de estado como pressão, temperatura, umidade, aquecimento, resfriamento.
5	Matéria	Propriedades físicas e químicas, fluxo de material e transporte.
6	Sinal	Sinais de entrada e saída, forma do sinal.
7	Segurança	Princípios de segurança diretos, sistemas protetores, segurança industrial e ambiental.
8	**Resistência estrutural**	**Previsão de avaliação do comportamento estrutural por meio de análises do tipo estática, dinâmica, não linear e de fadiga.**
9	Ergonomia	Relação homem-máquina, operação, tipos de operação.
10	Produção	Processo produtivo preferido, meios de produção.
11	Controle de qualidade	Possibilidade de teste e medição, prescrições especiais.
12	Montagem	Prescrições especiais de montagem, critérios de montagem.
13	Transporte	Tipo e restrições do transporte.

QUADRO 2.1 – Linha mestra com características de projeto (adaptado)

	CARACTERÍSTICAS	DESCRIÇÃO
14	Operação	Baixo ruído, taxa de desgaste, condições de uso.
15	Manutenção	Livre de revisão ou número e intervalo de tempo entre revisões, inspeção.
16	Reciclagem	Reaproveitamento, reprocessamento, armazenamento.
17	Custos	Máximos custos de fabricação, investimento, amortização.
18	Prazos	Fim do desenvolvimento, prazo de entrega.
19	Outros	Outros fatores específicos do produto desenvolvido.

Orienta-se que os requisitos de projeto sejam organizados em uma lista com base nessa linha mestra proposta. Na formulação da lista de requisitos, os objetivos e as condicionantes sob as quais os requisitos devem ser satisfeitos precisam ser destacados claramente. Os requisitos são desdobrados em necessidades e vontades, sendo que as necessidades precisam ser satisfeitas sob quaisquer circunstâncias, ou seja, sem o seu atendimento, a solução prevista não é aceitável em nenhuma hipótese e as vontades devem ser consideradas na medida do possível.

As necessidades e vontades deverão ser formuladas com aspectos quantitativos e qualitativos, resultando em informações necessárias que serão observadas durante todo o processo de desenvolvimento do produto.

O Quadro 2.2 apresenta uma sugestão para que o projetista elabore a lista de requisitos, com as principais informações. Recomenda-se documentar somente os requisitos absolutamente necessários para a execução da respectiva etapa de trabalho do processo de projeto.

QUADRO 2.2 – Sugestão para elaboração dos requisitos do projeto

Características (Linha mestra)		REQUISITOS DE PROJETO	Classificação: O = Obrigatório D = Desejável	Resp.
DATA:		LISTA DE REQUISITOS — Projeto:		Pág.: 1/1
Geometria	1-			
	2-			
Cinemática	1-			
	2-			
Forças	1-			
	2-			

QUADRO 2.2 – Sugestão para elaboração dos requisitos do projeto

DATA:	LISTA DE REQUISITOS — Projeto:		Pág.: 1/1
Características (Linha mestra)	REQUISITOS DE PROJETO	Classificação: O = Obrigatório D = Desejável	Resp.
Energia	1- 2-		
Matéria	1- 2-		
Sinal	1- 2-		
Segurança	1- 2-		
Resistência estrutural	1- 2-		
Ergonomia	1- 2-		
Produção	1- 2-		
Controle de qualidade	1- 2-		
Montagem	1- 2-		
Transporte	1- 2-		
Operação	1- 2-		
Manutenção	1- 2-		
Reciclagem	1- 2-		
Custos	1- 2-		
Prazos	1- 2-		

Com os requisitos de projeto devidamente esclarecidos e estruturados, com a listagem de exigências técnicas e econômicas, o projeto poderá ser iniciado, passando para a fase de concepção.

O quadro de revisão apresentado a seguir mostra exemplos de desenvolvimentos de produtos, onde são observadas, na parte inicial do desenvolvimento, informações importantes que são armazenadas para utilizar como requisitos de atendimento.

QUADRO DE REVISÃO 2.1: EXEMPLOS INTERESSANTES

I — Um exemplo interessante ocorre na área Naval. O desenvolvimento de um **PROJETO DE NAVIO** apresenta uma série de fases, e até chegarmos a defini-lo, várias informações são recolhidas em função do que se pretende obter como produto final.

Durante a chamada FORMULAÇÃO CONCEITUAL — LEVANTAMENTO DE NECESSIDADES, surgem perguntas-chave, que muitos denominam como os "requisitos do armador" e que envolvem questões do tipo: qual a finalidade do navio ou embarcação a ser projetado? Qual a rota que ele percorrerá? Navegação costeira, de interior ou de alto-mar? Carga ou passageiros, qual velocidade, navio mercante ou militar?

Começam então a surgir questões "básicas", tais como:

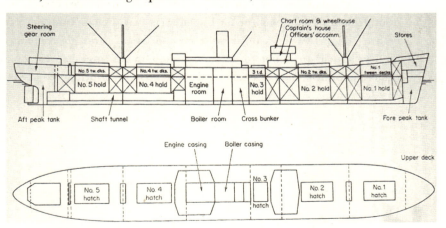

1) As dimensões da embarcação garantem suficiente volume de água deslocada, assegurando sua flutuação para que possa levar a carga ou conteúdo proposto no projeto?

2) Além de garantir essa condição, o navio se manterá estável durante a sua operação sem *"emborcar"* ou perder estabilidade transversal diante das ondas a que será submetido? Inclinando-se sob as solicitações, poderá retornar à posição normal?

3) Como o navio, do ponto de vista primário, se comporta como uma imensa viga flutuante sofrendo flexões, que é a sua resistência primária (ver comportamentos da Mecânica Estrutural em Alves Filho, 2015), as dimensões dos itens estruturais asseguram que essa flexão será resistida pela *viga-navio*?

4) E quanto aos comportamentos locais, pois o navio é constituído de uma caixa reforçada por perfis, há certeza de que essas deformações locais superpostas com as deformações globais da viga navio garantirão sua integridade estrutural?

5) Se um compartimento do navio for inundado, os demais que se mantiverem estanques garantirão a integridade dos itens anteriores?

Durante a chamada **FORMULAÇÃO CONCEITUAL — ANÁLISE E OBSERVAÇÃO DE SISTEMAS EXISTENTES,** o Engenheiro Naval começa a busca do que é chamado de **NAVIO SEMELHANTE**. Ou seja, levanta informações de todos os sistemas semelhantes ao seu projeto e que já foram desenvolvidos, assim terá uma visão inicial de peso de aço na estrutura, potência do motor, informações sobre hélice (propulsor) etc. Enfim, fará uma primeira *"volta"* no que na Engenharia Naval chamamos de *"espiral de projeto"*, de sorte a se levantar essas características gerais dos sistemas semelhantes àquele que é objeto de seu estudo. Obviamente, ele não copiará um projeto já pronto, mas este servirá de indicativo de informações já consolidadas de projetos semelhantes.

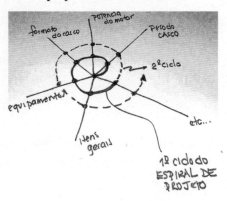

Nessa busca da definição da configuração inicial do seu projeto, o projetista pode recorrer às normas aplicadas especificamente aos projetos de navios, que são definidas pelas chamadas Sociedades Classificadoras, que regulamentam o projeto e a construção desses tipos de sistemas. Essas regras dessas sociedades, tais como *Lloyds Register of Shipping, ABS — American Bureau of Shipping etc.*, apresentam formulações que permitem ter uma primeira estimativa do peso do casco, dos perfis estruturais que o enrijecem, espessuras do fundo do navio, do costado e do convés e das anteparas que subdividem o casco do navio. Alternativamente, é possível utilizar cálculos baseados na teoria da mecânica estrutural, para definição desses itens por intermédio de cálculos analíticos mais simples, para posteriormente fazer a simulação por elementos finitos do comportamento global da estrutura e do comportamento local, tal como as chapas que sofrem flexão devido à ação de pressão local, por exemplo, das cargas no convés e do mar no fundo e costado.

Adicionalmente, em função do tipo de navio, o tipo de casco deve seguir certos padrões, pois navios de passageiros, ao adernar transversalmente, necessitam retornar suavemente à posição de equilíbrio vertical, e isso está intimamente relacionado ao formato do casco. Esses formatos, típicos para cada aplicação, são obtidos em termos de referência inicial nas chamadas "séries sistemáticas", que definem o tipo de formato de casco para cada aplicação.

Outro exemplo interessante é o chamado "sistema tático leve para transposição de cursos d'água", também conhecido como "portada tática leve", como mostram as figuras s seguir:

Esse sistema é modular, sua composição consiste em botes individuais de liga de alumínio de 2mm de espessura, e o caminhão carregado da imagem pesa 21 toneladas. O objetivo desse projeto era desenvolver um sistema desse tipo; no Brasil só existia uma unidade doada pelos EUA, com alumínio fabricado por eles. Os botes são conectados em suas traseiras (na linguagem naval, "popa a popa"). Esses botes podem ser usados individualmente para fazer a travessia de algumas pessoas, mas quando unidos popa a popa, também atuam como um pontão para transportar um número maior de pessoas. Esses pontões, um ao lado do outro, servem de base para a colocação de plataformas leves de ligas de alumínio conectadas por dois pinos, para não pivotar, funcionando como pista de rolamento para os caminhões ou veículos. Quando usados seis pontões e quatro plataformas, o sistema funciona como uma balsa e transporta veículo e pessoas de um lado ao outro do rio com motores de popa. Mas se conectadas uma balsa a outra, formando um conjunto, podem funcionar como uma ponte provisória, e inclusive ajudar na defesa civil no caso de avaria de uma ponte no local. Um grupo treinado monta uma balsa dessas em vinte minutos. **ACABAMOS DE MENCIONAR O CHAMADO "LEVANTAMENTO DE NECESSIDADES".**

Em seguida, foi efetuada a ANÁLISE E OBSERVAÇÃO DE SISTEMAS EXISTENTES. Como havia somente uma unidade no Brasil, fizemos a medição de todos os seus itens para avaliar o funcionamento desse sistema e em seguida projetar o nosso com alumínio produzido no Brasil e com arranjo estrutural diferente do norte-americano. Os primeiros modelos de cálculo para avaliação inicial da estrutura consideraram que esses botes-pontões funcionavam como apoios elásticos para as plataformas sujeitas às cargas dos veículos. Com a geometria dos botes, podemos avaliar para o afundamento de 1mm dos botes qual acréscimo teremos de empuxo. Ou seja, teremos o valor, para cada bote ou pontão, da FORÇA POR AFUNDAMENTO UNITÁRIO, quer dizer, A MOLA QUE SUSTENTA O CONJUNTO DE PLATAFORMAS. Dessa forma, em uma primeira avaliação, temos quatro vigas que estão trabalhando em cima de uma base elástica. Vigas sobre base elástica é uma teoria já consagrada, desenvolvida por Timoshenko (1980). A figura a seguir mostra os dois pneus traseiros do veículo sobre uma pista que se apoia e quatro vigas I. Essas vigas estão sobre base elástica e formam uma onda elástica. Quando o comprimento dessa onda é muito maior do que a distância entre os botes, podemos, em uma primeira avaliação, considerar uma base elástica contínua que tem solução analítica.

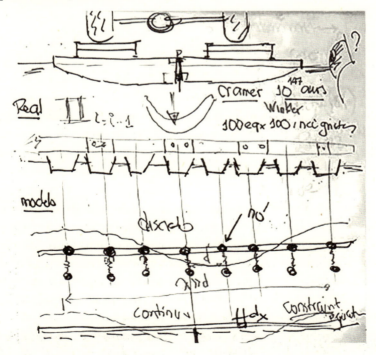

A figura a seguir representa um típico esboço nas discussões iniciais de projeto.

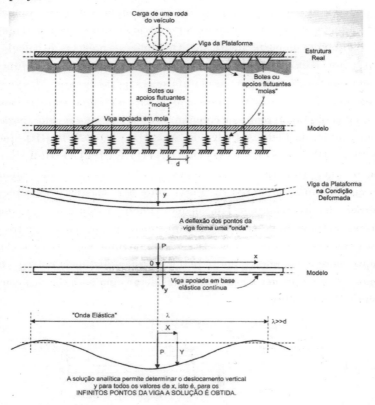

No cálculo analítico, o momento fletor máximo que atua na ponte que liga uma margem à outra do rio segundo a teoria de vigas sobre base elástica é dada por:

$$M_{máximo} = \frac{P}{4.\beta} \quad (2.1)$$

sendo que em $\beta = \frac{\sqrt[4]{k}}{4.E.I}$, k representa a rigidez da base elástica, E é o módulo de Elasticidade do alumínio, e I é o momento de inércia à flexão vertical das quatro vigas I. As molas discretas no desenho representam o modelo em elementos finitos desenvolvido. Esse exemplo serve apenas para ilustrar um cálculo preliminar, que depois foi desdobrado em modelos mais elaborados, inclusive dos botes, tendo como objetivo avaliar, para cada posição das rodas do veículo, sua repercussão na resposta da ponte representada pelo modelo.

SEGUNDA FASE: CONCEPÇÃO

A segunda fase do procedimento de desenvolvimento de um produto utilizando simulação virtual é dividida em três etapas, sendo:

- **ETAPA 1:** Estabelecimento do conceito
- **ETAPA 2:** Pré-avaliação estrutural
- **ETAPA 3:** Avaliação da solução

Inclui atividades relacionadas à concepção, que, após o esclarecimento do problema e a busca por princípios de funcionamento adequados, define uma solução inicial, com uma pré-avaliação do produto do ponto de vista estrutural. A concepção inclui as fases de informação, definição, criação, avaliação e decisão, e o resultado obtido é uma variante de solução avaliada de acordo com critérios técnicos, econômicos e de segurança.

A Figura 2.6 mostra as principais atividades desenvolvidas nas etapas da fase de concepção do produto.

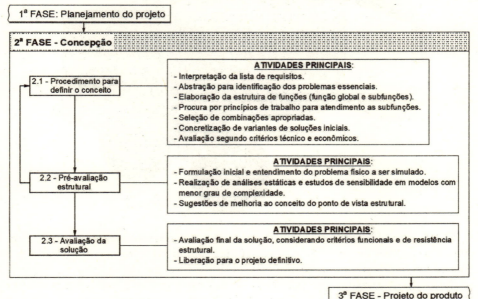

FIGURA 2.6 – Etapas e atividades da fase de concepção do produto.

PRIMEIRA ETAPA:
PROCEDIMENTO PARA DEFINIR O CONCEITO

A primeira etapa visa a definição do conceito do produto, que servirá como ponto de partida para a elaboração do projeto final, estabelecendo princípios de solução e funcionamento apropriados. Essa etapa é composta de diversas atividades, listadas na Figura 2.6. Os autores Back *et al.* (2008) e Pahl *et al.* (2005) apresentam de forma detalhada o processo para a geração do conceito do produto, dessa forma, esse procedimento de trabalho não terá enfoque nesta obra. O conceito normalmente é apresentado em forma de um esboço, com indicação e explicações relativas ao funcionamento do projeto e de suas partes principais. A Figura 2.7 ilustra um dispositivo para coleta e armazenamento de resíduos de palha.

FIGURA 2.7 – Exemplo do conceito de um produto.

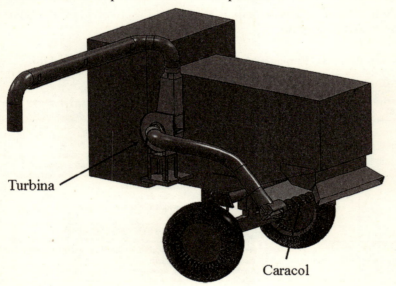

O conceito elaborado tem a função de mostrar o leiaute dimensional e funcional do projeto em questão e deve ser apresentado de forma simplificada. É a concepção da ideia, que de forma fácil define a essência de sua função. Sugere-se definição e apresentação por meio de um modelo CAD, para que possa ser realizada uma avaliação estrutural prévia. A solução proposta deve ser descrita em detalhes, identificando os princípios de solução e as possíveis tecnologias e riscos existentes para o desenvolvimento, a fabricação e a utilização do produto. O Quadro 2.3 mostra um modelo de apresentação da solução definida para o projeto em desenvolvimento.

QUADRO 2.3 – Sugestão para modificação do conceito		
DATA:	Projeto:	Pág.: 1/1
DESCRIÇÃO DO CONCEITO PROPOSTO		Resp.
Conceito 1	- -	
Conceito 2	- -	

SEGUNDA ETAPA:
PRÉ-AVALIAÇÃO ESTRUTURAL

Após o conceito ser definido, parte-se para a etapa de pré-avaliação estrutural. Essa etapa tem grande importância, pois uma análise inicial do problema de engenharia é realizada, seguida de avaliações numéricas de baixo grau de complexidade com o modelo produzido por meio do conceito, com o objetivo de auxiliar no desenvolvimento do projeto definitivo.

Esses estudos numéricos preliminares visam um entendimento prévio do problema. Dessa forma, o conceito poderá ser aprimorado, já observando limitações e apresentando sugestões, buscando um aumento da resistência estrutural. Essa etapa tem as seguintes atividades de trabalho:

- Formulação inicial e entendimento do problema físico a ser simulado.
- Realização de análises estáticas e estudos de sensibilidade em modelos de menor grau de complexidade (conceito).
- Sugestões de melhoria ao conceito, do ponto de vista estrutural.

O exemplo do sistema tático leve para transposição de cursos d'água que foi mostrado anteriormente, a PORTADA TÁTICA LEVE, ilustra essa situação. Primeiro, foi efetuada uma avaliação por intermédio de um modelo analítico, usando a teoria de vigas sobre base elástica contínua (a rigor, é a mesma metodologia que é utilizada para cálculos de trilhos de trem, pois estes estão apoiados em dormentes, que estão apoiados no solo, que constitui uma base elástica).

Por intermédio dos parâmetros mencionados no exemplo, podemos ter uma primeira avaliação do momento de inércia da viga para a condição de momento fletor máximo e propor suas dimensões em termos de concepção estrutural. Tendo essas configurações básicas definidas, podemos representar para as diversas posições do "trem-tipo" na ponte os diversos valores de momento fletor devido à ação das diversas rodas agindo simultaneamente.

Dessa forma, os modelos de cálculo evoluirão para um conceito mais avançado, e o conhecimento das forças que as plataformas transferem aos botes permite os cálculos destes últimos, podendo elaborar modelos mais avançados de cálculo utilizando, por exemplo, elementos de casca. Esses conceitos são detalhados em Alves Filho (2015). Já mencionamos que a execução de modelos numéricos requer obrigatoriamente o conhecimento da teoria e os comportamentos físicos da mecânica estrutural. Escolher o elemento adequado para cada aplicação e de tamanho adequado é fundamental para a execução de uma correta análise de elementos finitos.

O Quadro 2.4 detalha as principais atividades a serem executadas nesta etapa.

QUADRO 2.4 – Descrição das atividades da etapa de pré-avaliação estrutural

ATIVIDADE	DESCRIÇÃO
Formulação inicial e entendimento físico do problema.	○ Entendimento do problema e definição do tipo de análise a ser realizada.
Realização de análises estáticas e estudos com modelos de menor grau de complexidade.	○ Preparação e simplificação da geometria. ○ Definição das propriedades dos materiais. ○ Geração da malha de elementos finitos. ○ Estabelecimento das condições de contorno (carregamentos e vinculações). ○ Estabelecimento dos dados de saídas (tensões e deslocamentos). ○ Avaliação dos dados obtidos.
Sugestões de melhoria do conceito, do ponto de vista estrutural.	○ Sugestões de melhoria para o conceito.

Primeiramente, como já mencionamos, e repetimos por ser absolutamente vital, na atividade de formulação e entendimento do problema físico, este deve ser entendido a ponto de se saber o que se espera das futuras análises que serão realizadas. O entendimento do problema físico nessa etapa auxiliará simulações definitivas na terceira fase do desenvolvimento. A Figura 2.8 mostra que o problema físico pode ser interpretado de diferentes maneiras, ou por um modelo físico simplificado ou por um modelo matemático que, por meio de suas variáveis, pode avaliar a solução do problema em questão.

FIGURA 2.8 – Avaliação do problema físico.

AVALIAÇÃO E ENTENDIMENTO DO PROBLEMA FÍSICO

AVALIAÇÃO DO MODELO MATEMÁTICO

$$K = \frac{EA}{L}\begin{bmatrix} 1 & -1 \\ -1 & 1 \end{bmatrix}$$

$$\boxed{K = \sum_{i=1}^{N} K^{(i)}}$$

MODELO FÍSICO
hipóteses simplificadoras idealização geométrica e utilização de Leis Físicas

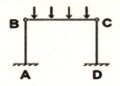

Na sequência, após o problema ser compreendido, devem-se realizar análises estáticas com um modelo idealizado a partir do conceito do produto. Orienta-se que nessa atividade sejam realizadas análises menos complexas, com modelos de menor grau de complexidade, para verificar se o conceito proposto foi planejado de maneira que produto possa vir a ter uma resistência estrutural aceitável para o projeto em questão. Aqui vale repetir as concepções que discutimos sobre a ponte flutuante recentemente mencionada.

Para exemplificar, a Figura 2.9 mostra o panorama de tensões e o local onde ocorre a tensão máxima do conceito de um componente simulado numericamente. Com base nessa análise, ele pode ser aprimorado, relacionando sugestões para o aumento da resistência do projeto mecânico definitivo que ainda será desenvolvido.

FIGURA 2.9 – Exemplo de simulação estrutural de um conceito.

A referida figura mostra partes do modelo que apresentam níveis de tensão elevados, que ultrapassam a tensão de escoamento do material. Nesse caso, geralmente se empregam os seguintes fatores para modificação no projeto:

- Mudança do material, utilizando outro com melhores propriedades.
- Aumento de espessura na região onde as tensões estão elevadas. Para isso, é absolutamente vital entender se as tensões ocorrem na forma de um estado plano de tensões ou de placa, ou uma ação simultânea de ambos. Mudanças na espessura alteram diferentemente o campo de tensões devido à ação de cada um desses efeitos. Esses conceitos obrigatórios são tratados em Alves Filho (2015).
- Modificação da geometria (forma) do componente com base no que foi mencionado no parágrafo anterior.
- Adição de reforços na estrutura analisada.

Neste momento, pode ficar estabelecido para a sequência do trabalho que o material empregado deverá ter atenção por parte do projetista ao realizar o projeto definitivo. Também o conceito pode ser retrabalhado, modificando-se a espessura de locais críticos ou modificando-se a forma do componente, de maneira que as tensões elevadas presentes sejam minimizadas por essa modificação. Pode-se adicionalmente colocar reforços locais. Aqui sempre está presente um conceito de boa prática de projeto traduzida na literatura de forma geral como *"AVOID BENDING MOMENTS"* — *evite flexões!!!!* — LOCALIZADAS!!!

O contexto dessa última afirmação deve ser entendido claramente. Por exemplo, vigas foram feitas para sofrer, entre outros efeitos, flexões. Mas essas flexões são as flexões primárias da viga como um todo. Jamais se deve permitir que uma carga aplicada localmente provoque uma flexão, por exemplo, na aba de um perfil, pois ocasionaria um "puncionamento local" e altas tensões de flexão localizadas, as chamadas "mordidas" locais. As cargas devem sempre caminhar no plano dos reforços e NUNCA provocar flexões localizadas, como mostra a Figura 2.10. Elas são um convite às falhas por fadiga!

FIGURA 2.10 – Exemplo de flexão localizada.

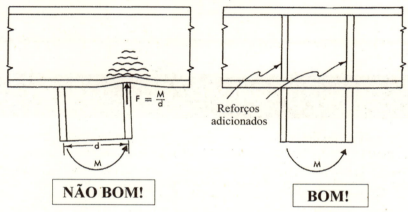

Portanto, as flexões localizadas devem ser evitadas, devendo o engenheiro de projeto estar muito atento a isso. Essas questões de boas práticas devem ser pensadas já nas primeiras definições do conceito da estrutura.

Ainda, pode-se iniciar uma discussão e deixar registrado qual modo de falha deve ser observado na análise definitiva, realizada na fase seguinte. Os principais modos de falha são:

- Falha por escoamento.
- Falha por fadiga.
- Falha por flambagem.
- Falha por não atendimento a critérios estabelecidos por norma.
- Coeficiente de segurança inferior ao estipulado em critério de projeto.
- Deformações excessivas.

Os conceitos referentes às falhas citadas podem ser estudados com profundidade em Alves Filho (2008; 2012; 2015).

Como sugestão, o Quadro 2.5 pode ser elaborado, registrando observações para a modificação do conceito, a partir da simulação realizada.

QUADRO 2.5 – Sugestão para modificação do conceito			
DATA:	MODIFICAÇÃO PRELIMINAR DO CONCEITO Projeto:		Pág.: 1/1
DESCRIÇÃO DA MODIFICAÇÃO			Resp.
1			
2			
3			
4			
5			
n			

UM EXEMPLO ADICIONAL — UMA TORRE EÓLICA

No âmbito preliminar, algumas verificações, tal como mostramos no caso da "PORTADA TÁTICA", estão presentes. O conhecimento do máximo valor da força sobre o rotor (empuxo) nos dá uma avaliação preliminar para uma torre de 90 metros de altura e 100 toneladas de força, do momento fletor máximo na base circular, e, como consequência, a primeira estimativa do valor do seu diâmetro e de sua espessura para que o momento de inércia presente implique em um valor de tensão máxima que não ultrapasse uma porcentagem do escoamento, pois essa é uma condição de pico de carga na estrutura. Esses cálculos podem ser efetuados até manualmente por um modelo simples, como foi mostrado no exemplo da viga sobre base elástica, por analogia. Ou até por um modelo simples de elementos finitos que nos forneça tensões nominais em uma primeira instância, tal como são tratativas vistas em Alves Filho (2015).

Geometria 3D   Modelo de Elementos Finitos

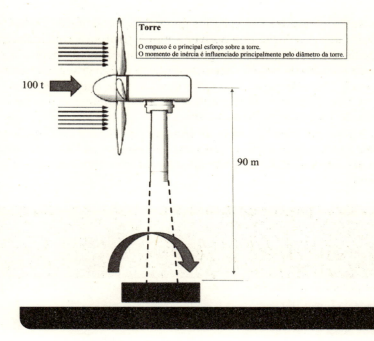

TERCEIRA ETAPA: AVALIAÇÃO DO CONCEITO

Existindo mais de um conceito para o produto, estes devem ser avaliados seguindo critérios estabelecidos, de funcionalidade e resistência estrutural, entre outros. Essa avaliação deve ser elaborada pela equipe de projeto, emitindo valores para os critérios estabelecidos. Como sugestão, para a valoração, podem ser adotados os conceitos e os respectivos valores mostrados na Tabela 2.1. Existem outros métodos de avaliação mais completos que também podem ser empregados, disponíveis em literaturas sobre desenvolvimento de produtos.

TABELA 2.1 – Valoração de critérios qualitativos para avaliação do conceito

Valoração dos critérios	Pontuação numérica dos critérios
Solução insatisfatória	0
Solução ainda sustentável	1
Solução satisfatória	2
Solução boa	3
Solução muito boa (ideal)	4

Os valores serão atribuídos aos critérios generalizados estabelecidos, e posteriormente somados. A solução que obtiver a maior pontuação terá sequência no processo de desenvolvimento. Para desenvolvimentos que forem elaborados com apenas uma solução de projeto, orienta-se que nenhum critério tenha pontuação inferior a 2, caso contrário, o conceito deverá ser revisto antes de passar para a próxima fase. Pahl *et al.* (2005) apresenta detalhadamente um procedimento de avaliação para o conceito do produto.

O Quadro 2.6 mostra uma sugestão de triagem para as concepções de projeto elaboradas. São sugeridos dez critérios, sendo que podem ser alterados, e novos podem ser adicionados, dependendo das características do projeto em desenvolvimento.

QUADRO 2.6 – Avaliação para a escolha do conceito			
Data:		Projeto:	
Nº	Critério	Concepções geradas	
		Conceito 1	Conceito 2
1	Desempenho de função		
2	Resistência estrutural		
3	Segurança/confiabilidade		
4	Inovação		
5	Viabilidade econômica		
6	Fácil uso		
7	Fácil manutenção		
8	Boa aparência		
9	Fácil transporte/armazenagem		
10	Meio ambiente/ciclo de vida		
PONTUAÇÃO TOTAL			
CONCEITO ESCOLHIDO			

TERCEIRA FASE: PROJETO DO PRODUTO

Aqui o objetivo principal é desenvolver o projeto mecânico completo do produto, partindo do conceito estabelecido na fase anterior, estabelecendo de maneira clara e completa toda a estrutura de funcionamento do produto, segundo critérios técnicos e econômicos.

Essa fase da metodologia proposta inclui três etapas principais, sendo a primeira responsável por finalizar e desenvolver o projeto global preliminar, seguida da etapa de simulação estrutural, realizada a partir do projeto desenvolvido, até que a construção do protótipo físico esteja apta a ser realizada. A terceira etapa finaliza definitivamente o projeto, tornando-o apto ao detalhamento para produção. A realização de simulações estruturais utilizando o método dos elementos finitos torna-se indispensável para fornecer subsídios quanto ao comportamento da estrutura por intermédio do panorama de tensões atuantes, sendo um passo intermediário e um dos *inputs* para a tomada de decisões sobre a estrutura projetada.

A Figura 2.11 mostra de forma sintetizada as etapas e atividades que compõe a fase de projeto do produto. Na sequência, as referidas etapas serão detalhadas.

O modelo desenvolvido considera as atividades de projeto mecânico (CAD) e simulações numéricas completas (CAE), envolvendo análises estáticas e dinâmicas, análises não lineares, análises de fadiga, medições experimentais e construção de protótipos.

Caso se detecte que não é necessário o projeto passar pela etapa de análise estrutural, passa-se diretamente para a etapa três, otimizando e finalizando o projeto. A etapa dois, de realização de simulação estrutural, é realizada tantas vezes quanto necessária, fazendo um ciclo de atualização do projeto preliminar, até que ele esteja apto a passar para a etapa de projeto definitivo.

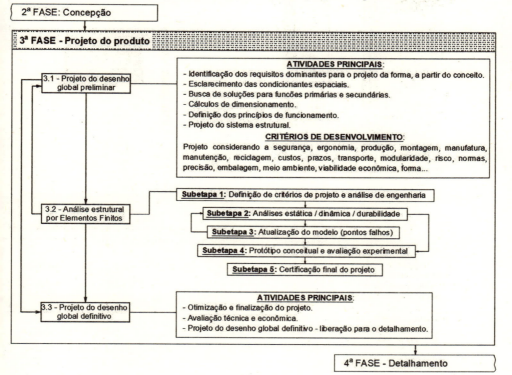

FIGURA 2.11 – Etapas e atividades da fase de projeto do produto.

UM EXEMPLO ADICIONAL — UMA TORRE EÓLICA (CONTINUAÇÃO)

A título de exemplo, vale citar o caso da torre eólica, em que foram realizados alguns cálculos por modelos mais elaborados, já visando o comportamento dinâmico e posterior da análise de fadiga da estrutura. Apresentamos adiante um projeto detalhado passo a passo à luz da metodologia apresentada. As figuras a seguir mostram testes comparativos entre dois modelos diferentes para análise da torre eólica.

Torre
Teste de Confiabilidade: comparação entre resultados de modelos de elementos de viga e modelos de elementos de casca.

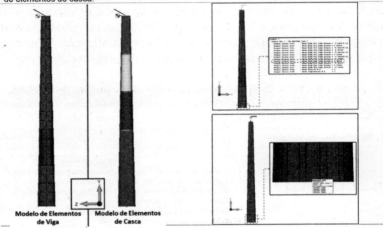

Modelo de Elementos de Viga | Modelo de Elementos de Casca

Torre
Condições de Contorno: Restrições e Carregamentos

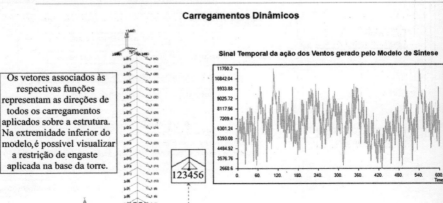

Os vetores associados às respectivas funções representam as direções de todos os carregamentos aplicados sobre a estrutura. Na extremidade inferior do modelo, é possível visualizar a restrição de engaste aplicada na base da torre.

Carregamentos Dinâmicos

Sinal Temporal da ação dos Ventos gerado pelo Modelo de Síntese

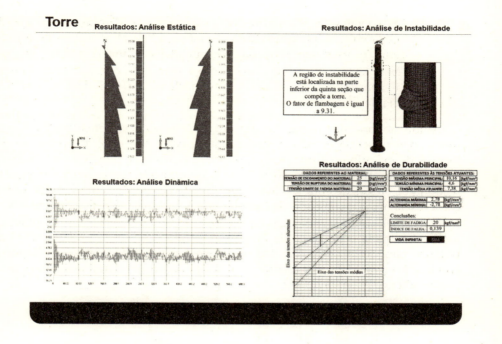

PRIMEIRA ETAPA:
PROJETO DO DESENHO GLOBAL PRELIMINAR

A fase de projeto preliminar envolve principalmente ações de busca de soluções de funções primárias e secundárias estabelecidas na estrutura funcional da concepção, cálculos de dimensionamento e projeto completo do sistema estrutural.

O projeto deverá ser desenvolvido por meio de uma representação CAD em escala, criteriosamente examinada, evoluindo o conceito elaborado na fase anterior. São realizadas atividades de escolha dos materiais e dos processos de fabricação, definição das dimensões principais e o exame da compatibilidade espacial. Aspectos tecnológicos e econômicos têm muita importância. Ainda, as atividades de projeto contêm, além de etapas criativas, também as de trabalho corretivo, nas quais os processos de análise e síntese se complementam continuamente.

Para a configuração da solução de projeto, recomenda-se utilizar as regras básicas de clareza, simplicidade e segurança, segundo Pahl *et al.* (2005), sendo:

- **CLAREZA:** a consideração da clareza ajuda a prever, de forma confiável, efeito e comportamento, e, em muitos casos, poupa tempo e análises dispendiosas.

- ○ **SIMPLICIDADE:** Normalmente a simplicidade garante a viabilidade econômica. Uma quantidade pequena de peças e objetos de formas simples pode ser fabricada de forma melhor e mais rápida.
- ○ **SEGURANÇA:** As exigências quanto à segurança obrigam ao tratamento consequente à questão da durabilidade, confiabilidade e inexistência de acidentes.

Ainda, ao lado das regras fundamentais "clareza", "simplicidade" e "segurança", devem ser observadas algumas outras, como conceitos de projeto de elementos de máquinas (fundamentos, dimensionamento e relações elementares), variações de cargas em função do tempo (magnitude e espécie de solicitação resultante), efeitos de entalhes (na determinação de tensões atuantes), deformações, ressonância, problemas de estabilidade, vibrações, deformações etc.

Diferentes autores, como Back *et al.* (2008) e Pahl *et al.* (2005), apresentam de forma detalhada o processo de projeto do produto, assim, o procedimento de trabalho para definir o projeto definitivo não será um aspecto desta obra, pois o enfoque principal é prover a utilização da simulação estrutural nessa fase, sempre focada no desenvolvimento do produto.

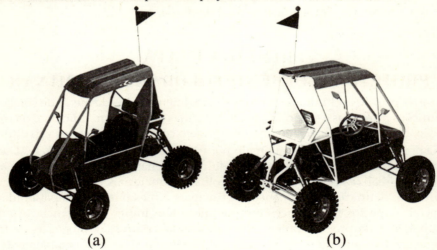

FIGURA 2.12 – Exemplo de um projeto mecânico.

(a)   (b)

A Figura 2.12 mostra o projeto em CAD de um veículo *off-road* concebido seguindo os critérios discutidos anteriormente, com um grande nível de detalhe. O referido projeto contempla a estrutura principal do chassi, sistema de direção, suspensão, freios, transmissão, rodados, carenagens e acabamentos. Após o projeto global preliminar definido, parte-se para a etapa seguinte, de simulação estrutural. A Figura 2.12a mostra uma vista frontal, e a Figura 2.12b mostra uma vista traseira do veículo, em perspectiva isométrica.

SEGUNDA ETAPA: ANÁLISE ESTRUTURAL POR ELEMENTOS FINITOS

Esta etapa tem como objetivo a realização de simulações estruturais que permitem o desenvolvimento e a construção de protótipos virtuais que são avaliados antes da criação do protótipo conceitual, de modo que os pontos de falha sejam detectados nos modelos virtuais, para que o conceito seja revisto a partir do aspecto da resistência estrutural quantas vezes for necessário, para posterior construção do protótipo físico.

O protótipo físico desempenhará o papel de testar as funcionalidades específicas de projeto e sua durabilidade na prática, podendo também ser utilizado para a realização de medições experimentais de esforços para a avaliação numérica final, com o objetivo de certificar o projeto. Para isso, são propostas cinco subetapas que estruturam o processo:

- **SUBETAPA 1:** Definição de critérios de projeto e análise de engenharia.
- **SUBETAPA 2:** Análises estática/dinâmica/não linear/durabilidade.
- **SUBETAPA 3:** Atualização do modelo (pontos falhos) ou reduções de pesos.
- **SUBETAPA 4:** Protótipo conceitual e avaliação experimental.
- **SUBETAPA 5:** Certificação final do projeto.

FIGURA 2.13 – Subetapas da etapa de simulação estrutural.

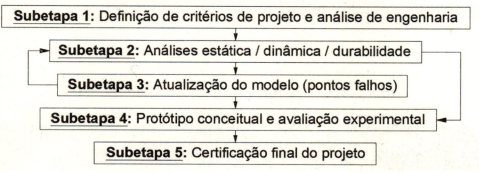

A Figura 2.13 ilustra o sequenciamento das cinco subetapas de simulação estrutural. As subetapas 2 e 3 são realizadas até que o modelo esteja aprovado no processo de simulação. Caso este seja aprovado na subetapa 2, passa diretamente para a subetapa 4; caso não seja aprovado, o modelo é retrabalhado e são realizadas novas interações de simulações, até que esteja apto a prosseguir para a construção do protótipo físico (subetapa 4).

A Figura 2.14 mostra uma sugestão para as principais atividades desenvolvidas para cada subetapa, que serão detalhadas na sequência.

FIGURA 2.14 – Atividades principais da simulação estrutural.

Análise estrutural por Elementos Finitos — ATIVIDADES PRINCIPAIS

Subetapa 1: Definição de critérios de projeto e análise de engenharia
- Entendimento claro do problema físico a ser simulado (formulação conceitual).
- Estabelecimento de coeficiente de segurança para as análises.
- Pesquisa bibliográfica, normas, aplicabilidade de materiais, modelos matemáticos.
- Determinação de critérios de análise de sobrecarga (escoamento) e fadiga.
- Conhecimento do comportamento estrutural desejado e definição da região de interesse.
- Tipos de análise a realizar (linear estática, não linear estática, dinâmica e/ou fadiga).
- Especificações das condições de análise (levantamento de necessidades).
- Determinação de carregamentos (load cases para escoamento e para fadiga).

Medições experimentais para obtenção de carregamentos/esforços/acelerações:
- Desenvolvimento de modelo numérico básico, para obtenção de direções de medição;
- Determinação de pontos de instrumentação para medição de forças, aceleração...;
- Medições em equipamento similar ao produto desenvolvido;
- Tratamento e interpretação dos sinais, para utilizar como dados de entrada nas análises.

Subetapa 2: Análise estática / dinâmica / durabilidade
- Preparação do modelo numérico definitivo (discretização da estrutura): simplificação, geração de malha e configuração dos tipos de elementos, definição das propriedades dos materiais, definição das condições de contorno e configuração dos dados de saída.
- Processamento de análises estática/dinâmica e de durabilidade (fadiga).
- Interpretação dos resultados e avaliação de pontos de falha.
- Avaliação da alternativa tecnicamente viável para atendimento dos requisitos da análise.

Subetapa 3: Atualização do modelo
- Atualização do modelo reprojetado (se necessário).
- Realização de novas análises estáticas e de durabilidade para pontos falhos.
- Otimização buscando alterar o projeto.
- Avaliação e interpretação dos resultados.

Subetapa 4: Protótipo conceitual e medições
- Acompanhamento da fabricação e testes do protótipo conceitual.
- Determinação de pontos de instrumentação para medição de forças, aceleração...
- Medições no protótipo conceitual.
- Tratamento e interpretação dos sinais.

Subetapa 5: Certificação final do projeto
- Realização de novas análises numéricas com os dados medidos no protótipo.
- Interpretação dos resultados e proposição de melhorias, caso necessário.
- Aprovação do projeto.

UM EXEMPLO ADICIONAL — CARRO DE PASSAGEIROS

Um exemplo interessante é o caso do carro de passageiros do metrô de São Paulo. Os carros mais antigos que operavam nas linhas do metrô, diferentemente dos carros novos, não tinham ar-condicionado. Foram feitas, então, modificações nas estruturas desses carros para poder instalar os aparelhos de ar-condicionado, que ficaram no teto nas regiões dos truques, ou seja, onde a caixa se apoia na estrutura que tem as rodas do carro de passageiros. Uma enorme abertura foi feita na região desses truques no teto, de forma que a caixa perdeu rigidez, e por ser a região de apoios da caixa, altas forças cortantes eram geradas ali.

Era fundamental que o reforço introduzido no contorno das aberturas deixasse a estrutura na mesma condição do projeto original. Então, para os carregamentos de projeto, foram efetuadas análises por elementos finitos e verificadas as deflexões e tensões no modelo e a confirmação experimental. A diferença entre o modelo e o cálculo foi de 1% em medições experimentais, como mostram as figuras a seguir.

Trecho do modelo completo do carro de passageiros

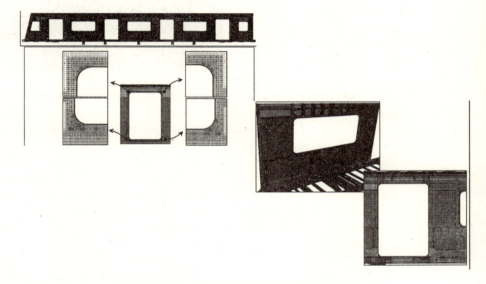

Teste com carga máxima e *strain gages* para medição de deformações

Região do quadro da janela do carro de passageiros

Região da estrutura do carro de passageiros na região do quadro da janela. Essa região, onde foi colocado um strain gage uniaxial, como testemunho da região simétrica onde foi colocada uma roseta, indicou, no Cálculo de Elementos Finitos, o valor de tensão mais elevado e que deveria ser monitorado no teste de flexão. Durante o teste, esse extensômetro indicou o valor mais elevado de todas as deforma-

ções em microstrain que foram registradas, o que verifica as precisões do modelo em cascas dessa região. Esse comportamento não poderia ser previsto a partir do modelo em vigas, dado que a seção transversal do quadro na curvatura seria maior e poderia induzir a uma previsão incorreta de que a tensão seria menor. Ocorre que, como essa região é mais rígida, ela absorve mais esforço, e além disso, ao contrário da hipótese do modelo em vigas, a junta real não é rígida, e o quadro da janela, à semelhança do quadro da porta, distorce. O modelo, tal como proposto, que detalha a rigidez local por elementos de casca considera esses efeitos. Esse fato experimental evidencia uma boa correlação entre o Modelo de Elemento Infinitos e o comportamento real da estrutura no teste prático.

O registro que será posteriormente submetido ao tratamento dos dados apresentou um valor de microstrain de aproximadamente 1.600, que corresponde aproximadamente a uma tensão de orem de grandeza de 34kgf/mm2, sem considerar as deformações referentes ao peso próprio da estrutura.

Esse valor elevado e que identifica a região mais solicitada foi previsto no modelo de cálculo por elementos finitos, indicando uma boa correlação entre modelo e comportamento real.

Preparação do veículo para testes

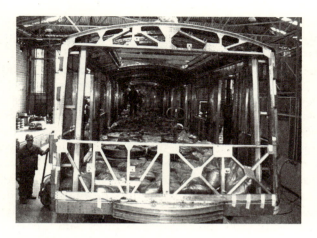

Resultado da simulação do quadro da janela

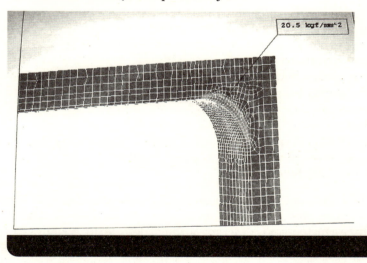

Subetapa 1: Definição de critérios de projeto
e análise de engenharia

Nesta subetapa, considerada como uma das mais importantes para a realização de uma simulação estrutural, a formulação conceitual do problema é estabelecida e compreendida, gerando subsídios para serem observados nas análises numéricas, estabelecendo uma linha de base para a realização das análises. O resultado desta subetapa é um planejamento completo das análises, registrando as informações mais importantes que deverão ser consideradas nesse processo.

A definição de um critério de projeto para um componente ou produto completo deve ser baseada na experiência acumulada pelas diversas áreas envolvidas no desenvolvimento daquele produto.

O problema deve ser entendido de forma clara, para que preparação do modelo numérico seja realizada de modo que represente com fidelidade o problema físico a ser avaliado. Deverá ser estabelecido o tipo de análise que será realizada examinando se uma avaliação linear estática, por exemplo, será suficiente para julgar o projeto em questão, ou se serão necessários outros tipos de análise, do tipo não linear, dinâmica ou de durabilidade (fadiga). Alves Filho (2008; 2012; 2015) apresenta cada uma dessas possibilidades e necessidades de análise.

Alguns vídeos estão disponíveis no site da editora, nos quais são discutidas as questões da Implantação da Tecnologia CAE, os tipos de análises que devem ser efetuadas e o que justifica a adoção de cada uma delas. É importante termos esses conceitos claros. A seguir são apresentados os links para acessar esses conteúdos:

- ○ **ENTREVISTA ENGENHARIA PREVENTIVA — UNESP**
  https://youtu.be/j4pWRnhbd6w
- ○ **ENTREVISTA CONCEITO DE ELEMENTOS FINITOS E SUAS APLICABILIDADES**
  https://www.youtube.com/watch?v=x2UAJ9eYccE
- ○ **ELEMENTOS FINITOS — COMO COMEÇAR?**
  https://www.facebook.com/avelino.alvesfilho/
  videos/3176851735674876
- ○ **ELEMENTOS FINITOS — ANÁLISE ESTÁTICA, DINÂMICA OU NÃO LINEAR?**
  https://www.facebook.com/avelino.alvesfilho/
  videos/3162088510484532

Em relação a tudo que abordamos até então, o uso da simulação virtual no desenvolvimento de produtos é absolutamente vital e deve ser efetuado com os procedimentos e a metodologia descritos ao longo deste texto. A Figura 2.15 revela uma visão geral das aplicações nas quais tivemos envolvimento profundo com a tecnologia CAE e mostra em caráter ilustrativo sua importância nas diversas áreas.

Os tópicos a seguir apresentam afirmações conceituais importantes para a utilização do método de elementos finitos:

- ○ **ANÁLISE ESTRUTURAL PELO MÉTODO DOS ELEMENTOS FINITOS —** Tensões e Deformações.
- ○ **ANÁLISE DINÂMICA —** Tensões que variam com o tempo e que são amplificadas.
- ○ **ANÁLISE DE DURABILIDADE/FADIGA —** As tensões variam com o tempo.
- ○ **ANÁLISES NÃO LINEARES —** O mundo é não linear, e podemos otimizar com elas.

FIGURA 2.15 – Aplicações da simulação virtual.

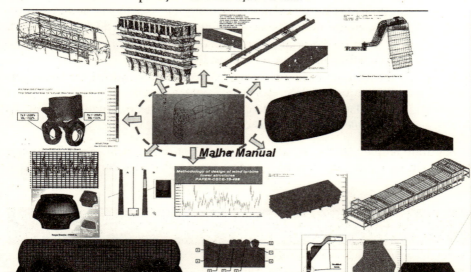

- **Otimização de produto** — Consequência natural de fazer boas previsões.
- **Validação de carregamentos e critérios** — Confirmar na prática os modelos.
- **P&D para projetos e materiais** — Novos desenvolvimentos — só com teoria.
- **Análise estrutural de conjuntos soldados (fadiga em juntas soldadas)** — 90% das falhas mecânicas ocorrem por fadiga. As tensões se repetem, são cíclicas!

Também deverá ser estabelecido/determinado o coeficiente de segurança a ser utilizado nas análises, observando critérios próprios ou normas específicas de projeto. Para obtenção das informações sobre as propriedades dos materiais, uma pesquisa bibliográfica poderá ser realizada. Muitos fatores influenciam na definição do coeficiente de segurança (CS) a ser empregado na análise de um componente. Esse coeficiente deverá ser tanto maior quanto maior o número e a intensidade das variáveis não ou mal determinadas que influem no problema. A seguir são apresentados alguns fatores importantes que devem ser considerados na escolha do coeficiente de segurança:

- Incerteza quanto às forças realmente atuantes (possibilidades de choques, cargas dinâmicas, sobrecargas etc.).

- ○ Incerteza na determinação da tensão máxima atuante (fórmulas simplificadas da resistência dos materiais, existência de tensões residuais, efeitos de temperatura, efeitos de processo de soldagem etc.).
- ○ Confiança no material empregado (idoneidade da firma fornecedora, ensaios sobre amostras, ensaios individuais etc.).
- ○ Ambiente que envolverá a peça (efeitos de temperatura, oxidação, corrosão, ataque químico, desgaste, cavitação etc.).
- ○ Possibilidade de perigo de vida ou de grandes prejuízos econômicos (cabo de elevador, turbinas de estação de força etc.).

Segundo Shigley (2005), os valores de coeficiente de segurança para a análise de vida em fadiga de componentes podem ser classificados conforme mostra o Quadro 2.7.

QUADRO 2.7 – Condições para determinação do coeficiente de segurança	
APLICAÇÃO	CS
Materiais de alta confiança empregados sob condições controladas e submetidos a tensões que são conhecidas com precisão.	1,25 a 1,5
Materiais bem conhecidos submetidos a tensões que podem ser determinadas satisfatoriamente e condições ambientes razoavelmente constantes.	1,5 a 2,0
Materiais médios, ambiente comum, tensões calculadas normalmente.	2,0 a 2,5
Materiais frágeis (não dúcteis) ou pouco conhecidos (sem tradição em um dado setor de aplicação) sob condições normais de tensão e ambiente de utilização.	2,5 a 3,0
Incerteza quanto ao material, carregamentos ou ambiente de utilização do componente.	3,0 a 4,0

O comportamento estrutural esperado deverá ser estabelecido para que as simulações sejam planejadas com o entendimento claro do que se espera obter e com consequentes resultados claros e precisos. As regiões de interesse da análise também deverão ser destacadas, para que o engenheiro analista mantenha maior atenção sobre elas. Os tipos e as condições de análise também deverão ser estabelecidos e apresentados, assim as simulações podem ser planejadas com vistas ao atendimento de situações reais de utilização do projeto desenvolvido. As condições de análise poderão ser estabelecidas por meio de posições de utilização, movimentos realizados, tipos de pistas, entre outros.

A subetapa é concluída com a determinação dos carregamentos e restrições que devem ser aplicadas ao modelo. Os esforços podem surgir provenientes de vários carregamentos diferentes, por isso é necessário compreender bem o problema físico e como o produto será utilizado. Na impossibilidade de prever todos os possíveis carregamentos, surgem os carregamentos de projeto. Na definição dos carregamentos de projeto, são idealizados o máximo a que um

MODELO DE DESENVOLVIMENTO DE PRODUTOS... **63**

componente poderia estar sujeito durante sua vida. Usualmente, testes experimentais ou estudos baseados na teoria de mecânica são utilizados para auxiliar essa determinação.

Um critério de resistência, como o critério de von Mises, pode ser utilizado para determinar tensões em carregamentos de pico. A tensão equivalente de von Mises pode ser comparada com a tensão de escoamento do material, balizada por um fator de segurança. Para estudar a durabilidade do componente, poderia ser avaliada a vida em fadiga por meio do cálculo de dano cumulativo estabelecido por PalmGreen–Miner. Uma especial atenção deve ser dada aos componentes construídos pelo processo de soldagem, visto que os limites de fadiga do material para as regiões soldadas não são mais definidos somente pelas propriedades mecânicas do material, mas principalmente pela qualidade do processo.

Os carregamentos utilizados nas simulações deverão ser medidos experimentalmente ou baseados em alguma relação empírica. Caso não sejam conhecidos, seja porque não existe uma norma específica ou o produto seja completamente novo, orienta-se a instrumentação de um produto similar ao desenvolvido, para realizar análises preliminares nas subetapas posteriores. Os sinais medidos serão tratados e interpretados para utilização como dados de entrada nas análises. Neste caso, deve-se produzir um modelo numérico básico para obter direções de medição, para instrumentar o equipamento similar existente e obter os esforços e acelerações.

Normalmente, dependendo do estágio em que estamos do projeto, ou até do nível de informações disponíveis e do custo que se pretende ter em avaliações estruturais, diferentes tipos de análises podem ser efetuadas, tomando-se como base as informações levantadas em campo ou históricos de medições feitas no passado e que são típicas naquele tipo de componente. Há casos nos quais a norma preconiza uma determinada combinação de cargas, de sorte que a estrutura deve ser calculada para atender a essa combinação. Por exemplo, na área de estruturas metálicas, temos os chamados ESTADOS LIMITES ÚLTIMOS, de resistência e de utilização, em que a norma já estabelece cargas de ventos dependendo de sua intensidade na região onde a estrutura será utilizada, cargas acidentais etc. Esse cenário no qual dispomos de uma norma de cálculo que estabelece carregamentos é a situação mais *"confortável"*, do ponto de vista de avaliação. Os modelos elementos finitos são montados a partir do conhecimento da teoria do Método (ALVES FILHO, 2015; 2008; 2012), e os carregamentos são definidos pela norma.

Porém, nem todos os casos têm esse tipo de "facilidade", pois correspondem a situações em que medições de solicitações são necessárias. Por exemplo, são efetuadas medições com acelerômetros e que sirvam de *input* para os modelos de cálculo em elementos finitos, ou usando registros de aplicações semelhantes. Nesse caso, surge, por diversas vezes, a ideia muito utilizada, embora conservadora, dos ENVELOPES DE CARGA. O quadro de revisão a seguir apresenta esse exemplo.

QUADRO DE REVISÃO 2.2: ENVELOPE DE CARGAS

Como cenário, usaremos um exemplo bastante comum na indústria automotiva, que envolve a verificação do estado de tensões em um conjunto de uma *carcaça de embreagem e a caixa de transmissão para avaliação de sua resistência mecânica*.

No presente estudo, pretendeu-se avaliar o comportamento da carcaça de embreagem e caixa de transmissão para os carregamentos que reproduzissem a possível situação mais crítica de solicitação, a partir dos dados disponíveis de históricos semelhantes.

A definição de um critério de carregamento para um componente deve ser baseada na experiência acumulada pelas diversas áreas envolvidas no desenvolvimento daquele componente. No âmbito mecânico, o projeto de um componente deve relevar os carregamentos medidos experimentalmente ou baseados em alguma relação empírica, o processo de produção e também de montagem. Do ponto de vista de cálculo, essas considerações podem ser englobadas por meio de três pontos: o modelo de cálculo, os carregamentos de projeto e os valores admissíveis de tensão/deformação. Neste caso, como não foram efetuadas medições em campo que pudessem nos dar informações nas três direções do espaço ao longo do tempo, e em cada instante, sobre como se manifestam simultaneamente essas acelerações, é comum em uma fase preliminar, ou até ciente de um certo conservadorismo, adotar-se um envelope de cargas.

Na definição dos carregamentos de projeto, são idealizados os máximos carregamentos a que um componente poderia estar sujeito durante sua vida. Usualmente, testes experimentais em vias mais irregulares, testes de fadiga em laboratórios, carregamentos utilizados em componentes semelhantes, etc., são utilizados para auxiliar a determinação dos carregamentos de projeto.

Foram considerados os carregamentos padrão sugeridos de acordo com conhecimentos acumulados durante estudos de casos semelhantes. É importante, mais uma vez, salientar que foram utilizados esses carregamentos padrão em virtude de não existirem medições específicas para essa aplicação. O sistema está sob a ação de acelerações longitudinais, acelerações transversais e acelerações verticais.

Serão apresentadas a seguir as condições de carregamentos que já foram obtidas em históricos anteriores, em projetos semelhantes, para os quais foram efetuadas medições em campo.

Direção Vertical	6g
Direção Transversal	4g
Direção Longitudinal	4g

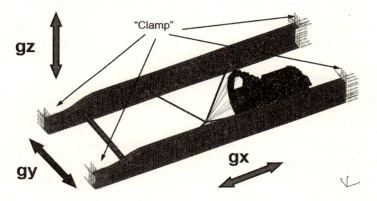

É importante salientar que foram utilizados esses carregamentos padrão sugeridos em virtude de não existirem medições específicas para essa aplicação. A observação da tabela anterior não permite concluir que quando a aceleração de 6g atuar na vertical (medida pelo acelerômetro em outros estudos), simultaneamente atuará 4g na transversal e 4g na longitudinal. Na falta dessas informações, podemos, de forma conservadora, fazer essa hipótese, mas o ideal seria levantar ao longo do tempo as piores combinações em cada instante. Daí surge o ENVELOPE DE CARGAS.

Para a condição mais crítica, poderíamos imaginar, por exemplo, 6g para baixo, juntamente com a aceleração da gravidade que daria 7g, 4g na transversal e 4g na longitudinal, e esse pico de carregamento nos levaria à condição de que o limite de escoamento não poderia ser ultrapassado em qualquer ponto do sistema, o que, como dissemos, é um critério conservador. Para fadiga, este seria um critério muito mais conservador, pois o sistema não é solicitado repetitivamente para esse pico de carga, podendo até dizer que seria um exagero. Mas, se não tivermos informações de medições aplicadas a esse caso de estudo, teríamos de imaginar o sistema sob a ação de um carregamento composto de um ciclo cujos extremos seriam:

Carregamento 7g na vertical descendente, com 4g para a direita e 4g para a frente.

Com o carregamento oposto:

Carregamento 5g para cima (6g para cima menos 1g para baixo da gravidade, 4g para a esquerda e 4g para trás).

Esses dois carregamentos seriam um ciclo de fadiga conservador, mas, na falta de medições, teríamos segurança de que essa certamente é a pior situação de projeto. Poderíamos imaginar outros ciclos com esses valores escolhendo os carregamentos opostos. Vale citar aqui que, na prática, ao apresentarmos ao cliente essa condição, surgiu um questionamento por parte da Engenharia. A saber: *"Mas esse critério não está muito rigoroso?"*

Foi quando respondemos: *"Você tem um critério melhor, mais seguro, que não te gere um recall?"*

E propusemos: *"Mas podemos melhorar! Como temos a pista de testes na qual o veículo faz os testes de campo, podemos medir as acelerações e verificar as combinações que permitam um cálculo de fadiga menos conservador, e sem exageros."*

Isso foi efetuado, e as combinações de fadiga foram diferentes daquelas para a condição de escoamento do material. Esse exemplo quis apenas introduzir o conceito de ENVELOPE DE CARGAS. Tomando como base os carregamentos isolados apresentados anteriormente, foram elaborados os carregamentos a serem submetidos aos critérios de projeto. Os carregamentos combinados são mostrados na tabela a seguir.

	LONGIT	LATERAL	VERTICAL
C1	4GX	4GY	- 7GZ
C2	-4GX	4GY	- 7GZ
C3	4GX	-4GY	- 7GZ
C4	-4GX	-4GY	- 7GZ
C5	4GX	4GY	5GZ
C6	-4GX	4GY	5GZ
C7	4GX	-4GY	5GZ
C8	-4GX	-4GY	5GZ

CICLOS DE FADIGA

As combinações de carregamentos para verificações de resistência à fadiga consideram os ciclos de carregamentos variáveis de acordo com a tabela anterior, tomando-se como base os carregamentos citados, que são os descritos na tabela a seguir.

Ciclo		LONGIT	LATERAL	VERTICAL
C1/C8	C1	4GX	4GY	- 7GZ
	C8	-4GX	-4GY	5GZ
C2/C7	C2	-4GX	4GY	- 7GZ
	C7	4GX	-4GY	5GZ
C3/C6	C3	4GX	-4GY	- 7GZ
	C6	-4GX	4GY	5GZ
C4/C5	C4	-4GX	-4GY	- 7GZ
	C5	4GX	4GY	5GZ

Ou seja, fixando o que foi apresentado, um critério de resistência, como o critério de von Mises, pode ser utilizado para determinar tensões em carregamentos de pico. A tensão equivalente de von Mises pode ser comparada com a tensão de escoamento do material, balizada por um fator de segurança. Para estudar a durabilidade do componente, poderia ser avaliada a vida em fadiga por meio do cálculo de dano cumulativo estabelecido por PalmGreen–Miner. Uma especial atenção deve ser dada aos componentes construídos pelo processo de soldagem, visto que os limites de fadiga do material para as regiões soldadas não são mais definidos somente pelas propriedades mecânicas do material, mas principalmente pela qualidade do processo.

Os carregamentos utilizados nas simulações deverão ser medidos experimentalmente ou baseados em alguma relação empírica. Caso os carregamentos não sejam conhecidos, seja porque não existe uma norma específica ou o produto seja completamente novo, orienta-se a instrumentação de um produto similar ao desenvolvido, para realizar análises preliminares nas subetapas posteriores. Os sinais medidos serão tratados e interpretados, para a utilização como dados de entrada nas análises. Neste caso, deve-se produzir um modelo numérico básico para obter direções de medição, para instrumentar o equipamento similar existente e obter os esforços e acelerações.

OBSERVAÇÃO: A título apenas ilustrativo, foi adotada, neste caso, a pior combinação citada anteriormente para o cálculo das condições de pico, ou seja, essas combinações mais severas foram adotadas com um critério de sorte que as combinações mais críticas não implicassem que o limite de escoamento fosse ultrapassado. Foi feita na pista de testes uma rodagem com o veículo, e observou-se realmente a existência de acelerações da ordem de 6g, como apresentado, mas eram eventos que ocorriam pontualmente. A maioria das acelerações verticais na pista era da ordem de 3,5g, de forma que o critério de definição de ciclos entre os extremos de cargas opostas ficou mais realístico e mais aliviado para avaliação da vida em fadiga. Os detalhes de aquisição desses valores não são desenvolvidos aqui, pois o grande objeto deste texto é definir a metodologia de projeto, e em particular para este exemplo, uma questão que é central em todas as análises, ou seja, CONDIÇÃO DE CARREGAMENTO DE PICO E CARREGAMENTO DE FADIGA. Mas vale lembrar que, após a aquisição, procurou-se "envelopar" a pior condição para fadiga, que considerasse as acelerações vertical, longitudinal e transversal simultâneas, menos solicitantes, sem dúvida do que a condição de carga para análise de escoamento (PICO).

O Quadro 2.8 mostra as principais aplicações, de acordo com cada tipo de análise, que poderão ser empregadas na simulação do produto desenvolvido. Os conceitos aqui resumidos para orientação geral devem ser observados atenta e cuidadosamente em Alves Filho (2015; 2008; 2012), que sustenta essa metodologia de projeto que tem como pré-requisito o conhecimento da teoria.

QUADRO 2.8 – Principais tipos de análise por elementos finitos	
ANÁLISE	**APLICAÇÕES**
1) Linear estática	As análises estáticas pressupõem que os carregamentos não variam com o tempo, ou, de modo mais procedente, VARIAM LENTAMENTE COM O TEMPO. As cargas, ao serem aplicadas na estrutura, não geram FORÇAS DE INÉRCIA e não necessitam de aplicação dos conceitos da dinâmica. Alves Filho (2015) discute este tema. A linearidade impõe que se trabalhe no regime das pequenas deflexões e deformações e não ocorra plasticidade. Várias normas consideram a verificação de componentes por intermédio de análise estáticas lineares, respeitando as hipóteses citada. Nos limites da análise linear, a rigidez não varia com o carregamento.
2) Dinâmica	A questão central das análises dinâmicas está no fato de que existe a presença de forças de inércia, ou seja, movimentos rápidos que geram acelerações, e não lentos. São geradas amplificações dinâmicas em função do conhecimento das relações entre frequências de excitação e frequências naturais. Podem ser preventivas e resolvidas pela "simples" análise modal, ou podem exigir a execução da resposta dinâmica da estrutura (ALVES FILHO, 2008).
3) Não Linear	A análise não linear pode ser definida de forma curta e direta como sendo aquela em que a rigidez varia com o carregamento. Mas qual a causa? Grandes deflexões, grandes deformações, problemas de contatos entre partes do sistema, plasticidade. Alves Filho (2012) discute este tema.

MODELO DE DESENVOLVIMENTO DE PRODUTOS... **69**

QUADRO 2.8 – Principais tipos de análise por elementos finitos

ANÁLISE	APLICAÇÕES
4) Fadiga	Quando as tensões variam com o tempo e geram ciclos de carregamentos, o fenômeno de fadiga está presente. Se as tensões variam lentamente, não é um problema dinâmico, mas pode ocorrer fadiga. É imprescindível não confundir dinâmica com fadiga. A tensão pode variar com o tempo? Pode! Pode variar lentamente com o tempo? Pode! É um problema dinâmico? Não! E pode ter fadiga? SIM! É tratado como estático e pode ter fadiga.

Esse modelo de desenvolvimento prevê, em uma subetapa posterior, caso não se tenham informações sobre carregamentos, a realização de medições experimentais no protótipo físico, a fim de realizar novas simulações de forma definitiva, com vistas à certificação final do projeto.

O Quadro 2.9 mostra uma relação de requisitos para simulação estrutural sugerida como resultado da subetapa 1, que estabelece os critérios de projeto.

QUADRO 2.9 – Requisitos principais para simulação

DATA:	CRITÉRIOS DE PROJETO E ANÁLISE DE ENGENHARIA	Pág.: 1/1
CARACTERÍSTICAS	REQUISITOS PARA SIMULAÇÃO	Resp.
Descrição do problema físico		
Determinação do coeficiente de segurança		
Informações sobre normas/ bibliografia		
Critérios de análise (escoamento/fadiga)		
Expectativa do comportamento		
Especificação da região de interesse		

70 DESENVOLVIMENTO DE PRODUTOS UTILIZANDO SIMULAÇÃO VIRTUAL

QUADRO 2.9 – Requisitos principais para simulação		
DATA:	**CRITÉRIOS DE PROJETO E ANÁLISE DE ENGENHARIA**	**Pág.: 1/1**
CARACTERÍSTICAS	**REQUISITOS PARA SIMULAÇÃO**	**Resp.**
Especificação do tipo de análise		
Condições de análise		
Especificação dos carregamentos principais		
Definição de rigidezes, massas e pontos de vinculação		
Outros		

Resumindo, o CRITÉRIO DE PROJETO deve considerar as condições de resistência e utilização da estrutura objeto de estudo, e como indicam os procedimentos desenvolvidos em Alves Filho (2008; 2012; 2015), os diversos tipos de análise que são justificadas à luz desse critério, são:

- Análise estática.
- Análise dinâmica.
- Análise não linear.
- Análise de fadiga e estudo de propagação de trincas à luz da mecânica de fraturas.
- Condições de utilização em termos de deflexões aceitáveis para uso da estrutura.

O quadro anterior resume essas questões, e sua boa utilização, que são apresentadas por Alves Filho (2015; 2008; 2012), para o projetista que deseja se aprofundar nesse tema com propósito de uso efetivo em projetos estruturais.

Subetapa 2: Análises Estática/Dinâmica/Durabilidade

Esta subetapa pode ser considerada como a principal, pois são realizadas as simulações numéricas previstas na subetapa de critérios de projeto. As simulações realizadas poderão ser do tipo linear estática, dinâmica, não linear e de fadiga, conforme a necessidade em relação ao tipo de projeto desenvolvido. A Figura 2.16 ilustra as etapas principais de uma análise por elementos finitos.

FIGURA 2.16 – Etapas principais de uma simulação estrutural.

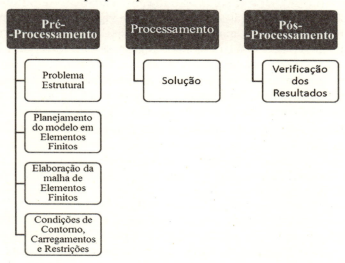

Nesta subetapa, ressalta-se a grande importância da construção do modelo numérico, especificação das condições de contorno (restrições e carregamentos), condições de análise, geração da malha de elementos finitos, especificação das propriedades dos materiais, configuração dos dados de saída e interpretação dos resultados.

Para isso, é extremamente importante o conhecimento teórico sobre a simulação estrutural como um todo, pois o engenheiro analista tem uma grande responsabilidade na construção do modelo numérico, que deve representar fielmente o problema físico a ser analisado. Se o modelo numérico não representar o modelo real, os resultados não serão confiáveis, a ponto de determinar se o projeto está bem dimensionado e resistirá aos efeitos esperados durante a sua utilização na prática.

No pré-processamento de uma simulação por elementos finitos, deve-se realizar a avaliação e ter o entendimento claro do problema estrutural para o projeto que está sendo desenvolvido. Essa avaliação é realizada na primeira subetapa da etapa de análise estrutural da metodologia proposta, descrita anteriormente, que são os critérios de projeto.

Em seguida, é realizada uma importante atividade de preparação do modelo numérico, a partir do modelo CAD projetado em *software* específico. Na sequência, será apresentado um procedimento que relaciona todas as atividades necessárias para a realização de uma simulação, e também os principais cuidados que devem ser considerados para a correta preparação de um modelo numérico para análise por elementos finitos. De modo geral, podemos dividir essa atividade nos seguintes passos:

1. **Preparação e importação da geometria para o *software* CAE.** A geometria CAD deverá ser preparada adequadamente em função do tipo de modelo, em vigas, cascas, sólidos ou vigas de paredes finas. A geometria deverá ser "mapeada" de sorte que as malhas geradas em cima dessa geometria sejam as mais regulares possíveis, para evitar distorções e erros de qualidade de malha. Os elementos serão definidos em função do conhecimento dos comportamentos físicos da mecânica estrutural e do conhecimento do tipo de resposta que o modelo investiga para uma posterior utilização (ALVES FILHO, 2015);

2. **Preparação da malha de elementos finitos.** O modelo deverá ser preparado de acordo com o tipo de elemento planejado, definindo *"materials e properties"*, que são as características dos materiais, espessuras e demais informações referentes aos elementos utilizados. Nos modelos, temos que definir, por exemplo, para um material isotrópico e análise linear, o seu módulo de elasticidade e o coeficiente de Poisson. Se tivermos modelos de casca nos quais a malha é definida na superfície média, o valor da espessura é definido por trechos (ou seja, *"materials"* e *"properties"*), e se for um modelo de malha sólida, a malha é construída na geometria 3D preparada para recebê-la.

3. **Verificação da qualidade da malha de elementos finitos.** Após a geração da malha, deverão ser observados a conexão de elementos e a qualidade da malha e realizada uma avaliação da discretização.

4. **Estabelecimento das condições de contorno.** Deverão ser aplicados no modelo numérico os carregamentos aplicados e as condições de contorno.

5. **Verificação do comportamento do modelo.** O modelo deverá ter uma análise modal e uma análise estática realizada, a fim de verificar se não existem peças soltas e erros fatais presentes na simulação. Embora não faça parte do escopo deste trabalho, vale citar que em Alves Filho (2008) é estudada a análise modal, importantíssima nos estudos da análise dinâmica. Corpos que estão sem restrições no espaço apresentam os primeiros modos de vibrar que correspondem a movimentos de corpo rígido, sem apresentar deformações. E as frequências de movimentos de corpo rígido são nulas, isto é, frequências iguais a zero. Isso pode ser usado como um "artifício" para verificar se não existem partes soltas nos modelos, pois elas se movimentam como um corpo rígido, ficando "livres na estrutura".

6. **Configuração dos dados de saída.** Deverão ser configurados os dados de saída para a análise (tensões, deformações, reações etc.).

7. **Verificação e interpretação dos resultados.** Neste passo, se avaliam as tensões, deformações e demais informações produzidas, de acordo com o tipo de análise.

O Quadro 2.10 mostra as principais atividades necessárias a cada passo relativo à preparação do modelo numérico para uma simulação estrutural pelo método dos elementos finitos. Tais atividades são gerais e servem para a preparação de qualquer tipo de modelo estrutural, independentemente do tipo de análise que será realizada.

QUADRO 2.10 – Atividades principais para preparação de um modelo numérico

SIMULAÇÃO	PRINCIPAIS ATIVIDADES
1) Preparação da geometria e importação para o *software* CAE	○ Avaliar o modelo e manter somente componentes que são objetos de análise. ○ Embora o trabalho seja feito no âmbito da geometria, o analista já deve ter claro quais os tipos de elementos que serão utilizados adiante e que representam o comportamento físico do produto objeto de análise. ○ Uma análise de engenharia visando o entendimento claro dos comportamentos físicos da mecânica estrutural deve estar clara nesta etapa. ○ Preparar o modelo geométrico no CAD de acordo com o tipo de elemento planejado. ○ Modelar *midsurfaces* para elementos do tipo casca e sólidos para malha sólida. ○ Conferir se existem faces duplicadas, arestas divididas e arestas extras. ○ Checar se a geometria do modelo foi preparada corretamente, efetuando-se mapeamento da geometria. ○ Realizar mapeamento da geometria para furos, raios etc. ○ Importar a geometria a partir do *software* CAD. ○ Conferir se toda a geometria foi importada corretamente. ○ Verificar se as dimensões estão compatíveis com o projeto CAD. Toda essa preparação de geometria pressupõe que na mente do analista já exista uma definição dos elementos que melhor representam o problema a ser simulado (ALVES FILHO, 2015).
2) Preparação da malha de elementos finitos	○ Preparar o modelo de acordo com o tipo de elemento planejado, definindo "*materials* e *properties*", que são as características dos materiais, espessuras e demais informações referentes aos elementos utilizados. ○ Na geometria importada, com o tratamento já mencionado, deve-se usar as "*midsurfaces*" utilizadas para malha de casca e os sólidos para malha sólida. ○ Modelar demais tipos de elementos: *beam*/vigas, *spring*/molas, contatos, elementos rígidos, entre outros (ALVES FILHO, 2012; 2015). ○ Executar a criação da malha de elementos finitos, observando o tamanho dos elementos.

QUADRO 2.10 – Atividades principais para preparação de um modelo numérico	
SIMULAÇÃO	PRINCIPAIS ATIVIDADES
3) Verificação da qualidade da malha de elementos finitos	○ Verificar conexão de elementos. ○ Verificar qualidade da malha. ○ Avaliar a discretização, verificando o número de nós e o número de elementos (ALVES FILHO, 2015).
4) Estabelecimento das condições de contorno	○ Determinar os carregamentos (condições de contorno naturais). ○ Aplicar as restrições (condições de contorno essenciais). ○ Configurar protensão em parafusos e demais configurações (*bolt preloads*). ○ Avaliar se os carregamentos e restrições condizem com a realidade.
5) Verificação do comportamento do modelo	○ Realizar uma análise modal para verificar se não existem peças soltas. ○ Realizar uma análise estática para verificar avisos de erros e erros fatais. ○ Verificar se o comportamento final é compatível com o esperado.
6) Configuração dos dados de saída	○ Configurar os dados de saída para a análise (tensões, deformações, reações etc.).
7) Verificação e interpretação dos resultados	○ Verificar se o comportamento do modelo está de acordo com o esperado, definido nos critérios de projeto. ○ Avaliar as tensões e deformações e demais informações produzidas, de acordo com o tipo de análise.

Esse quadro apresentou as principais recomendações a serem consideradas em uma simulação virtual. No capítulo de aplicação do método, serão apresentadas mais informações específicas práticas para auxiliar o projetista calculista nesse processo.

A Figura 2.17a mostra um exemplo de um projeto 3D importado da plataforma CAD, e a Figura 2.17b mostra o mesmo projeto com as simplificações realizadas para a simulação virtual. Verifica-se que muitos elementos que não são objeto de análise foram removidos, pois não são necessários.

No modelo CAE demonstrado na Figura 2.17b, foram realizadas as atividades do passo de importação da geometria (1), deixando o modelo apto a ser trabalhado nas atividades posteriores.

FIGURA 2.17 – Modelo CAD e modelo simplificado CAE.

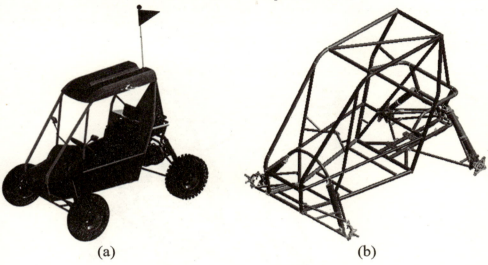

(a)   (b)

A Figura 2.18 ilustra o modelo de elementos finitos de um componente automotivo modelado com a utilização de elementos sólidos. Na figura, pode ser observada a malha de elementos finitos e as restrições aplicadas ao modelo, elaborada a partir dos passos 2, 3 e 4.

FIGURA 2.18 – Modelo em elementos finitos sólidos tetraédricos de um componente automotivo.

A Figura 2.19 mostra os resultados da simulação virtual de uma análise do tipo estática, compreendendo os passos 5, 6 e 7. Na figura, se observa o panorama de tensões em diferentes locais da estrutura e onde ocorre a tensão máxima e a tensão mínima. Os valores de tensão obtidos podem ser comparados com a tensão de escoamento em relação aos materiais da estrutura, para verificar se ocorre falha estática por escoamento do material.

FIGURA 2.19 – Resultado da simulação virtual – análise estática.

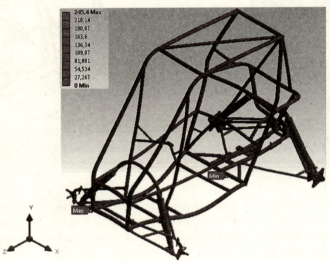

A Figura 2.20 mostra uma avaliação dos modos de vibrar da estrutura, a fim de verificar seu comportamento quanto a direções e tipo de deformações e também as frequências que cada modo de vibração apresenta.

FIGURA 2.20 – Resultado da simulação virtual – análise modal.

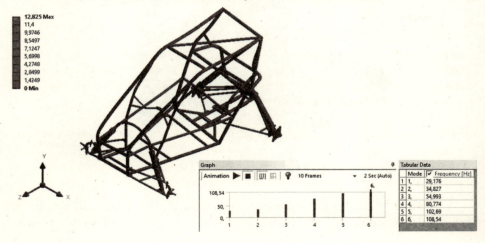

SUBETAPA 3: ATUALIZAÇÃO DO MODELO

Esta subetapa prevê a atualização do modelo para as partes ou regiões do objeto analisado que não foram aprovadas pelos critérios de projeto estabelecidos. Independentemente do tipo de análise que foi realizado, caso o modelo apresente locais que não atendem aos critérios, o projeto deverá ser modificado e reavaliado. É possível também diminuir espessuras em função de se observar "folgas" nos critérios de aprovação.

Caso o projeto seja aprovado na primeira simulação, poderá prosseguir para a próxima subetapa, de construção do protótipo físico. Em caso da necessidade de uma reavaliação, deverão ser registrados os locais que apresentaram problemas e registradas observações. O Quadro 2.11 mostra um modelo para a realização dos registros dessas informações, que auxiliarão o projetista a realizar as modificações no projeto.

QUADRO 2.11 – Registro de observações para alteração de projeto	
LOCAIS COM PRESENÇA DE FALHA	**OBSERVAÇÕES**
1)	- -
2)	- -
3)	- -

Esta etapa deverá ser realizada quantas vezes forem necessárias, até que o modelo numérico esteja completamente aprovado de acordo com os critérios estabelecidos, para que o protótipo físico possa ser construído com um grau de certeza maior do ponto de resistência estrutural.

SUBETAPA 4: PROTÓTIPO CONCEITUAL E AVALIAÇÃO EXPERIMENTAL

Este modelo de desenvolvimento de produtos prevê a construção de um único protótipo físico. Nesta etapa, após o modelo estar aprovado nas simulações estruturais, o protótipo conceitual é construído com o objetivo de testar na prática o funcionamento do produto e também sua resistência estrutural.

Se os esforços de projeto utilizados nas análises tiverem sido arbitrados ou medidos em produtos similares, esta etapa prevê a realização de medições experimentais no protótipo com equipamentos de extensometria, a fim de obter os carregamentos reais, para que as análises numéricas sejam refeitas, com o objetivo de obter a certificação final do projeto desenvolvido.

A Figura 2.21a ilustra o protótipo conceitual do veículo *off-road*, mostrado nas subetapas anteriores realizando testes de funcionalidade e resistência estrutural. A Figura 2.21b ilustra o protótipo sendo preparado para a instrumentação utilizando strain gages e acelerômetros.

FIGURA 2.21 – Protótipo conceitual em fase de testes, com instrumentação embarcada.

(a)   (b)

Depois de realizadas as medições, são obtidos sinais em tempo real de deformação x tempo para cada *strain gage* instalado e acelerações, nos locais onde foram instalados *strain gages* e acelerômetros.

A localização dos *strain gages* é determinada após a realização de uma análise linear estática do modelo numérico, em que são obtidos os pontos com as tensões mais críticas da estrutura. Assim, é determinado o mapa da localização dos *strain gages* na estrutura, sendo que a quantidade de extensômetros e acelerômetros que podem ser instalados depende da limitação de canais disponível no equipamento de aquisição de sinais utilizado. A Figura 2.22a ilustra o posicionamento de um *strain gage* na estrutura, determinado a partir da direção das tensões principais de tração obtidas na simulação. A Figura 2.22b mostra o extensômetro colado na peça.

FIGURA 2.22 – Orientação para posicionamento de *strain gage*.

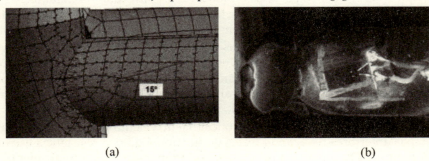

(a)   (b)

Alves Filho (2012) apresenta uma observação que merece ser analisada. Muitas vezes, a despeito de não ter sido efetuada a resposta dinâmica, mas somente uma análise estática e uma análise modal, esta última pode servir de base para a colocação de *strain gages*. Embora para cada modo de vibrar, a análise modal não nos forneça resultados de tensões, ela nos fornece para cada modo o local onde essas tensões máximas ocorrem. E como a resposta da estrutura é obtida por superposição modal sobre os fatores de participação de cada modo na resposta, esses pontos podem ser indicativos de locais de máxima tensão.

Após as medições, os sinais adquiridos são interpretados e tratados, para posterior utilização na simulação final, que certifica o projeto. A Figura 2.23 mostra um gráfico de deformação x tempo, adquirido de um extensômetro tipo *strain gage*.

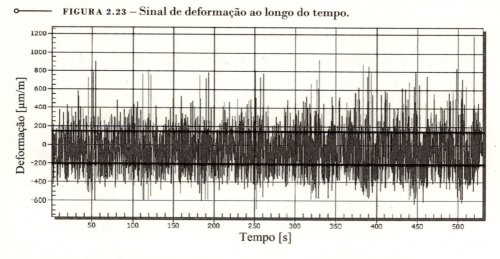

FIGURA 2.23 – Sinal de deformação ao longo do tempo.

A Figura 2.24 mostra um sinal de aceleração na direção vertical, adquirido a partir de um *software* de aquisição de dados medido por meio de um acelerômetro triaxial.

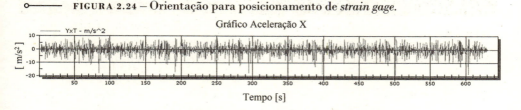

FIGURA 2.24 – Orientação para posicionamento de *strain gage*.

Com as deformações medidas e aplicando a equação da Lei de Hooke, obtêm-se os valores das tensões para utilizar nas simulações de certificação.

SUBETAPA 5: CERTIFICAÇÃO FINAL DO PROJETO

Nesta subetapa, primeiramente se verifica se as tensões obtidas numericamente se equivalem com as tensões medidas experimentalmente, para ver se o modelo correspondeu à expectativa de comportamento esperada.

Na sequência, se realizam novas análises com os valores de esforços e acelerações medidos experimentalmente no protótipo conceitual. Caso a simulação do modelo atenda aos critérios estabelecidos na subetapa de critérios de projeto, em relação aos tipos de análise, coeficiente de segurança e condições de utilização, considera-se que o produto desenvolvido está certificado, do ponto de vista estrutural. Caso o modelo ainda não esteja em condições de aprovação, novas análises devem ser realizadas, com a modificação do projeto em pontos específicos. As novas simulações devem ser realizadas até que o modelo esteja aprovado em todos os requisitos.

TERCEIRA ETAPA:
PROJETO DO DESENHO GLOBAL DEFINITIVO

Esta etapa precede a de detalhamento. Nela, o projeto final deverá ser revisado com vistas à preparação do detalhamento, finalizando em definitivo o projeto desenvolvido. Aqui principalmente, são realizadas as seguintes atividades:

- ○ Otimização e finalização do projeto.
- ○ Avaliação da função, durabilidade e possibilidade de produção e montagem.
- ○ Verificação de possíveis erros que possam influenciar a produção.
- ○ Avaliação de acordo com critérios técnicos e econômicos.

Por meio dessas atividades, teremos um projeto completo, apto a realizar o detalhamento para produção. O Quadro 2.12 mostra a sugestão de uma relação de características de projeto que podem ser verificadas, para avaliar se o projeto atende aos requisitos preparatórios para a fabricação.

QUADRO 2.12 – Exemplos de características e requisitos de projeto

Característica principal	Exemplos de requisitos
1) Função	A função prevista é satisfeita? Necessita de alguma função adicional?
2) Princípio de trabalho	Os princípios de trabalho oferecem os efeitos desejados?
3) Dimensionamento	A forma e as dimensões selecionadas garantem, com o material previsto, o tempo de vida útil, e as cargas de operação oferecerem suficiente durabilidade?
4) Segurança	Foram considerados fatores que influenciam a segurança dos componentes?

QUADRO 2.12 – Exemplos de características e requisitos de projeto	
Característica principal	Exemplos de requisitos
5) Ergonomia	Foram observadas normas e relações para utilização?
6) Produção	Foram considerados critérios de produção com respeito à tecnologia e à economia?
7) Montagem	Todos os processos de montagem internos e externos a fábrica podem ser executados de forma simples e na ordem certa?
8) Operação	Foram consideradas as ocorrências que surgem durante a operação ou utilização, por exemplo, ruído, trepidações etc.
9) Manutenção	São exequíveis e verificáveis de modo seguro as providências necessárias para manutenção, inspeção e conserto?
10) Reciclagem	É possível reaproveitamento ou reprocessamento?
11) Custos	Foram obedecidos os limites de custo prefixados?

A partir desses requisitos, uma avaliação técnica e econômica pode ser realizada, a fim de aprovar definitivamente o projeto. A seleção do projeto adequado traz uma considerável consequência para os negócios da empresa (BACK, 2008), em relação à manufatura, ao uso, à manutenção e à comercialização do produto. Orienta-se a aplicação de um método de avaliação disponível na literatura indicada, complementar ao exposto nesta obra.

QUARTA ETAPA:
DETALHAMENTO DO PROJETO

Na quarta fase de desenvolvimento, as atividades realizadas estão relacionadas ao detalhamento do produto, complementando a estrutura de construção de um projeto técnico, por meio de prescrições definitivas para forma, dimensionamento e acabamento da superfície de todos os componentes.

Além disso, são executadas atividades de especificação de material, revisão de possíveis produções e usos e revisão de custos finais, resultando nas documentações obrigatórias de *design* e fabricação para execução do material.

A quarta fase é dividida em três etapas: detalhamento de peças avulsas, detalhamento de desenhos de conjunto e documentação de informações para a produção. A Figura 2.25 mostra as principais atividades de cada uma das três etapas previstas.

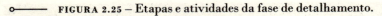

FIGURA 2.25 – Etapas e atividades da fase de detalhamento.

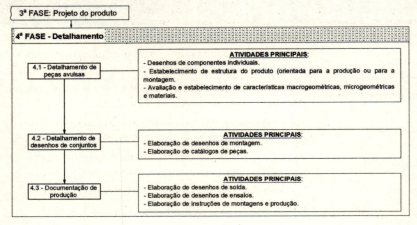

CONSIDERAÇÕES FINAIS SOBRE O MÉTODO PROPOSTO

O método apresentado nesta obra considera as atividades de planejamento, estabelecimento do conceito, projeto mecânico e simulações numéricas completas, envolvendo análises do tipo estática, dinâmica, não linear, fadiga, medições experimentais e construção de protótipos.

As avaliações numéricas permitem o desenvolvimento de diferentes protótipos virtuais antes da criação do protótipo conceitual, permitindo que os pontos de falha sejam detectados nos modelos virtuais, para que o conceito seja revisto a partir do aspecto da resistência estrutural quantas vezes forem necessárias, para posterior construção do protótipo físico.

O protótipo físico desempenhará o papel de testar as funcionalidades específicas do projeto em questão e testar sua durabilidade na prática, realizando também medidas experimentais de esforço para a avaliação numérica final, com o objetivo de certificar o projeto.

O Capítulo 4 apresentará o desenvolvimento completo de um produto, seguindo a metodologia proposta. Será apresentada, de forma detalhada e com explicações adicionais, a utilização na prática de todo o processo que envolve a simulação virtual no desenvolvimento de produtos.

Vale sempre lembrar que vários casos citados até aqui (que fazem parte de nossa experiência, bem como alguns exemplos que serão mencionados adiante), como os testes de campo ou de laboratório, sempre foram desenvolvidos no sentido de validar o produto, e não para fazer por tentativa e erro. No caso do carro do metrô, truques do metrô, ônibus, equipamentos da indústria do petróleo, portada tática leve etc., as medições efetuadas por *strain gages* sempre validaram os projetos desenvolvidos.

3

ABORDAGENS DE PROBLEMAS ESTRUTURAIS:
CRITÉRIOS DE PROJETO

INTRODUÇÃO

Neste capítulo, são apresentadas estratégias de abordagem de problemas estruturais utilizando o Método dos Elementos Finitos (MEF), aplicando procedimentos metodológicos de desenvolvimento de produtos estruturais utilizando simulação virtual. Além disso, são apresentados exemplos de casos de aplicação a título de ilustração. O objetivo é apresentar aplicações práticas que esclareçam o leitor sobre a utilização do MEF nas atividades de desenvolvimento de produtos nas quais o CAE está presente.

A abordagem de desenvolvimento de produtos apresentada vai de encontro à sequência das quatro fases definidas pela norma VDI 2221 (1987), apresentada em detalhe no Capítulo 2, sendo: planejamento, concepção, projeto e detalhamento. O modelo foi concebido com o propósito de inserir atividades de simulação virtual do tipo estrutural para o desenvolvimento de projetos mecânicos. Assim, a fase de detalhamento não é foco deste estudo.

PLANEJAMENTO DO PROJETO

Como resultado da fase de planejamento, são identificadas as especificações do produto determinantes para a solução, e documentadas por intermédio da lista de requisitos do produto. Orienta-se estabelecer na lista fatores que influenciam a resistência estrutural do projeto desenvolvido e que devem ser observados, como:

- ❍ Avaliação de sobrecarga do projeto (falha estática).
- ❍ Avaliação dinâmica (se necessário).
- ❍ Avaliação de fadiga (se necessário).

Na primeira fase, planejamento do produto, a elaboração da lista de requisitos sob o ponto de vista estrutural deve considerar o atendimento aos fatores de resistência estrutural, de sorte a identificar qual critério de falha empregar (falha estática, avaliação dinâmica, fadiga, entre outros).

CONCEPÇÃO

Na segunda fase, concepção e pré-avaliação estrutural, destaca-se o entendimento físico claro do problema a ser simulado. Recomenda-se realizar análises estáticas e estudos de sensibilidade em modelos de menor grau de complexidade buscando identificar melhorias no conceito sob ponto de vista estrutural. Na sequência, deve-se avaliar a solução, considerando os critérios funcionais e de resistência estrutural.

PROJETO DO PRODUTO

É a terceira fase, relativa ao projeto estrutural mecânico do produto, com etapas de projeto global preliminar, análise estrutural por MEF e projeto definitivo.

No projeto global preliminar, destaca-se a definição da forma do modelo ou componente mecânico (definida a partir do conceito), cálculos de dimensionamento e projeto do sistema estrutural. Por exemplo, podemos fazer modelos globais mais simplificados de vigas em uma estrutura de modo a ter uma ideia das deflexões globais, tensões nominais, instabilidades de vigas como um todo, sem entrar nos detalhes que seriam posteriormente resolvidos por modelos mais elaborados usando elementos de casca.

Na análise estrutural por elementos finitos, citam-se cinco etapas: definição de critérios de projeto e análise de engenharia, tipo de análise, alterações no projeto para resolver pontos falhos, construção do protótipo e avaliação experimental, e a certificação final do projeto. Como metodologia geral de abordagem de problemas de análise por MEF, recomenda-se a utilização do roteiro apresentado no Quadro 3.1, elaborado em função de experiências anteriores de aplicação da tecnologia CAE e o que a boa prática de uso do método dos elementos finitos recomenda.

QUADRO 3.1 – Roteiro com etapas de uma análise estrutural

Estabelecimento dos objetivos da análise.

Determinação da parte da estrutura a ser modelada.

Definição de rigidezes, massas e pontos de vinculação.

Avaliação de expectativas de comportamento.

Definição da malha de elementos finitos a ser utilizada.

Criação dos dados de entrada na estação de trabalho.

Verificação do modelo para o método dos elementos finitos.

Processamento da análise estrutural.

Verificação dos resultados das análises e interpretação dos resultados.

Em caso de mudanças estruturais em algum componente ou busca da solução de alterações na estrutura para reforços necessários (fase 3 — análise estrutural por elementos finitos, etapa 3 — atualização do modelo), recomenda-se a utilização dos passos descritos no diagrama apresentado na Figura 3.1.

FIGURA 3.1 – Metodologia geral de abordagem de problemas de análise pelo MEF com modificações estruturais.

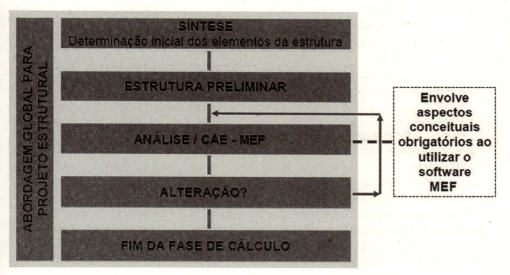

No projeto global definitivo, realiza-se a otimização e finalização, avaliação técnica e econômica e executa-se o projeto, com a liberação para a quarta fase de detalhamento.

ASPECTOS GERAIS DA UTILIZAÇÃO DO MÉTODO DOS ELEMENTOS FINITOS

No Projeto Estrutural de um componente mecânico, uma das mais importantes tarefas do engenheiro de projetos é determinar a vida do componente e garantir que não ocorrerá falha prematura. O Método dos Elementos Finitos torna-se indispensável para fornecer subsídios quanto ao comportamento da estrutura por intermédio do panorama de tensões atuantes no componente. A análise de tensões é um passo intermediário e um dos dados de entrada para a tomada de decisões sobre a estrutura.

Para a execução de uma análise de tensões que nos conduza a decisões adequadas, deve-se atender a alguns pré-requisitos, a saber (etapa 1: definição de critérios de projeto e análise de engenharia):

DESENVOLVIMENTO DE PRODUTOS UTILIZANDO SIMULAÇÃO VIRTUAL

- ○ Entendimento claro do problema físico a ser simulado. Uma fonte importante de informações sobre o comportamento do problema estrutural são as normas das diferentes sociedades de engenheiros, como a SAE (*Society of Automotive Engineers*), DIN (*Deutsches Institut für Normung*) e ASME (*American Society of Mechanical Engineers*), entre outras. Como exemplo, cita-se a norma SAE J267 (2014), que trata de procedimentos, testes e requisitos de desempenhos para rodas e aros de caminhões, caracteriza o critério de projeto para a roda e define testes de aceitação do produto.
- ○ Conhecimento do comportamento estrutural desejado (*critério de projeto*).
- ○ Propriedades dos materiais envolvidos.
- ○ Características dos elementos finitos envolvidos na análise.
- ○ Definição da região objeto de interesse, identificando a extensão do modelo de análise.

Ao executar uma análise estrutural e determinar o comportamento da estrutura, deve-se determinar os carregamentos que reproduzam a possível situação mais crítica de solicitação, de acordo com suas condições de utilização e operação.

Uma observação merece atenção: para uma boa elaboração de um modelo de elementos finitos, independente do conhecimento de sua formulação, é fundamental conhecer os quatro comportamentos da mecânica estrutural e os elementos que os representam (ALVES FILHO, 2015).

CRITÉRIOS DE FALHA

Do ponto de vista de cálculo, três pontos devem ser considerados: o modelo de cálculo, os carregamentos de projeto e os valores admissíveis de tensão/deformação.

Outro aspecto importantíssimo é que, em condições de solicitação extremas, as aplicações simples da análise linear que considera pequenas deflexões baseada nas aplicações básicas da Resistência dos Materiais Elementar nem sempre representam adequadamente o problema estrutural. Em algumas situações, as grandes deflexões geram comportamento não linear, em que os efeitos causados na estrutura não são proporcionais aos aumentos de carga sobre ela. Adicionalmente, a presença de deformações permanentes como um critério aceitável em um impacto, desde que não implique em ruptura, deve ser analisada com extremo cuidado, e tais deformações constituem um comportamento eminentemente não linear. Essas questões são tratadas com rigor técnico em Alves Filho (2015, 2008, 2012).

Conceitos importantes norteiam a verificação estrutural que está presente de forma geral ao se estabelecer os Critérios de Falha para qualquer estrutura objeto de análise. Tais conceitos basicamente cobrem seis situações de ocorrência prática. A saber:

- ○ Escoamento do material e instabilidade da estrutura (flambagem).
- ○ Iniciação de trinca na estrutura.
- ○ Propagação da trinca na estrutura.
- ○ Deflexão máxima — condição de utilização.
- ○ Amplificações de esforços ou deslocamentos por ação dinâmica.
- ○ Plasticidade.

O primeiro desses conceitos (escoamento do material e instabilidade da estrutura) é adotado na verificação quanto ao critério de pico de tensões e no critério de flambagem.

O segundo (iniciação de trinca na estrutura) é adotado na verificação quanto ao critério de fadiga.

O terceiro (propagação da trinca na estrutura) utiliza os conceitos da mecânica da fratura e da fadiga.

O quarto trata dos valores máximos de deflexão ao qual um componente estrutural está sujeito sem causar situações de desconforto para os ocupantes ou interferência em outros componentes mecânicos ou estruturais.

O quinto conceito é tratado em análises dinâmicas.

O sexto envolve deformações plásticas permanentes, como as que ocorrem em situações de impacto.

CRITÉRIO DE PICO — TENSÃO DE VON MISES

A tensão de von Mises decorre da Teoria de von Mises-Hencky. No cálculo estrutural mecânico em geral, tem-se como resultado numérico as tensões principais. Essas tensões, em cada ponto da estrutura, atuam em direções bem definidas em relação aos seus eixos de referência, o sistema de coordenada adotado. Alves Filho (2012) detalha o estudo dessas tensões (grandezas tensoriais). Para facilitar a comparação desses resultados com os limites de resistência do material empregado, como o limite de escoamento e limite de ruptura (que são grandezas escalares), a Teoria de von Mises-Hencky leva em consideração as tensões principais calculadas no modelo e as combina, de forma a gerar um único valor de tensão (tensão de von Mises).

A tensão de von Mises deve ser entendida como uma tensão reduzida de comparação. Ou seja, o estado multiaxial de tensões é reduzido a uma tensão única, de sorte que esta possa ser comparada ao limite de escoamento do teste uniaxial de escoamento do material. Vale lembrar que o fato de que uma das tensões principais, isoladamente, apresentar um valor maior que a tensão de escoamento do material do teste de tração não significa que ocorrerá escoamento. Esse tema é tratado com riqueza de detalhes em Alves Filho (2015), onde são mencionadas as tensões octaédricas.

O critério de pico compara a tensão de von Mises calculada com a tensão de escoamento do material em questão obtida do ensaio uniaxial. Assim: se a tensão do modelo de elementos finitos for menor que a tensão de escoamento do material utilizado, a estrutura se encontrará aprovada, ou seja, não deformará permanentemente quando carregada com a carga de projeto. Caso contrário, a estrutura entrará em regime plástico, isto é, mesmo depois de retirada a carga, ainda ficará deformada.

Para o critério de pico utilizado nas análises estruturais, as tensões de von Mises encontradas no modelo de elementos finitos são comparadas diretamente com a tensão de escoamento do material, sendo que a aprovação se dá quando as tensões de von Mises no modelo de elementos finitos são inferiores a esse limite de escoamento do material corrigido (dividido por um coeficiente de segurança).

CRITÉRIO DE ABSORÇÃO DE ENERGIA DEVIDO A UM IMPACTO NA ESTRUTURA

A simulação da resposta à carga de impacto, considerando a representação do fenômeno no exíguo intervalo de tempo que ocorre, demandaria a elaboração de modelo dinâmico com possível solução pelo método de integração direta com algoritmo explícito, como é apresentado em Alves Filho (2012). Em diversos estudos de desenvolvimento de projetos, uma abordagem alternativa pode ser proposta para a resolução do problema dinâmico associado a cargas de impacto. Em muitos casos, é bastante complexo avaliar as cargas de impacto quantitativamente. Uma alternativa é estimar a energia absorvida pela estrutura e projetá-la como um membro absorvedor de energia por meio de uma análise estática considerando uma força equivalente.

FIGURA 3.2 – Guarda-corpo ou protetor de borda.

Dessa forma, a partir de uma análise estática, poderemos avaliar, por exemplo, a resistência de uma plataforma de segurança por intermédio de "análise não linear estática com plasticidade, considerando uma força de intensidade corrigida para contabilizar o efeito da velocidade de "chegada" da massa na estrutura". Outro exemplo, são os chamados "guarda-corpo" ou protetores de borda, que são colocados no alto dos prédios em construção para evitar quedas de operários, conforme mostra a Figura 3.2.

Essa hipótese pressupõe que os valores a serem tratados na análise nem sempre deverão considerar a estrutura dentro do regime elástico, assim possibilitando contabilizar a deformação permanente da estrutura após o impacto. O Quadro de Revisão 3.1 aborda esses aspectos.

QUADRO DE REVISÃO 3.1: ABSORÇÃO DE ENERGIA

A energia potencial de um corpo a ser abandonado em queda (ou em um impacto pendular), tomando-se como referência a condição de máxima deformação, é definida pelas equações apresentadas a seguir.

$E_p = P(h + \Delta)$ (3.1)

A energia recebida pelo membro defletido é:

$E_p = (F \cdot \Delta)/2$ (3.2)

Portanto:

$P.h + P.\Delta = (F.\Delta)/2$ (3.3)

A figura a seguir mostra um objeto em queda livre.

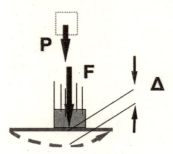

A relação (F/Δ) representa a "constante elástica" ou rigidez da estrutura na região de aplicação da carga. A rigidez da estrutura na região de impacto pode ser determinada a partir dos deslocamentos nodais após a aplicação de um valor de carga em diferentes pontos ao longo dos nós. Utiliza-se uma carga F, aplicada nos nós da aresta da plataforma de segurança ou da grade de proteção da viga que recebe o impacto, como mostrado na figura a seguir. Assim, é possível obter a rigidez por meio da média dos pontos analisados.

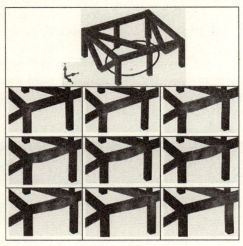

$$P.h + (P.F)/K = (F^2)/2K \quad (3.4)$$

Esta última expressão resultará em: $F = P + \sqrt{P^2 + 2.K.P.h}$ (3.5)

E como $V = \sqrt{2.g.h}$, teremos:

$$F = P + \sqrt{P^2 + \frac{2.K.P.V^2}{g}} \quad (3.6)$$

Uma observação interessante merece ser citada neste método de avaliação inicial. É realizada uma análise que envolve plasticidade, e como o problema é não linear, a rigidez varia. Dessa forma, ao se determinar a rigidez na região do impacto, isso não é levado em conta. Ao se processar a análise não linear com plasticidade (ALVES FILHO, 2012), obtemos, ao final da análise, uma energia de deformação informada pelo *software*, que não coincide com a energia usada como *input* para o impacto. Deve-se então propor, por tentativas, valores diferentes de carga estática a partir do primeiro "chute", de modo que, após algumas análises efetuadas, a energia, devido ao impacto, conhecida seja igual à energia de deformação, aí então temos a solução.

CRITÉRIO DE FLAMBAGEM

A análise de flambagem tem como objetivo prever a carga necessária para atingir a instabilidade da estrutura.

A flambagem é avaliada a partir do Fator de Carga de Flambagem (FCF), que corresponde a um fator multiplicador da carga e indica a proporção da carga para a ocorrência da flambagem.

O FCF pode ser um valor positivo ou negativo:

- ○ Valores negativos de FCF indicam que a carga deveria ser aplicada em direção oposta para que a flambagem ocorra.
- ○ Valores inferiores a 1 indicam que a carga no modelo é superior à carga de flambagem.
- ○ Valores superiores a 1 indicam que a carga no modelo é inferior à carga de flambagem.

Para a aprovação do componente quanto ao critério de flambagem, é necessário que o valor do FCF seja negativo ou maior ou igual à 1. É recomendável que esse fator seja superior a 3 para fins de projeto.

O critério de flambagem linear usa o método do autovalor, apresentado e mostrado em uma aplicação em Alves Filho (2012). Importante notar que esse método, chamado pelos *softwares* comerciais de *buckling*, é usado desde que a ocorrência da instabilidade da estrutura se mantenha dentro dos limites da linearidade, ou, em outras palavras, a rigidez da estrutura, até ocorrer a instabilidade não sofre alteração. Caso contrário, deve-se usar os conceitos da flambagem não linear.

CRITÉRIO DE FADIGA

No critério de fadiga, os Índices de Falha (IF) para vida em fadiga são determinados através do diagrama de Fadiga de Goodman (Figura 3.3). Para a aprovação dos componentes é necessário que os índices de falha para vida em fadiga (IF) sejam inferiores a 1.

A construção do diagrama de fadiga é feita em função dos valores do limite de fadiga corrigido ($\sigma_f`$) e do limite de ruptura ($\sigma_r$) do material, onde $\sigma_f`$ é o limite de fadiga corrigido por um fator de redução da vida em fadiga k.

O fator de redução da vida em fadiga (k) provém de correções relacionadas a fatores tais como superfície, tamanho, confiabilidade, temperatura, concentração de tensões, tensões médias, entre outros. Vale ressaltar que em juntas soldadas, as correções para o limite de fadiga devido às tensões médias não estão presentes. Nesses casos, entram em cena o tipo de solda e a qualidade do processo de fabricação das juntas. A faixa de tensões entre valores máximos e mínimos é considerada nesse caso.

FIGURA 3.3 – Diagrama de fadiga.

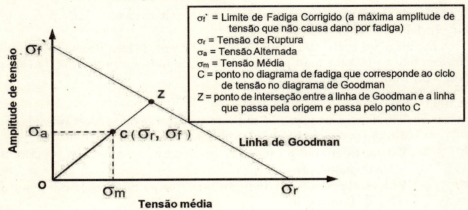

Já no caso de considerar uma distribuição irregular de tensões, decorrentes de uma análise dinâmica, deve-se utilizar um processo de contagem de ciclos para os cálculos de dano em fadiga. Todas essas questões são tratadas na literatura específica de fadiga.

O índice de falha é determinado da seguinte forma:

- Para cada nó do modelo de elementos finitos, é determinado o valor da tensão média (σ_m) e alternada (σ_a).
- Os dados da tensão média e alternada são inseridos no diagrama de fadiga (Figura 3.3), obtendo assim o ponto no diagrama de fadiga que corresponde ao ciclo de tensão no diagrama de Goodman para o nó em estudo.

No cálculo em que existe a influência da tensão alternada e média quanto ao carregamento de fadiga, o Índice de Falha (IF) é determinado utilizando-se a seguinte expressão (conforme indicado no diagrama da Figura 3.3):

$$IF = \frac{OC}{OZ} \quad (3.7)$$

- Para a aprovação do componente, é necessário que o IF seja inferior a 1.

Voltando ao estudo de fadiga sem soldas, para estudar a durabilidade do componente, podemos avaliar a vida em fadiga com a representação do diagrama de Goodman (Figura 3.4) de forma alternativa. Para tanto, são necessárias as propriedades mecânicas do material e a definição de um ciclo de tensões para cada ponto do modelo do componente. Deve-se observar que, nesse diagrama, o gráfico construído leva em conta a correção em um dado ciclo de tensões do limite de fadiga, considerando o valor das tensões médias. Reiteramos que essa correção devido à tensão média não se aplica a juntas soldadas.

Para componentes soldados, o limite de fadiga é referido à junta soldada, ao tipo de junta e à qualidade de fabricação. A tensão média não é levada em conta, como já foi dito, e estamos reiterando devido à sua importância. Em vez de se considerar as tensões alternadas, considera-se a "faixa de tensões" ou o "range" dessas tensões, conforme mencionado. A literatura específica de fadiga trata deste tema com detalhes, e existem várias normas que apresentam as curvas de fadiga nas quais são mostradas as relações entre faixa de tensões e a vida em número de ciclos, para cada tipo de junta, pressupondo uma qualidade de fabricação.

FIGURA 3.4 – Diagrama modificado de Goodman.

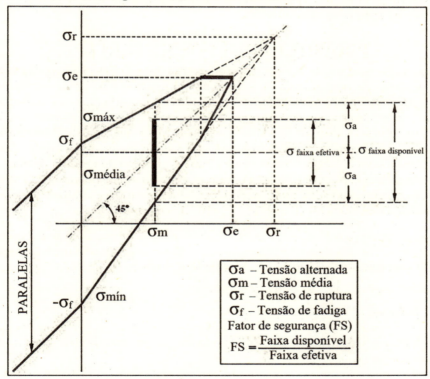

Dessa forma, uma especial atenção deve ser dada aos componentes construídos pelo processo de soldagem, visto que os limites de fadiga do material para as regiões soldadas não são mais definidos somente pelas propriedades mecânicas do material (onde se deve utilizar fator de correção k compatível), mas principalmente pela qualidade do processo.

A abordagem anterior pressupõe que seja definido um "envelope de cargas" e que, dado os extremos dos valores do ciclo de tensões, com as tensões médias, ou com a faixa de tensões no caso das juntas soldadas, os índices de falha são calculados para garantir, por exemplo, vida infinita. Valores comumente utilizados como fator de redução de vida em fadiga (k) para regiões soldadas estão entre 3.0 e 3.5. Este tema, assim como os descritos anteriormente, também pode ser consultado em literatura específica sobre fadiga.

DEFLEXÃO MÁXIMA

Os valores de deflexão máxima são definidos por normas. Um exemplo são os carregamentos, restrições e deflexões aplicados nos componentes veiculares que se baseiam em normas. Outro exemplo são as normas de dimensionamento de estruturas metálicas, que fornecem valores limites em função do vão entre apoios e da aplicação.

PROPRIEDADES DOS MATERIAIS

O caso mais simples de análise é o comportamento linear elástico. Ele cobre muitos casos de importância no carregamento estático e na análise dinâmica linear. Inicialmente, comentaremos o caso mais simples de material, mas que é muito usado nas análises de componentes mecânicos, tais como chassis, vagões, ônibus e uma série de aplicações da Engenharia Mecânica, Naval e Aeronáutica, que trabalham como materiais homogêneos e isotrópicos, cujas propriedades não variam com a direção. Nesses casos, o fornecimento do módulo de elasticidade do material, o coeficiente de Poisson, e a densidade de massa, para cálculo do peso próprio, são suficientes para definir o material para análise. O módulo de elasticidades transversal é obtido a partir da seguinte relação:

$G = E / [2(1 + \nu)]$ (3.8)

Por exemplo, no caso do aço, $E = 21.000$ Kgf/mm^2 e $\nu = 0,3$.

Massa específica = $7,97$ e-10 Kgf.s^2/mm^2

E, portanto, $G = 8076,92$ Kgf/mm^2.

A Figura 3.5 mostra os dados de entrada em um *software* de elementos finitos para essa aplicação.

FIGURA 3.5 – Dados de entrada de propriedades dos materiais em *software* MEF.

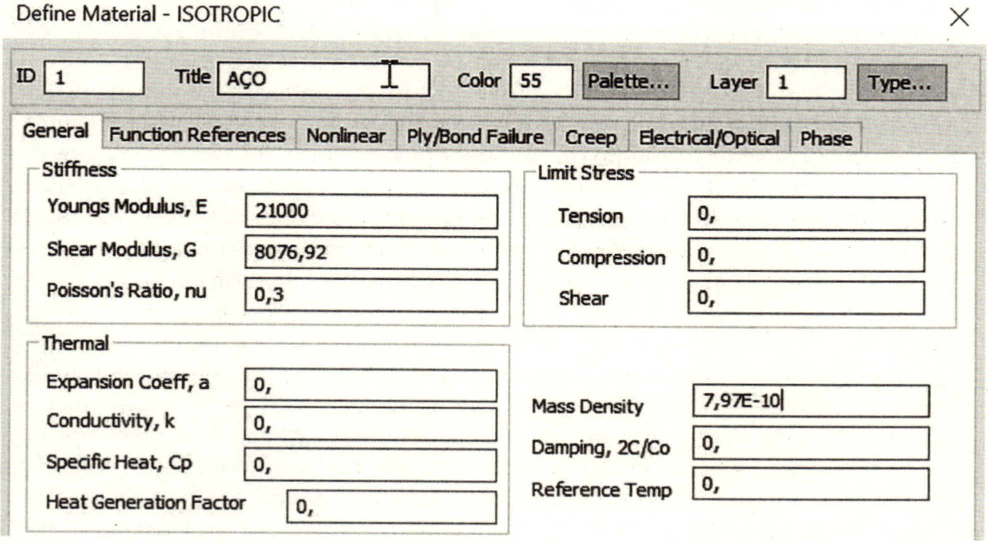

Define Material - ISOTROPIC   ✕

| ID | 1 | Title | AÇO | Color | 55 | Palette... | Layer | 1 | Type... |

General Function References Nonlinear Ply/Bond Failure Creep Electrical/Optical Phase

Stiffness

Youngs Modulus, E	21000
Shear Modulus, G	8076,92
Poisson's Ratio, nu	0,3

Limit Stress

Tension	0,
Compression	0,
Shear	0,

Thermal

Expansion Coeff, a	0,
Conductivity, k	0,
Specific Heat, Cp	0,
Heat Generation Factor	0,

Mass Density	7,97E-10
Damping, 2C/Co	0,
Reference Temp	0,

MODELO DE CÁLCULO

Este tópico aborda itens relacionados à terceira fase da metodologia proposta nesta obra, apresentando especificamente informações sobre análise estrutural por elementos finitos, referentes à etapa 2 da terceira fase de desenvolvimento.

ELABORAÇÃO DO MODELO ESTRUTURAL

O modelo estrutural é construído com base na geometria do componente em estudo, com o intuito de se levantar o panorama de tensões e deformações. No caso da Análise de Tensões, os elementos escolhidos (a escolha do tipo de elemento a ser usado na construção do modelo estrutural é imprescindível para a obtenção de resultados coerentes) devem não apenas representar a rigidez do componente, mas calcular acuradamente a distribuição de tensões nos elementos.

A escolha do modelo estrutural determina qual a ferramenta a ser empregada para representar o problema físico. *Poderia se adaptar a teoria de vigas de sorte a se obter alguns resultados, não muito mais do que deslocamentos máximos, momentos fletores máximos e tensões nominais. Para o cálculo de tensões localizadas, esse modelo não seria adequado, mesmo em modelos de elementos finitos, levando-se a resultados incorretos que podem comprometer o trabalho da estrutura.* Outra alternativa seria a simulação numérica por meio de modelos mais refinados que permitem um cálculo mais acurado de deformações e de tensões. A escolha de um ou de outro modelo está diretamente relacionada à relação entre a qualidade dos resultados e os custos para obtê-los.

A adoção de modelos de cálculos *"econômicos"* em sua precisão poderá representar custos futuros muito maiores.

Algumas observações são importantes na justificativa quanto à adoção de um modelo "híbrido" em elementos de viga e de casca, bem como às expectativas de avaliação dos resultados obtidos, justificando-se as considerações feitas à luz dos comportamentos físicos preconizados pela teoria de Mecânica Estrutural. O desenvolvimento das análises pelo método dos elementos finitos, visando a obtenção do panorama de tensões a partir dos modelos refinados de casca *(thin shell elements)* nas regiões objeto de interesse e modelos de elementos de viga *(beam elements)*, permite detectar o comportamento estrutural do componente em estudo quando submetido aos carregamentos de projeto.

Modelos de elementos finitos "híbridos" iniciais confeccionados por elementos de viga e de casca para a obtenção dos deslocamentos do conjunto e verificação das regiões críticas nas estruturas em análise a partir das tensões nominais nos elementos de viga são uma opção de abordagem inicial de um problema estrutural. A partir do conhecimento do comportamento global e regiões críticas, em continuação, se constrói um novo modelo (modelo refinado) contemplando uma malha mais adequada (malha de casca refinada ou até malha sólida) para as regiões de interesse (regiões mais solicitadas em termos de tensões da estrutura). Após as análises da estrutura pelo Método dos Elementos Finitos e da obtenção do panorama de tensões a partir dos modelos refinados de casca *(thin shell elements)* nas regiões objeto de interesse, podemos efetuar uma série de recomendações que, do ponto de vista estrutural, se tornam necessárias no sentido de permitir a utilização confiável da estrutura para as operações que foram sugeridas e implementadas nos modelos de cálculo da estrutura.

CAD — *MIDSURFACE* E MAPEAMENTO

Uma etapa importante que precede a geração da malha de elementos finitos é o trabalho em CAD da geometria 3D. Ela tem a finalidade de adequar o sólido para a geração da malha, o que facilita e reduz o tempo na etapa de preparação do modelo em elementos finitos.

Essa etapa consiste em dois processos: a retirada das superfícies médias, se o modelo for em casca, e o mapeamento da geometria. O primeiro processo consiste em extrair as superfícies médias dos componentes modelados como sólidos que serão modelados por elementos de casca. O segundo gera subdivisões nas superfícies médias extraídas anteriormente, a fim de obter uma malha em elementos finitos mais regular e de isolar as regiões com concentradores de tensões, como furos, regiões de solda, chanfros etc.

No desenvolvimento dos trabalhos de definição de superfícies na modelagem, quando o objetivo é o seu aproveitamento para aplicação em elementos finitos, deve-se planejar os diversos trechos do modelo global, para que a topologia dos elementos seja a mais favorável possível no sentido de permitir uma geração de elementos os mais regulares possíveis, de sorte a se obter uma resposta acurada nos trabalhos de análise. As superfícies definidas no modelamento geométrico devem possibilitar a geração automática da malha.

Os cuidados mencionados devem merecer atenção do analista estrutural no desenvolvimento dos trabalhos para se obter uma resposta acurada do modelo proposto para a análise de tensões. O elemento isoparamétrico de casca é formulado no sistema natural de coordenadas e ao se montar a matriz de rigidez do componente inteiro, a partir das matrizes de rigidez dos elementos, a passagem do sistema natural para o sistema local de coordenadas e posteriormente para o sistema global não deve ser afetada por distorções dos elementos finitos, geradores de singularidades ou baixa performance, traduzidos por intermédio do operador Jacobiano (ALVES FILHO, 2015). Dessa forma, como recomendação geral, devem-se evitar distorções, para melhor performance do elemento. Quando não for possível, ao se modelar contornos e regiões de transição, deve-se usar um grande número de elementos para modelar regiões, de sorte a se compensar a perda de capacidade de prever o comportamento "real", pelo fato de apresentar alguma distorção.

Um exemplo de geração de malha a partir de *midsurfaces* é apresentado nas figuras de 3.6 a 3.8. Os elementos representativos das diversas chapas constituintes de uma travessa de carga de trem na região dos truques serão modelados por intermédio de elementos finitos isoparamétricos de casca, que são construídos em cima das superfícies médias das diversas chapas (as *midsurfaces*). Então, a partir da geometria 3D construída da travessa de carga, são extraídas as *midsurfaces*, para posterior geração do mapeamento dessas *midsurfaces* e consequente geração das malhas as mais regulares possíveis, sem distorções que possam alterar os resultados de tensões.

FIGURA 3.6 – Modelo geométrico 3D (sólido) da travessa de carga do truque de veículo ferroviário.

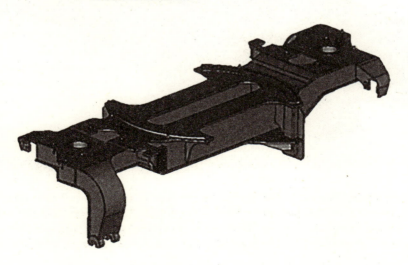

FIGURA 3.7 – Modelo geométrico (*midsurfaces*) 3D da travessa de carga do truque de veículo ferroviário.

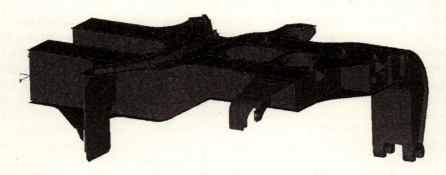

A Figura 3.7 apresenta a representação da Geometria das *midsurfaces* com o propósito de geração do modelo em elementos finitos da estrutura do truque, por intermédio de elementos de casca — *"thin shell elements"* que é apresentado na Figura 3.8.

FIGURA 3.8 – Visão geral da malha de elementos finitos da travessa de carga do truque de veículo ferroviário.

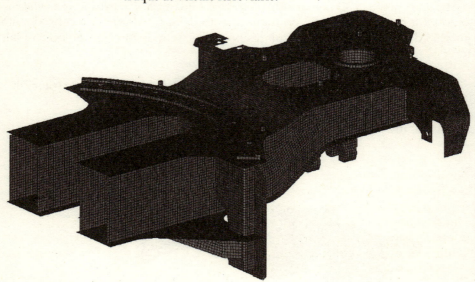

A consideração do conceito de "mapeamento" é fundamental para o trabalho de estruturas constituídas por chapas, e a observação da magnitude das tensões atuantes nas diversas regiões observadas no modelo de cálculo é orientadoras das ações corretivas a serem tomadas, e que a boa prática de projetos desse tipo de estrutura recomenda. Façamos, portanto, algumas considerações a respeito desses conceitos e, posteriormente, as ações subsequentes que afetam a modificação do projeto estrutural nas regiões mais importantes.

A travessa de carga do truque do carro de passageiros pode ser entendida como uma caixa estrutural que recebe carga do carro de passageiros. Assim, interessa-nos muito o comportamento das tensões locais nessa caixa estrutural.

As mencionadas tensões locais se manifestam nas ligações entre chapas quando a transferência de carga se processa de uma chapa para outra e que são perpendiculares entre si. Esse tipo de carga gera flexão na chapa e tensões de flexão locais que solicitam intensamente o local de fixação dessa chapa no resto da estrutura. Tensões de flexão altamente localizadas e, consequentemente, elevadas tensões para a vida em fadiga em regiões soldadas são críticas. Quando ocorrem altas tensões de flexão locais, a malha de elementos finitos a ser aplicada nessas regiões deve ter o tamanho adequado para registrar com precisão suficiente as deformações e tensões. Daí a escolha da malha a ser utilizada com um refino adequado e sem distorções. ALVES FILHO (2015) trata da questão: para uma mesma chapa, os comportamentos de cargas do plano que geram "estados planos de tensões — plane stress" e de cargas perpendiculares ao plano que geram "comportamentos de placa — Plate behavior" necessitam de tamanhos de malha diferentes.

MALHA DE ELEMENTOS FINITOS

Além das cargas que advêm do trabalho primário da estrutura, os componentes estruturais estão sujeitos a carregamentos locais que produzem efeito de concentração de tensões. Esses carregamentos locais "caminham" pela estrutura e podem provocar elevadas tensões locais e ser um *"catalisador"* do início de falhas por fadiga. A combinação dessas cargas em regiões que estão associadas a soldas torna-se um grande gerador de trincas por fadiga.

Assim, interessa-nos muito o comportamento das tensões locais além das tensões primárias do componente, que têm um panorama extremamente complexo nas diversas ligações entre os elementos estruturais. As mencionadas tensões locais se manifestam nas ligações entre chapas quando a transferência de carga se processa de uma chapa para outra e que são perpendiculares entre si, por exemplo, algumas ligações entre componentes estruturais transversais e longitudinais e apoios de suportes que transferem cargas perpendiculares a outras chapas. Ocorre um *"puncionamento"* local, gerando flexões altamente localizadas e, como consequência, elevadas tensões, que, para a vida em fadiga em regiões soldadas, são críticas.

Isso justifica a evidente impossibilidade de se modelar estruturas utilizando apenas o comportamento primário das vigas, utilizando os elementos finitos de viga, que, embora gerem uma resposta mais rápida, são insuficientes para a representação dos efeitos anteriormente mencionados.

Os elementos de casca normalmente são utilizados para a análise detalhada de estruturas metálicas de chapa com espessura constante. Além de representar a geometria estrutural, a malha deve ser refinada em áreas de mudanças bruscas, como cantos, contornos com acentuada curvatura e fixações. Os elementos de casca são formulados no espaço tridimensional, com componentes de rigidez translacionais nas três direções e componentes rotacionais que produzem flexão fora do plano do elemento. Geometrias complexas (como uma roda rodoviária) apresentam regiões com curvaturas fora do plano do elemento. Nessa situação, podem surgir regiões com curvaturas diferentes e com alterações de espessura, que exigem identificação das diferentes regiões correspondentes a espessuras diferentes, tomando-se nesses trechos a espessura média para definição do elemento finito de casca. Um cuidado especial deve ser tomado em regiões de contato entre componentes modelados com casca, adotando-se como espessura do elemento a soma das espessuras desses itens em contato, desde que o comportamento estrutural seja semelhante a duas regiões conectadas continuamente. É bom lembrar que a rigidez de duas chapas, uma simplesmente apoiada sobre a outra, é muito diferente da rigidez à flexão de uma só chapa com a soma das espessuras. Cada caso deve ser avaliado por uma análise de engenharia do problema. A Figura 3.9 apresenta um modelo de roda de caminhão utilizando elementos finitos isoparamétricos de casca onde se aplica esse conceito.

FIGURA 3.9 – Malha de uma roda automotiva.

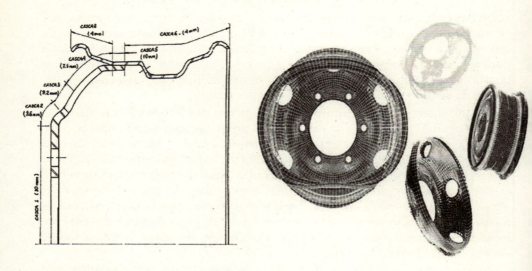

Modelar pelo método dos elementos finitos estruturas por intermédio de elementos isoparamétricos de casca (*thin shell isoparametric linear elements*) apresenta as seguintes vantagens:

- Se a estrutura dos componentes de chapa agregados para formar um conjunto estrutural local for modelada por elementos de casca, se torna possível a determinação das tensões atuantes nas duas faces da particular chapa que está sendo analisada e que faz parte da montagem local. Normalmente isso é obtido nesse tipo de modelo por intermédio das tensões atuantes em uma face da chapa (TOP — topo) e na face oposta (BOTTOM — fundo) adotando-se uma convenção consagrada na prática de elementos finitos. Em resumo, o topo e o fundo da chapa.

- A representação detalhada da estrutura por intermédio do modelo de cascas permite representar as ações localizadas que causam altas flexões locais nos pontos de transição. As transferências locais de cargas das ligações da estrutura causam "mordidas" nas chapas que transmitem esses esforços e geram, na simples transição de uma espessura, mudanças bruscas de tração para compressão, o que, do ponto de vista de fadiga, constitui um fato extremamente inconveniente, e como sabemos, é nesses locais de transição que ocorrem falhas por fadiga na estrutura. Daí o conceito clássico de projeto em regiões de transição estrutural, que orienta no sentido de chapas sob ação local de carga jamais trabalhem sob tração-compressão local, ou seja, *"AVOID BENDING MOMENTS"* (evitar momentos fletores locais).

- Levando-se em conta a ocorrência de fenômenos locais de flexão nas chapas, a malha de elementos finitos deve ser suficientemente refinada para que os cálculos das tensões de flexão possam ser avaliados corretamente.

Procedimentos para modelagem da região de parafusos

A simulação de uma união parafusada unindo duas chapas pode ser executada utilizando-se um elemento de viga e elementos rígidos, conforme demonstrado nas figuras de 3.10 a 3.12.

Pode-se, como alternativa, colocar elementos de barra rígida em todo o contorno, se o número de nós ultrapassar o limite do *"rigid element"* (elemento rígido).

O elemento de viga que simula o parafuso transfere carga axial, forças cortantes e momentos fletores biaxiais. As rotações associadas com os momentos fletores podem aplicar distorções locais exageradas nos elementos de casca aos quais as vigas rígidas do elemento rígido são ligadas, provocando rotações locais severas na casca. Para modelar adequadamente, deve-se passar somente translações, liberando as rotações. O modelo considera a transferência de esforços cortantes e de flexão de uma chapa para outra. O efeito do contato entre as superfícies não está sendo considerado. A consideração desse efeito mereceria um cuidado muito grande.

FIGURA 3.10 – Simulação de uma união parafusada unindo duas chapas com elemento de viga rígida e elementos rígidos.

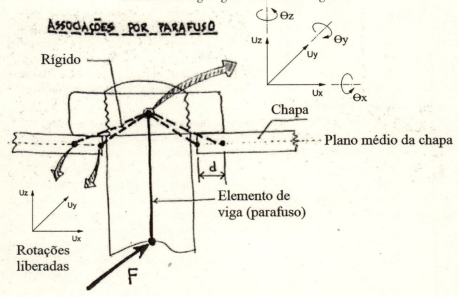

FIGURA 3.11 – Simulação de uma união parafusada unindo duas chapas com elemento de viga rígida e elementos rígidos. (continuação)

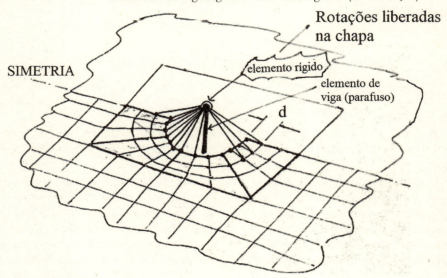

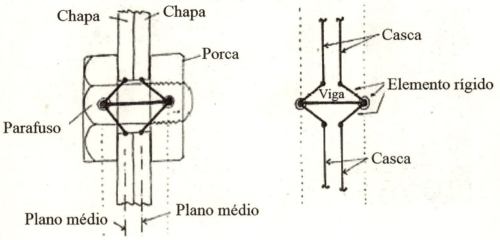

FIGURA 3.12 – Simulação de uma união parafusada unindo duas chapas com elemento de viga rígida e elementos rígidos.

Modelagem com elementos sólidos

Quando um componente estrutural tem espessuras muito variáveis de região para região, inviabilizando a consideração de *midsurfaces* em vários trechos que pudessem definir a adoção de elementos de casca, se considera a discretização da estrutura por intermédio de malha sólida. Nesse caso, utilizam-se os recursos de geração automática de um sistema de elementos finitos e se recomenda a adoção de malha sólida com **elementos sólidos tetraédricos parabólicos isoparamétricos**, que apresentam hipóteses de variação das tensões no seu interior compatíveis com a precisão requerida.

Existe a possibilidade de adoção de elementos sólidos hexaédricos, quando a geometria apresenta regularidade para essa adoção. Os cuidados com o mapeamento no caso da malha sólida também devem ser alvo de atenção. A formulação dos elementos sólidos hexaédricos é apresentada por Alves Filho (2015).

Como exemplo de escolha de elementos sólidos e de casca, apresentam-se dois modelos. No modelo 1, que representa um pedal de embreagem, foram empregados elementos do tipo tetraédrico parabólico (Figura 3.13a), ideais para representar as variações bruscas de espessuras como observadas neste componente, e para o modelo 2, que representa um pedal de freio, foram utilizados elementos quadrilaterais de casca, já que esse componente apresenta espessura constante da chapa (Figura 3.13b).

FIGURA 3.13 – Modelo de pedal de embreagem em sólido e em casca.

(a)   (b)

Na geração do modelo 1, utilizaram-se 161.706 nós, 102.475 elementos sólidos e 5 elementos rígidos. Na geração do modelo 2, utilizaram-se 5.961 nós, 5.667 elementos de casca, 4 elementos de viga e 4 elementos rígidos. Observa-se por meio desses números que o modelo de casca é mais leve, com um custo computacional muito mais baixo.

MATERIAL E PROPRIEDADES FÍSICAS *"PROPERTIES"*

As propriedades dos materiais para análise estrutural são semelhantes às fornecidas na Tabela 3.1. Já foram apresentados anteriormente os dados de entrada para os casos bastante comuns e muito utilizados em componentes mecânicos.

TABELA 3.1 – Propriedades dos Materiais

Material	Módulo de elasticidade	Tensão de ruptura	Tensão de escoamento	Limite de fadiga
Aço A36	21.000 kgf/mm^2	40 kgf/mm^2	25 kgf/mm^2	20 kgf/mm^2

UTILIZAÇÃO DE ELEMENTOS RÍGIDOS

Podem ser utilizados nos modelos de elementos finitos os chamados *"elementos rígidos"* para a representação da transferência de carga para a estrutura e também para transferir condições de contorno de fixação de parte do componente estrutural. A Figura 3.14 apresenta um exemplo em que ocorre a aplicação de carregamento por meio de elementos rígidos.

Isso pode ocorrer quando estamos, por exemplo, calculando um suporte que fixa um componente mecânico na estrutura. Nesse caso, o objetivo da análise é a estrutura do suporte, e não do equipamento. O componente pode ser representado por um elemento de massa concentrado no centro e ligado ao suporte por intermédio de elementos rígidos. Eventualmente, se modos rotacionais estão presentes, deve-se fornecer também os momentos de inércia de massa nos elementos colocados no centro.

FIGURA 3.14 – Exemplo de carregamento por meio de barras rígidas.

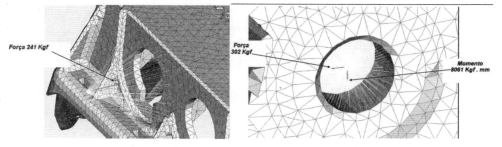

CHECK LIST APLICADO À METODOLOGIA DE GERAÇÃO DE MALHA

Para a geração da malha de elementos finitos, considera-se muito importante a checagem de cinco quesitos básicos, quais sejam, a preparação da geometria, a sua importação, a modelagem, a malha e a realização de análises. Na sequência, apresenta-se o detalhamento.

Preparação de geometria

Para considerar a preparação da geometria como finalizada, deve-se checar se todas as *midsurfaces* foram realizadas. Logo após, recomenda-se uma conferência cuidadosa da correção na atribuição de todas as espessuras, checar se existem faces duplicadas, arestas divididas e arestas extras (*show contact - merge*). Outra verificação necessária é se as normais às áreas estão no mesmo sentido (é necessário que estejam). Finalmente, conferir se todos os mapeamentos estão realizados.

Importação de geometria

No caso de importação da geometria, é importante verificar se toda ela foi importada. Também checar e verificar todas as espessuras (*display style*).

Modelagem

Quando na etapa de modelagem, realizar a criação e verificação dos materiais (*display style*), a criação e verificação das propriedades, utilizar e aplicar "*virtual topology*" (dobras, arestas quebradas...) e também checar a qualidade dos elementos (internal angle).

Verificação da malha

Deve-se executar a verificação da qualidade da malha. Os *softwares* de elementos finitos têm comandos específicos para essa função, como o *"Mesh_Statistics_ Mesh Metric_Element Quality"*.

Também recomenda-se verificar se existe alguma propriedade e material sem uso. No caso de existir, devem ser deletadas.

Verificar se os elementos rígidos estão conectados corretamente. Nos *softwares* de elementos finitos, existem comandos para fazer essa checagem, como o *"Solution Information_Visible on Results"*.

Se faz necessário também checar se as soldas estão presentes no modelo, quando for o caso.

Análises de checagem de advertências e erros fatais

Recomenda-se a realização de uma análise modal para verificar se existem peças soltas. Também pode ser útil realizar uma análise estática com o objetivo de verificar *"warnings"* e *"fatal errors"*.

Outra verificação importante é a do sistema de unidades utilizado.

E finalmente, é importante checar se o comportamento da estrutura é compatível com o esperado (deformada, tensões entre outros).

CARREGAMENTO DE PROJETO E CONDIÇÕES DE CONTORNO

Os esforços no *componente* podem surgir provenientes de vários carregamentos diferentes: vibração dos motores e bombas, acelerações, frenagens violentas, acelerações repentinas, pisos irregulares etc. No âmbito mecânico, o projeto de um componente deve considerar os carregamentos medidos experimentalmente ou baseados em alguma relação empírica, o processo de produção e também de montagem.

Na impossibilidade de se prever todos os possíveis carregamentos, surgem os carregamentos de projeto.

Na definição dos carregamentos de projeto, são idealizados os máximos carregamentos que um componente poderia estar sujeito durante sua vida. Usualmente, testes de fadiga em laboratórios, testes experimentais em pistas severas, carregamentos utilizados em componentes semelhantes, frenagens, acelerações, condições da via, entre outros, são empregados para auxiliar sua determinação.

No caso de estar disponível o sinal obtido a partir de medições em campo, que represente as condições de excitações dinâmicas obtidas a partir da operação na via, pode-se efetuar uma análise eficiente, contabilizando-se adequadamente as amplificações dinâmicas presentes, ou efetuar um envelope de cargas que permita avaliar as condições de pico e fadiga.

Alguns critérios para a definição do carregamento de projeto são:

○ Avaliar as condições de contorno naturais, ou seja, carregamentos, o peso próprio da estrutura, a carga aplicada sobre a estrutura e eventual carregamento dinâmico decorrente da ação do desbalanceamento rotativo de componentes mecânicos.

○ No caso de ação de carregamento dinâmico senoidal considerado para diversas amplitudes no domínio da frequência, verificar se a frequência de excitação da carga senoidal é muito maior que a frequência natural que corresponde ao modo de trabalho da estrutura (oscilação vertical ou horizontal ou ambas ou outra). Se afirmativo, as amplificações dinâmicas, como esperado da teoria de vibrações, são pequenas, gerando tensões dinâmicas oscilatórias de valores bem inferiores àquelas geradas pela ação do peso próprio da estrutura mais o carregamento externo. Esse tema é tratado com detalhes em Alves Filho (2008).

○ A definição de um critério de carregamento para um componente deve ser baseada na experiência acumulada pelas diversas áreas envolvidas no desenvolvimento daquele componente.

○ Basear-se em informações de campo do bom comportamento do produto em condições extremas e de possível ocorrência.

○ Observação atenta e cuidadosa de que determinado produto tem atendido, em todas as condições de uso, a tais condições extremas.

○ *Histórico de que, nas diversas aplicações práticas que têm sido registradas, nenhuma ocorrência de acidente ou falha tenha sido observada.*

São consideradas como *condições de contorno essenciais ou geométricas* as restrições aplicadas nas extremidades que dão suporte à estrutura.

Cuidados ao aplicar restrições (fixação de graus de liberdade em elementos de vinculação como furos e superfícies modeladas em casca ou sólidos): quando se restringem os seis graus de liberdade associados aos nós representativos do contorno de furos de passagem dos parafusos de fixação, essa simulação da fixação corresponde ao caso mais severo possível, portanto, o mais conservador, o que gera uma expectativa de obtenção de tensões nessa região mais elevada do que o comportamento real.

Em um passo posterior de um estudo dessa natureza, pode-se modelar a ligação entre as chapas de modo mais acurado, utilizando-se elementos de viga e barras rígidas, como mostrado nas Figuras 3.10, 3.11 e 3.12. Conforme mostrado na Figura 3.15, o modelo foi engastado na região de fixação dos parafusos. Nessa análise de caráter preliminar, não foram representados os parafusos de fixação por intermédio de elementos de viga e elementos rígidos, como convencionalmente se aplica em análises mais detalhadas.

FIGURA 3.15 – Exemplo de restrição aplicada diretamente aos nós.

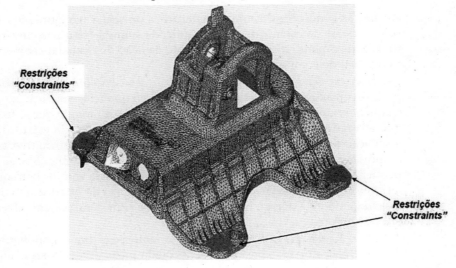

EXEMPLO DE CARREGAMENTO DE ESTRUTURA RETICULADA

Nessa seção, se apresenta um exemplo de como aplicar o carregamento em estrutura reticulada composta por tubos e vigas U com o objetivo de identificar e corrigir possíveis concentrações de tensão e tendências de falhas presentes no componente em estudo.

Os detalhes dos carregamentos foram aplicados baseados nas condições descritas a seguir e são representativos das condições reais de operação da estrutura. Essa informação fazia parte do critério de avaliação estrutural do cliente, que solicitava que a estrutura fosse verificada para essas condições. Esse tipo de condicionamento, em muitos casos, é uma solicitação da engenharia do cliente.

A condição de avaliação da resistência da estrutura deve ser baseada em situações que indiquem condições físicas possíveis de serem verificadas na vida prática, ainda que em condições extremas e, portanto, conservadoras. Porém, esses carregamentos devem retratar situações factíveis e corresponder à experiência de operação com esse tipo de estrutura, como mencionado anteriormente. Algumas condições são, portanto, em primeira instância, demonstrativas da utilização da estrutura e darão subsídios para a verificação à luz de um dado critério de projeto, a avaliação numérica da resistência estrutural. Como consequência, constituirão parâmetros para a aceitação das estruturas a serem utilizadas para esse fim. Essas condições reais de uso são mencionadas a seguir para posterior quantificação das condições de carregamento.

Para este estudo, foram considerados cinco casos de carregamentos, que levam em conta situações de funcionamento do equipamento.

Caso 1

A primeira condição é a submissão da estrutura a uma carga distribuída por igual nas calhas laterais de maior dimensão. Com sentido de cima para baixo, apresenta o valor de 42 toneladas (Figura 3.16). A estrutura é fixada nas regiões de contato dos tubos com o solo.

FIGURA 3.16 – Caso 1 de carregamento.

Caso 2

Neste estudo, foi considerado que a ponte rolante, ao apoiar sua carga nas calhas laterais da plataforma, faz com que ela seja flexionada, resultando na distribuição do remanescente da carga da ponte rolante aos três pontos de apoio da calha no tubo vertical (Figura 3.17). Com sentido de cima para baixo e valor de 42 toneladas. A plataforma é fixada nas regiões de contato dos tubos com o solo.

FIGURA 3.17 – Caso 2 de carregamento.

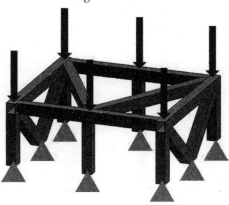

Caso 3

Na terceira condição, considerou-se que a calha da ponte rolante está empenada em formato côncavo ou que existe algum outro fator influenciando seu comportamento, resultando na aplicação da carga apenas nas extremidades dos tubos (Figura 3.18). Com sentido de cima para baixo e valor de 42 toneladas. A estrutura é fixada nas regiões de contato dos tubos com o solo.

FIGURA 3.18 – Caso 3 de carregamento.

Caso 4

A quarta condição foi considerada contrária à terceira suposição. A calha da ponte rolante apresenta um formato convexo ou algum fator influenciando seu comportamento, resultando na submissão da plataforma a uma carga distribuída entre a viga vertical mediana e uma de suas extremidades (Figura 3.19). Com sentido de cima para baixo e valor de 42 toneladas. A estrutura é fixada nas regiões de contato dos tubos com o solo.

FIGURA 3.19 – Caso 4 de carregamento.

Caso 5

Neste estudo, considerou-se, na aresta da viga transversal, a submissão da carga total da ponte rolante (tal condição pode ocorrer devido ao rompimento de um cabo). Com o rompimento do cabo, a ponte rolante girará, propiciando uma força de impacto na calha da plataforma calculada segundo o critério de absorção de energia devido ao impacto na estrutura, relatado no Quadro de Revisão 3.1. Com sentido diagonal de cima para baixo (Figura 3.20). A estrutura é fixada nas regiões de contato dos tubos com o solo.

FIGURA 3.20 – Caso 5 de carregamento.

VALORES ADMISSÍVEIS DE TENSÃO/DEFORMAÇÃO

Em continuação, são definidos valores aceitáveis de tensão e deformação para comparação com os resultados das análises, fundamentando, assim, o critério de projeto.

Ao se aplicar um critério de projeto para avaliação estrutural do componente objeto de análise, procura-se inicialmente levantar informações quanto às solicitações sofridas por esse tipo de componente em operação, de modo a constituir referência a partir de dados históricos analíticos quanto ao desempenho estrutural de componentes semelhantes já fabricados pelo cliente ou em literatura normalmente utilizada para esse tipo de avaliação.

Quase todo projeto envolve restrições, que são colocadas em termos de condições ou requisitos que devem ser satisfeitos. Em projetos estruturais, as restrições mais importantes são as de resistência, que estão relacionadas para garantir a adequada segurança e utilização.

A partir do conhecimento dos carregamentos atuantes, pode-se avaliar o panorama de tensões com o auxílio do método dos elementos finitos, considerando as condições de concentração de tensões para a geometria específica de cada problema em estudo, não disponível na literatura e que cobre apenas alguns casos de geometrias particulares.

Dessa forma, o comportamento estrutural de cada componente analisado pode ser avaliado por procedimento analítico, resultando em maior rapidez na obtenção de informações a respeito de sua reação.

A partir da análise de MEF, se verifica, para cada carregamento de projeto, se existem tensões calculadas que ultrapassam o valor de tensão de escoamento do material e em que pontos isso acontece. Nos pontos em que ocorre essa situação, o regime de deformação elástica (deformações temporárias) é excedido, e passa a vigorar o regime de deformação plástica (deformações permanentes), ou seja, após o alívio da carga, mantém-se um certo valor de deformação residual permanente, deformando a estrutura, mesmo sem carga. Para os componentes estruturais onde isso ocorre, aconselha-se o aumento da espessura desses perfis, de modo a garantir que a estrutura não se deforme.

Com a modelagem em elementos de casca, obtém-se em cada chapa da montagem em todas as regiões, com altíssimo nível de detalhe, os níveis de tensão, máxima e mínima, principais, no *TOP* e no *BOTTOM*, ou as tensões nas direções mais convenientes para entendimento do comportamento físico do trecho a ser analisado. De posse dessas tensões, qualquer que seja a região a se analisar, dois comportamentos físicos devem ser obrigatoriamente interpretados, e que ocorrem simultaneamente nas diversas chapas. A análise apresenta esses dois comportamentos simultâneos, devemos filtrá-los e, posteriormente, estabelecer a proporção do reforço a ser efetuado de acordo com o comportamento que tiver maior contribuição para a tensão final. A saber:

○ Uma chapa pode estar sob ação de cargas que agem exclusivamente no seu plano. Sob essa ação, a chapa não apresenta curvatura, os deslocamentos se manifestam no plano da chapa, e a consequência mais importante desse comportamento é que, ao considerarmos as tensões que se distribuem ao redor de um ponto da chapa, elas são constantes ao longo da espessura. Ou seja, se o *TOP* está sob tração, o *BOTTOM* também está, e com a mesma intensidade. Vale o mesmo para a compressão. Esse fenômeno é o conhecido Estado Plano de Tensões, ou *"plane stress"*. A questão subsequente é a decisão de projeto a ser tomada a partir do conhecimento da tensão de estado plano. O aumento necessário na espessura da chapa para eventual diminuição da intensidade da tensão deve ser na proporção inversa LINEAR. Ou seja, se desejamos, para garantir a resistência da estrutura, fazer a tensão atuante reduzir pela metade, temos que dobrar a espessura, e assim por diante.

Uma chapa pode estar sob a ação de cargas que agem exclusivamente no sentido de flexioná-la. Sob ação de cargas de flexão, a chapa apresenta curvatura, os deslocamentos se manifestam perpendiculares ao plano da chapa, e a consequência mais importante desse comportamento é que, ao considerarmos as tensões que se distribuem ao redor de um ponto da chapa, elas são variáveis ao longo da espessura, com mudança de sentido de uma face para outra e sendo nula no plano médio da chapa. Ou seja, se o *TOP* está sob tração, o *BOTTOM* está sob compressão e com a mesma intensidade, e na superfície média a tensão é nula. Isso ocorre dentro dos limites das pequenas deflexões da chapa. Esse fenômeno é conhecido como Comportamento de Placa, ou *"plate behavior"*. A questão subsequente é a decisão de projeto a ser tomada a partir do conhecimento da tensão de placa ou flexão. O aumento necessário na espessura da chapa para eventual diminuição da intensidade da tensão deve ser na proporção inversa quadrática. Ou seja, se aumentarmos a espessura da chapa, dobrando sua espessura, a tensão atuante diminui quatro vezes, e se diminuirmos pela metade, a tensão aumenta quatro vezes.

Para as diversas regiões da estrutura constituídas pelas chapas desenvolvidas, formando o aglomerado local agregado por soldas e representadas no modelo de elementos finitos por elementos de casca, os dois comportamentos poderão se manifestar simultaneamente e uma mudança proposta na espessura local deverá ser feita a partir do entendimento desse comportamento, não apenas qualitativo, mas em termos de número de tensão (Figura 3.21). É possível, então, em uma primeira instância, modificar as espessuras, de sorte a não alterar substancialmente o conceito do projeto estrutural, tomando uma decisão inicial a partir do conhecimento dos valores numéricos de tensão e do fenômeno predominante. Evidentemente que se deveria aplicar em um processamento final essas modificações, porque, embora os resultados de um novo processamento possam confirmar os ganhos previstos no comportamento da estrutura, tênues alterações poderão ocorrer nessas previsões por uma questão conceitual básica: como a rigidez dos elementos na região modificada será alterada devido às mudanças de espessura, ocorrerão algumas alterações nas forças absorvidas pelos elementos (*element forces*), pois mudanças de rigidez alteram a distribuição de esforços internos, e como consequência, as tensões finais serão diferentes das previstas pelo simples raciocínio das mudanças de espessura consideradas pelo comportamento de placa e estado plano.

FIGURA 3.21 – Tensões atuantes em caixa estrutural.

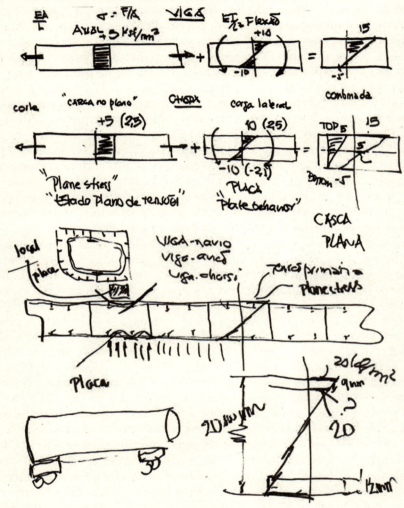

É interessante, entretanto, que as regiões que estão sob altas tensões de flexão sejam reforçadas localmente, não por simples aumento de espessura, mas pela colocação de reforços locais que recebam a carga atuante no próprio plano dos reforços, de modo a se evitar flexões locais acentuadas.

A Figura 3.21 mostra uma chapa de um navio que, sob a ação da flexão global da caixa estrutural, apresenta comportamento de estado plano, até porque a altura da caixa é muito maior do que a espessura da parte superior (convés), mas localmente pode haver uma carga que flexiona a chapa, com comportamento de placa. A composição dessas tensões em uma mesma direção da chapa mostra o efeito da superposição. Logicamente, tendo o efeito das duas ao mesmo tempo como resposta, podemos decompor na parte do estado plano e na parte da placa. Se dobrarmos a espessura, a tensão de estado plano cai pela metade, e a de placa, quatro vezes, como anteriormente mencionado. O desenvolvimento matemático desses conceitos se encontra em Alves Filho (2015).

A previsão da vida de um produto é efetuada por procedimentos experimentais ou analíticos. O projeto experimental fornece respostas para aplicações e geometrias específicas. Por outro lado, o projeto em base analítica pode gerar soluções para uma ampla faixa de geometrias e aplicações, fornecendo resultados para estudos de sensibilidade. Estudos de sensibilidade em geometria, material e carregamento, associados à confiança adquirida por intermédio de experiência, resultam em base sólida para um projeto bem-sucedido.

Um critério de resistência, como o critério de von Mises, pode ser utilizado para determinar tensões em carregamentos de pico. A *tensão equivalente de von Mises* pode ser comparada com a tensão de escoamento do material, balizada por um fator de segurança.

Para estudar a durabilidade do componente, podemos avaliar a vida em fadiga por meio do método de Goodman. Para tanto, são necessárias as propriedades mecânicas do material e a definição de um ciclo de tensões para cada ponto do modelo do componente.

Alguns pontos de tensões são desconsiderados das análises por serem singularidades do modelo de elementos finitos, ou seja, pontos em que o método não retrata fielmente a realidade, por instabilidade do cálculo. Essas ocasiões ocorrem em situações como "quinas" formadas entre os elementos, puncionamentos por simplificações nas representações (como os elementos rígidos), entre outros.

Nas situações em que as tensões calculadas ultrapassam o valor de tensão de escoamento do material em alguns pontos, os componentes estruturais, ao serem submetidos a tal situação, passam do regime de deformação elástica (deformações temporárias) e entram em regime de deformação plástica (deformações permanentes), ou seja, após o alívio da carga, haverá um certo valor de deformação residual permanente, fazendo com que a estrutura fique deformada, mesmo sem carga. Para esses componentes, aconselha-se o aumento da espessura, de modo a garantir que a estrutura não se deforme. Nas situações em que não foram constatadas regiões que ultrapassem o limite de escoamento do material, pode-se concluir que a estrutura está aprovada para tal condição.

EXEMPLOS DE APLICAÇÃO: TRUQUE DE CARROS DE PASSAGEIROS

Na sequência, será apresentado um exemplo de aplicação de um truque de carro de passageiros, compreendendo as etapas da terceira fase do método de desenvolvimento proposto.

MODELO DE CÁLCULO E CRITÉRIOS DE FALHA

A Figura 3.22 representa o modelo geométrico 3D de um truque de um carro de passageiros, mostrando a representação da geometria das *midsurfaces* com o propósito de geração do Modelo em elementos finitos da estrutura do truque por intermédio de elementos de casca (*thin shell elements*). O truque do carro de passageiros pode ser entendido do ponto de vista primário como uma composição de vigas longitudinais laterais que recebe carga de uma robusta viga transversal. Essas vigas constituintes da estrutura global do truque têm comportamentos primários de flexão e, eventualmente, torção. O carro de passageiros transfere todo o carregamento atuante para as estruturas dos truques, gerando os comportamentos primários. Além dessas cargas que advêm do trabalho primário da caixa do carro de passageiros, os componentes estruturais de chapa do truque estão sujeitos a carregamentos locais, não menos importantes que as cargas que advêm do trabalho da caixa. Esses carregamentos locais são transferidos devido à ação de cargas do motor, cargas de frenagem etc. A forma como essas cargas são transferidas localmente pode ocasionar elevadas tensões locais e funcionar como um "catalisador" do início de falhas por fadiga. A combinação dessas aplicações em regiões associadas a soldas torna-se um grande gerador de trincas por fadiga.

FIGURA 3.22 – Truque do carro de passageiros.

Assim, interessa-nos muito o comportamento das tensões locais além das tensões primárias das vigas principais do truque, que têm um panorama extremamente complexo nas diversas ligações entre os elementos estruturais. As mencionadas tensões locais se manifestam nas ligações entre chapas quando a transferência de carga se processa de uma chapa para outra e que são perpendiculares entre si, por exemplo, algumas ligações entre transversais e longitudinais e apoios de suportes que transferem cargas perpendiculares a outras chapas. Ocorre um "puncionamento" local, gerando flexões altamente localizadas e, como consequência, elevadas tensões que, para a vida em fadiga em regiões soldadas, são críticas.

Isso justifica a evidente impossibilidade de se modelar a estrutura do truque utilizando o comportamento apenas primário das vigas, utilizando os elementos finitos de viga, que, embora gerem uma resposta mais rápida, são insuficientes para a representação dos efeitos anteriormente mencionados. Ao se modelar o truque do carro de passageiros representando as diversas estruturas constituídas de montagens de chapas, como a estrutura das vigas primárias dos quadros, utilizando os elementos de viga nos cálculos do projeto, os resultados não seriam nada além de momentos fletores e forças cortantes que permitiriam o cálculo apenas de tensões nominais, sem qualquer concentrador de tensão que permitisse uma decisão do ponto de vista de projeto mais acurada, a menos que fossem adotados valores conservadores para os fatores de concentração de tensão.

Como consequência disso, a decisão de modelar pelo método dos elementos finitos os detalhes mais importantes da estrutura do truque por intermédio de elementos isoparamétricos de casca (*thin shell isoparametric linear elements*). Dessa forma, toda a estrutura dos componentes de chapa agregados para formar um conjunto estrutural local foi modelado por elementos de casca, permitindo a determinação das tensões atuantes nas duas faces da particular chapa que está sendo analisada e que faz parte da montagem local. Normalmente, isso é obtido nesse tipo de modelo por intermédio das tensões atuantes em uma face da chapa (*TOP*) e na face oposta (*BOTTOM*) adotando-se uma convenção consagrada na prática de elementos finitos. Em resumo, o topo e o fundo da chapa, como já mencionado. Todas as chapas da estrutura do truque foram modeladas dessa forma.

A representação detalhada da ligação entre transversais e longarinas do truque por intermédio do modelo de cascas corresponde às ações localizadas que causam altas flexões locais nos pontos de transição, pois as transferências locais de cargas das transversais para as longarinas causam "mordidas" nas chapas, que transmitem esses esforços e geram na simples transição de uma espessura, mudanças bruscas de tração para compressão, o que, do ponto de vista de fadiga, constitui um fato extremamente inconveniente, e, como sabemos, é nesses locais de transição que ocorrem falhas por fadiga na estrutura, e neste caso do truque em estudo essa condição fica evidente. Daí o conceito clássico de projeto em regiões de transição estrutural, que orienta no sentido de que chapas sob ação local de carga jamais trabalhem sobre tração-compressão local, ou seja, *"AVOID BENDING MOMENTS"*. A Figura 3.23 representa essa situação na estrutura atual do truque.

FIGURA 3.23 – Detalhe da região do suporte do motor.

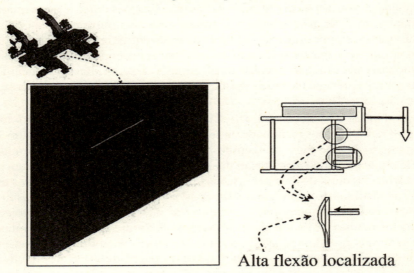

A Figura 3.23 mostra que a aplicação local de força perpendicular ao plano da chapa gera elevadas tensões de flexões locais, criando condições extremamente favoráveis para a ocorrência de fadiga. Em particular nas regiões de solda, esse efeito torna-se extremamente crítico, pois o limite de fadiga da junta soldada é muito inferior ao "material parent". Essas forças advêm dos esforços gerados pelo motor de tração.

FIGURA 3.24 – Flexão local da chapa da timoneria.

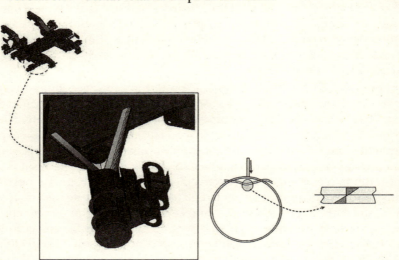

A Figura 3.24 apresenta o modelo geométrico 3D do truque do carro de passageiros. Mostra a representação da geometria das *midsurfaces* com o propósito de geração do modelo em elementos finitos da estrutura do truque por intermédio de elementos de casca — *"thin shell elements"* e o detalhe da região da timoneria de freio. A aplicação local de força perpendicular ao "plano" da chapa da timoneria (Figura 3.24) gera elevadas tensões de flexões locais, criando condições extremamente favoráveis para a ocorrência de fadiga. Em particular nas regiões de solda, esse efeito torna-se extremamente crítico, pois o limite de fadiga da junta soldada é muito inferior ao "material parent". Esse comportamento demonstra falha nessa região da timoneria e será apresentado nos resultados dos cálculos. Nesse ponto ocorreram tensões máximas não aceitáveis à luz do critério de projeto proposto.

É interessante que as regiões sob tensões altas de flexão sejam reforçadas localmente não por simples aumento de espessura, mas pela colocação de reforços locais que recebam a carga atuante no próprio plano dos reforços, de modo a se evitar flexões locais acentuadas. Os reforços introduzidos seguiram essa orientação, quando viável construtivamente.

Levando-se em conta a ocorrência de fenômenos locais de flexão nas chapas, a malha de elementos finitos deveria ser definida para que o cálculo das tensões de flexão pudesse ser avaliado corretamente, ou seja, deve-se verificar com cuidado o refino de malha utilizado.

As características do modelo estrutural dos truques atual e modificado são apresentadas na Tabela 3.2.

TABELA 3.2 – Características dos modelos de elementos finitos truque		
Entidades	Truque atual	Truque modificado
Nós	186.835	204.831
Elementos de casca	190.028	205.348
Elementos sólidos	0	2.660
Elementos rígidos	76	76
Elementos de viga	36	36
Elementos de massa concentrada	0	0
Elementos de mola	0	0
Elementos de gap	0	0

As propriedades dos materiais considerados na análise estrutural dos truques dos carros de passageiros — estruturas atual e modificada — são fornecidas na Tabela 3.3.

TABELA 3.3 – Propriedades dos materiais análise truque

Material	Módulo de elasticidade	Tensão de ruptura	Tensão de escoamento	Limite de fadiga
Aço A36	21.000 kgf/mm^2	40,8 kgf/mm^2	25,51 kgf/mm^2	20,4 kgf/mm^2

As propriedades físicas (espessura das chapas *"properties"*) associadas aos elementos finitos da malha construída apresentada na Figura 3.25 são dados de entrada do modelo para cada região da estrutura.

A representação correta das espessuras e propriedades dos materiais de cada chapa é essencial para a correta representação da estrutura real pelo modelo estrutural.

Foram estabelecidos três conceitos importantes que norteiam a verificação estrutural do truque de carro de passageiros e que estão presentes de forma geral ao se estabelecer os critérios de falha para qualquer estrutura objeto de análise (escoamento do material, instabilidade da estrutura e iniciação de trinca na estrutura). Os dois primeiros conceitos (escoamento do material e instabilidade da estrutura) são adotados na verificação quanto ao critério de pico e no critério de flambagem. O terceiro conceito (iniciação de trinca na estrutura) é adotado na verificação quanto ao critério de fadiga.

FIGURA 3.25 – Modelo de elementos finitos com diversas regiões diferentes (*"properties"* – *espessuras* – *diferentes*).

CARREGAMENTO DE PROJETO E CONDIÇÕES DE CONTORNO

Foram consideradas informações a partir de procedimentos de conhecimento dos usuários desse modelo de equipamento em relação aos tipos e valores das cargas atuantes nessas espécies de estruturas, bem como as medições feitas em via em termos de acelerações, bem como microdeformações por intermédio de *strain gauges*, que permitiram verificar regiões solicitadas e que justificam a ocorrência de falhas na estrutura nas regiões que serão objeto dos projetos de melhorias estruturais.

ABORDAGENS DE PROBLEMAS ESTRUTURAIS   **121**

A partir da definição das cargas no salão de passageiros, teremos a carga que será transferida aos truques. Essas cargas foram transferidas adequadamente às estruturas dos truques atual e modificado. Foram também consideradas as cargas de todos os equipamentos agregados, bem como as cargas referentes às operações da estrutura, tal como na condição de frenagem. Assim, foram então definidas as cargas a serem consideradas nas estruturas dos truques.

Vale ressaltar que foram utilizadas normas que definem as principais solicitações às quais o truque deve ser submetido e ter resistência estrutural adequada. Em qualquer situação, a busca por normas pertinentes se faz necessária. Nesse caso, existem normas de sociedades internacionais que sugerem valores e combinações de cargas. Os valores adiante apresentados servem como ilustração da prática desse procedimento, e não pelos valores numéricos em si usados nas análises.

A partir dos estudos e das experiências de operação do sistema, foram definidas as cargas de projeto que serão aplicadas ao modelo de elementos finitos e servirão para, em primeira instância, avaliar as possíveis ocorrências de não atendimento ao critério de pico, bem como as condições de carregamentos que definirão a partir de cada par de casos os ciclos de fadiga para a obtenção dos respectivos Índices de Falha.

O carregamento estático do truque foi simulado aplicando-se a aceleração da gravidade no modelo, somada à carga total do vagão, conforme ilustrado na Figura 3.26.

FIGURA 3.26 – Carregamento do peso próprio do carro somado à carga de passageiros e peso de componentes agregados — CASO I.

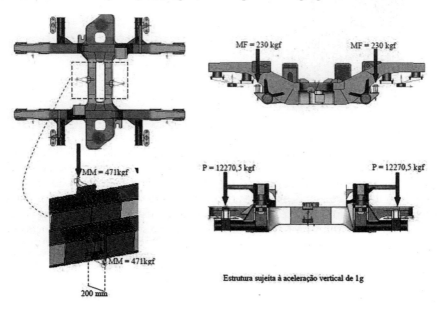

Adicionalmente, foram consideradas as cargas decorrentes das diversas condições de operação, tal como frenagens, acelerações longitudinais, laterais, verticais etc. e cujo diagrama esquemático encontra-se representado nas figuras 3.27 e 3.28. Deve ser mencionado que tais valores foram obtidos a partir da análise das exigências normativas e informações do operador. Neste exemplo, a ideia é passar o conceito da busca dos carregamentos solicitantes, sem entrar no mérito dos valores numéricos. Em cada projeto, essa busca deve ser efetuada atenta e cuidadosamente.

FIGURA 3.27 – Carregamentos atuantes no truque quando em processo de aceleração — CASO II.

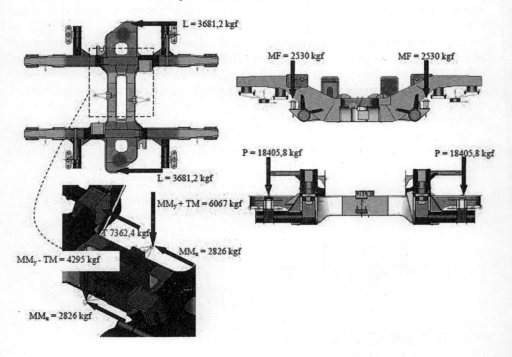

Na Figura 3.27, a estrutura fica sujeita à aceleração vertical de 1,5 g. O suporte do motor e o suporte do freio ficam sujeitos à aceleração vertical de 11 gs, decorrentes da sua operação. O suporte do motor fica sujeito à aceleração transversal de 6 gs. As forças verticais atuantes na estrutura do suporte do motor estão representadas por uma única força em cada lado da estrutura, indicando o somatório de forças atuantes na região, com a finalidade de reduzir a poluição visual e facilitar o entendimento.

FIGURA 3.28 – Carregamentos atuantes no truque quando em processo de frenagem — CASO III.

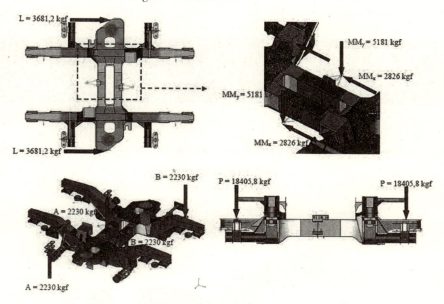

Na Figura 3.28, a estrutura fica sujeita à aceleração vertical de 1,5 g. O suporte do motor e o suporte do freio, sujeitos à aceleração vertical de 11 gs. O suporte do motor, sujeito à aceleração transversal de 6 gs.

Tomando como base os carregamentos isolados apresentados nas figuras 3.26, 3.27 e 3.28, foram elaboradas combinações a serem submetidas aos critérios de projeto.

Os carregamentos combinados são:

1. Carregamento do peso próprio do carro e componentes.
2. Carregamento quando exposto a aceleração.
3. Carregamento quando exposto a frenagem.

Os carregamentos de pico são apresentados na Tabela 3.4.

TABELA 3.4 – Combinações de carregamento

Caso	Cargas combinadas	Descrição
I	a	Pico
II	b	Pico
III	c	Pico

As combinações para verificações de resistência à fadiga (ciclo de fadiga) consideram o ciclo de carregamento variável de acordo com a Tabela 3.5, tomando-se como base os carregamentos citados nas figuras 3.26, 3.27 e 3.28.

TABELA 3.5 – Combinações de carregamento — fadiga

Ciclo	Caso	Carregamentos combinados	Descrição
Ciclo de fadiga	Caso 1	a para b	Formam o ciclo de fadiga
	Caso 2	a para c	

As restrições aplicadas nos modelos que simulam a condição de trabalho dos truques são mostradas na Figura 3.29, representando basicamente os seus apoios.

FIGURA 3.29 – Restrições aplicadas no modelo de elementos finitos.

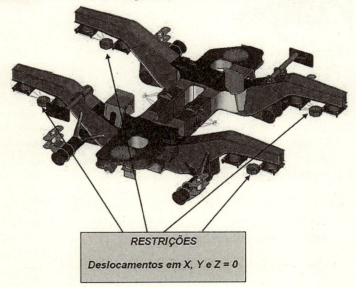

VALORES ADMISSÍVEIS DE TENSÃO/DEFORMAÇÃO

Na região da timoneria de freio, apresentada na Figura 3.30, onde foram verificadas falhas por fadiga, ocorriam altas tensões de flexão localizadas na estrutura do tubo, justificando as falhas. A análise estrutural pelo método dos elementos finitos demonstrou elevadas tensões nessas regiões, quando a estrutura foi submetida aos carregamentos adotados como cargas de projeto.

FIGURA 3.30 – Panorama de tensão de von Mises – timoneria de freio – CASO III.

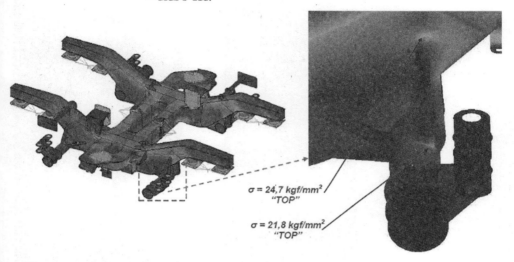

Na análise de fadiga desse componente do truque (timoneria de freio), foram observados elevados Índices de Falha, maiores que 1, o que o reprova quanto ao critério de fadiga, com a agravante de se ter na região analisada a presença de soldas, que reduzem acentuadamente o limite de fadiga da junta, ao se considerar os *"material independent joint factors"* nessa região, associados à qualidade de processo de soldagem, conforme mostrado na Figura 3.31. A correção desse tipo de problema envolve diversas possibilidades de arranjos alternativos, colocando-se escoramentos ou reforços locais, de sorte que as tensões de flexões se reduzam e a consequente vida em fadiga aumente e esteja dentro das expectativas preconizadas pelos critérios de vida garantida quanto à fadiga. Reforçadores que diminuam o vão livre das partes em flexão local fazem com que essa tensão local se reduza com o quadrado do vão livre das partes flexionadas. Outra alternativa é o aumento da espessura local. Por exemplo, se dobrarmos a espessura do local onde ocorre flexão, a tensão pura de flexão cairá quatro vezes.

Na região dos suportes do motor (figuras 3.32 e 3.33), onde aconteceram falhas por fadiga, ocorrem também altas tensões de flexão localizadas na estrutura da travessa do truque, justificando essas falhas ocorridas. A análise estrutural pelo método dos elementos finitos demonstrou elevadas tensões nessas regiões, quando a estrutura foi submetida aos carregamentos adotados como cargas de projeto.

FIGURA 3.31 – Falha na região da timoneria.

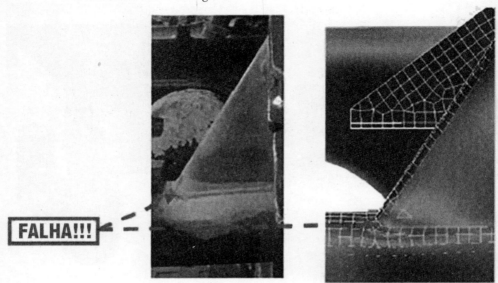

FIGURA 3.32 – Índice de Falha do suporte do motor – Caso I para Caso II.

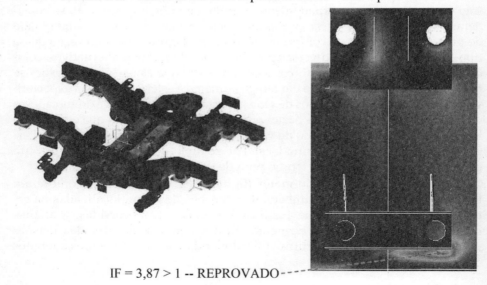

IF = 3,87 > 1 -- REPROVADO

FIGURA 3.33 – Falha no suporte do motor.

ATUALIZAÇÃO DO PROJETO

Na análise de fadiga desse componente do truque, foram observados elevados índices de falha maiores que 1, conforme mostrado na Figura 3.32, o que reprova o componente quanto ao critério de fadiga, com a agravante de se ter na região analisada a presença também de soldas, que reduzem acentuadamente o limite de fadiga da junta, ao se considerar os *"material independent joint factors"* nessa região, associados à qualidade de processo de soldagem.

A correção desse tipo de problema envolve diversas possibilidades de arranjos alternativos à semelhança da timoneria, colocando-se escoramentos ou reforços locais, de sorte que as tensões de flexões se reduzam e a consequente vida em fadiga aumente e esteja dentro das expectativas preconizadas pelos critérios de vida garantida quanto à fadiga (Figura 3.34). Neste caso, reforçadores que diminuam o vão livre das partes em flexão fazem com que a tensão local se reduza com o quadrado do vão livre local das partes flexionadas.

Outra alternativa é o aumento da espessura local. Por exemplo, se dobrarmos a espessura do local onde ocorre flexão, a tensão pura de flexão cairá quatro vezes (ALVES FILHO, 2001). Neste caso, o arranjo local permitiu introduzir reforçadores de modo que as cargas transferidas atuassem na forma de "In Plane Forces" nas chapas locais, e um novo arranjo estrutural de projeto foi proposto e avaliado no cálculo estrutural. Onde ocorreram flexões localizadas, o vão livre sofreu uma acentuada redução em relação ao projeto original, de forma que, com a combinação de reforçadores locais e o aumento local de espessuras, os índices de falha justificaram a aprovação do projeto modificado.

FIGURA 3.34 – Suporte do motor modificado.

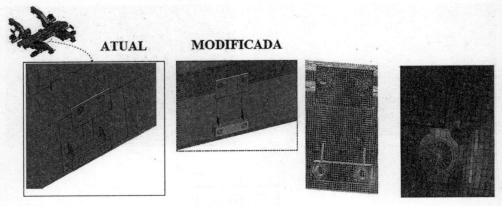

Na estrutura modificada, excluem-se os elementos responsáveis por singularidades dos pontos de fixação dos elementos rígidos (responsáveis pelo aumento da tensão irreal no local). Esse fato gera descontinuidade de tensões localizadas, que não representam a realidade física.

ESTRUTURAS VEICULARES: ÔNIBUS RODOVIÁRIO

Na sequência, será apresentado um exemplo de aplicação de um ônibus rodoviário, compreendendo as etapas da terceira fase do método de desenvolvimento proposto.

MODELO DE CÁLCULO E CRITÉRIOS DE FALHA

A Figura 3.35 apresenta o modelo geométrico 3D do conjunto com o propósito de geração do modelo em elementos finitos da estrutura por elementos de casca (*thin shell elements*), elementos de viga (*beam elements*) e elementos rígidos (*rigid elements*). Algumas observações são importantes na justificativa quanto à adoção do modelo híbrido em elementos de viga e de casca, bem como as expectativas de avaliação dos resultados obtidos, justificando-se as considerações feitas à luz dos comportamentos físicos preconizados pela teoria de Mecânica Estrutural.

O desenvolvimento das análises do ônibus pelo método dos elementos finitos, visando a obtenção do panorama de tensões a partir dos modelos refinados de casca (*thin shell elements*) nas regiões objeto de interesse e modelos de elementos de viga (*beam elements*), permite detectar o comportamento estrutural do componente em estudo quando submetido aos carregamentos de projeto e a viabilização da otimização estrutural dos componentes estruturais para atendimento dos critérios de projeto.

FIGURA 3.35 – Modelo geométrico de estrutura ônibus rodoviário.

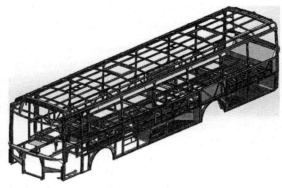

Para todos os casos a serem avaliados, envolvendo o trabalho estrutural para as diversas configurações de aplicação de cargas na estrutura, um conceito fundamental no trabalho das chapas e tubos da estrutura do *ônibus* deve ser entendido e tomado como ponto de partida. A consideração desse conceito fundamental do trabalho de estruturas constituídas de chapas e a observação da magnitude das tensões atuantes nas diversas regiões observadas no modelo de cálculo são orientadoras das ações corretivas a serem tomadas, e que a boa prática de projeto desse tipo de estrutura recomenda. Façamos, portanto, algumas considerações a respeito desses conceitos e, posteriormente, as ações subsequentes que afetam a modificação do projeto estrutural nas regiões mais importantes.

Além dessas cargas que advêm do trabalho primário da estrutura, os componentes estruturais estão sujeitos a carregamentos locais. Esses carregamentos locais caminham pela estrutura e podem provocar elevadas tensões locais e ser um *"catalisador"* do início de falhas por fadiga. A combinação dessas aplicações em regiões que estão associadas a soldas torna-se um grande gerador de trincas por fadiga.

Assim, interessa-nos muito o comportamento das tensões locais, além das tensões primárias do componente, que têm um panorama extremamente complexo nas diversas ligações entre os elementos estruturais. As mencionadas tensões locais se manifestam nas ligações entre chapas quando a transferência de carga se processa de uma chapa para outra e que são perpendiculares entre si, por exemplo, algumas ligações entre transversais e longitudinais, e apoios de suportes que transferem cargas perpendiculares a outras chapas. Nessas situações, ocorre um "puncionamento" local, gerando flexões altamente localizadas e, como consequência, elevadas tensões, que, para a vida em fadiga em regiões soldadas, são críticas. Isso justifica a evidente impossibilidade de se modelar a carroceria utilizando apenas o comportamento primário das vigas, os elementos finitos de viga, que, embora gerem uma resposta mais rápida, são insuficientes para a representação dos efeitos anteriormente mencionados. Em consequência disso, a decisão de modelar pelo método dos elementos finitos os detalhes mais importantes da estrutura do *ônibus* por intermédio de elementos isoparamétricos de casca (*thin shell isoparametric linear elements*). Dessa forma:

- Toda a estrutura dos componentes de chapa agregados para formar um conjunto estrutural local foi modelada por elementos de casca, permitindo a determinação das tensões atuantes nas duas faces da particular chapa que está sendo analisada e que faz parte da montagem local. Normalmente, isso é obtido nesse tipo de modelo por intermédio das tensões atuantes em uma face da chapa (TOP) e na face oposta (BOTTOM) adotando-se uma convenção consagrada na prática de elementos finitos. Em resumo, o topo e o fundo da chapa. Todas as estruturas tubulares foram modeladas dessa forma.

- Foi feita a representação detalhada da estrutura do ônibus por intermédio do modelo de cascas, de modo a representar as ações localizadas que causam altas flexões locais nos pontos de transição, pois as transferências locais de cargas das ligações da estrutura que causam "mordidas" nas chapas que transmitem esses esforços geram, na simples transição de uma espessura, mudanças bruscas de tração para compressão, o que, do ponto de vista de fadiga, constitui um fato extremamente inconveniente, e, como sabemos, é nesses locais de transição que ocorrem falhas por fadiga na estrutura, e neste caso em estudo, essa condição fica evidente. Daí o conceito clássico de projeto em regiões de transição estrutural, que orienta o projeto no sentido de chapas sob ação local de carga jamais trabalhem sob tração-compressão local, ou seja, "*AVOID BENDING MOMENTS*".

- É interessante, entretanto, que as regiões que estão sob altas tensões de flexão sejam reforçadas localmente não por simples aumento de espessura, mas pela colocação de reforços locais que recebam a carga atuante no próprio plano dos reforços, de sorte a se evitar flexões locais acentuadas.

Levando-se em conta a ocorrência de fenômenos locais de flexão nas chapas, a malha de elementos finitos deve ser suficientemente fina para que os cálculos das tensões de flexão possam ser avaliados corretamente.

As características do modelo estrutural são mostradas na Tabela 3.6.

TABELA 3.6 – Características dos modelos de elementos finitos truque	
Entidades	**Modelo completo**
Nós	1.645.918
Elementos de casca	1.626.661
Elementos sólidos	0

TABELA 3.6 – Características dos modelos de elementos finitos truque	
Entidades	**Modelo completo**
Elementos rígidos	714
Elementos de viga	218
Elementos de massa concentrada	63
Elementos de mola	0
Elementos de gap	0

Foram estabelecidos dois conceitos importantes que norteiam a verificação estrutural do ônibus e que estão presentes de forma geral ao se estabelecer os critérios de falha para qualquer estrutura objeto de análise. Escoamento do material, instabilidade da estrutura e iniciação de trinca na estrutura. O primeiro desses conceitos (escoamento do material e instabilidade da estrutura) é adotado na verificação quanto ao critério de pico e no critério de flambagem. O segundo conceito (iniciação de trinca na estrutura) é adotado na verificação quanto ao critério de fadiga.

CARREGAMENTO DE PROJETO E CONDIÇÕES DE CONTORNO

A definição de um critério de carregamento para um componente deve ser baseada na experiência acumulada pelas diversas áreas envolvidas no desenvolvimento daquele componente. No âmbito mecânico, o projeto de um componente deve considerar os carregamentos medidos experimentalmente ou baseados em alguma relação empírica, o processo de produção e também de montagem. Ou, alternativamente, basear-se em informações de campo do bom comportamento do produto em condições extremas e de possível ocorrência. Deve haver a observação atenta e cuidadosa de que determinado produto tem atendido a todas as condições de uso em tais condições extremas. Em um histórico nas diversas aplicações práticas registradas, nenhuma ocorrência de acidente ou falha foi observada.

O próximo ponto considera os carregamentos de projeto. Os esforços no componente podem surgir provenientes de vários carregamentos diferentes e que são representativos da solicitação desse tipo de componente. Na impossibilidade de se prever todos os possíveis carregamentos, surgem então os carregamentos de projeto.

Na definição dos carregamentos de projeto, são idealizados os máximos carregamentos a que um componente poderia estar sujeito durante sua vida. Usualmente, testes experimentais, levantamento de ocorrências em campo etc., são utilizados para auxiliar sua determinação.

As condições de trabalho e carregamentos estabelecidos pela experiência de funcionamento do equipamento contemplam:

- Carregamento estático submetido à aceleração vertical de 3,5G.
- Carregamento estático submetido à aceleração lateral (direita/esquerda) de 0,5G.
- Carregamento estático submetido à torção do conjunto por meio do deslocamento das rodas diagonais no valor de 200mm.
- Carregamento de fadiga para cálculo de durabilidade, submetido às variações de aceleração vertical entre +1G/+2,3G.
- Carregamento de fadiga para cálculo de durabilidade, submetido às variações de aceleração lateral entre -0,5G/+0,5G.
- Carregamento de fadiga para cálculo de durabilidade, submetido às variações de deslocamento das rodas diagonais entre os valores de 0 a 100mm.
- Cálculo de tombamento: deformações e tensões na estrutura da carroceria após o impacto com o solo, de acordo com norma proposta.

Para este estudo, foram considerados três casos de carregamentos, que levam em conta situações de funcionamento do equipamento. Para o presente projeto, todos os casos analisados consideram os acentos carregados de 65kg (massa equivalente por passageiro) o bagageiro carregado com 100kg/m^3.

FIGURA 3.36 – Carregamento caso 1.

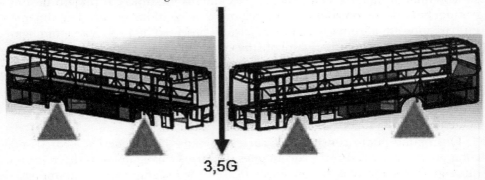

A primeira condição (caso 1), mostrada na Figura 3.36, é a submissão da estrutura a uma aceleração vertical. Com sentido de cima para baixo, apresenta o valor de 3,5G (-Y). A estrutura é fixada nas regiões de contato das rodas com o chão.

Na segunda condição (caso 2), mostrada na Figura 3.37, é aplicada à estrutura uma aceleração de 0,5G (-X) lateralmente, com sentido da esquerda para a direita, além da aceleração vertical de 1 G (-Y) representando o peso próprio da estrutura. O ônibus é fixado nas regiões de contato das rodas com o chão.

FIGURA 3.37 – Carregamento caso 2.

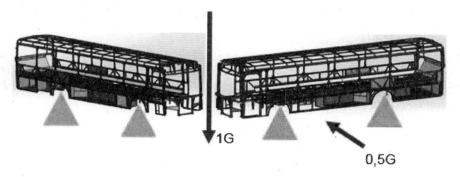

Na terceira condição (caso 3), mostrada na Figura 3.38, é aplicada à estrutura uma aceleração de 0,5G (+X) lateralmente, com sentido da direita para a esquerda, além da aceleração vertical de 1G (-Y) representando o peso próprio da estrutura. A estrutura é fixada nas regiões de contato das rodas com o chão.

FIGURA 3.38 – Carregamento caso 3.

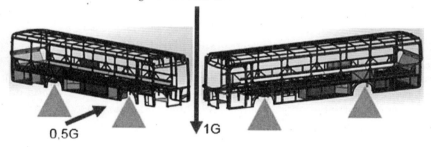

Na quarta condição (caso 4), mostrada na Figura 3.39, é feito um ensaio de *"Body Twist"*. Ela contempla a torção da estrutura em geral, submetendo rodas alternadas (ex.: esquerda dianteira e direita traseira) à elevação de 200mm, enquanto as outras continuam em contato com o solo.

FIGURA 3.39 – Carregamento caso 4.

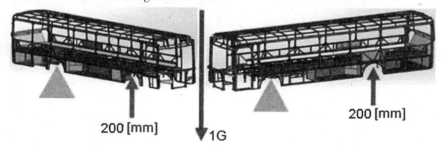

Para o critério de fadiga estrutural (casos 5, 6 e 7), foram considerados dois casos de ciclos de carregamentos, que levam em conta situações de funcionamento do equipamento. Considera-se válida uma variação de até 0,10 no índice de falha, devido à severidade das acelerações consideradas.

Na quinta condição (caso 5), mostrada na Figura 3.40, há a aplicação de uma aceleração vertical, que oscila entre as intensidades de 1G e 2,3G (-Y). A estrutura é fixada nas regiões de apoio entre as rodas e o chão. Será analisada sua tensão em relação ao seu Índice de Falha.

FIGURA 3.40 – Carregamento caso 5.

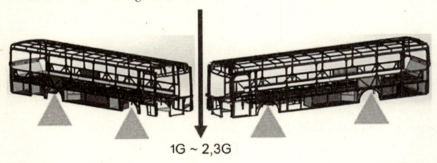

Na sexta condição (caso 6), mostrada na Figura 3.41, é aplicada uma aceleração lateral para a esquerda e para a direita, que oscila entre -0,5G e 0,5G (X). A estrutura é simultaneamente submetida à aceleração de 1G (-Y) vertical para baixo, representando o peso próprio da estrutura. A estrutura é fixada nas regiões de apoio entre as rodas e o chão. Será analisada sua tensão em relação ao seu Índice de Falha.

FIGURA 3.41 – Carregamento caso 6.

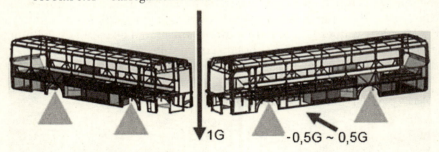

Na sétima condição (caso 7), mostrada na Figura 3.42, a estrutura é fixada em rodas alternadas e submetida à elevação das outras duas em um valor de 100mm (+Y), ciclando entre esse carregamento e sua condição de repouso carregado. A estrutura é simultaneamente submetida à aceleração de 1G (-Y) vertical para baixo (peso próprio). Será analisada sua tensão em relação ao seu Índice de Falha.

FIGURA 3.42 – Carregamento caso 7.

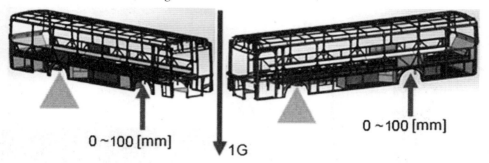

VALORES ADMISSÍVEIS DE TENSÃO/DEFORMAÇÃO
Critério de escoamento do material

Para as condições de pico, todos os pontos da estrutura foram aprovados. Primeiramente, tem-se o critério de pico para flexão, em que o ônibus é submetido a uma alta aceleração vertical (3,5G) fazendo com que a estrutura trabalhe e sofra flexão de modo extremo, prevendo possíveis situações em pista. Para os casos 2 e 3 (carregamentos laterais — 0,5G), não foram constatadas regiões que ultrapassem o limite de escoamento do material, e desta forma, podemos concluir que a estrutura do ônibus está aprovada para essa condição. Um exemplo das tensões de von Mises atuantes para o caso 1 é apresentado na Figura 3.43.

FIGURA 3.43 – Vista lateral da estrutura do ônibus – tensões de von Mises (caso 1).

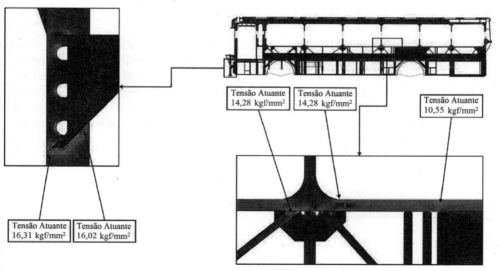

FIGURA 3.44 – Vista lateral estrutura ônibus – tensão de von Mises (caso 4).

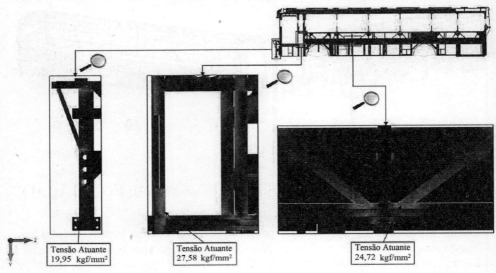

O caso 4 contempla a torção da estrutura em geral (Figura 3.44) e normalmente exige muito da estrutura de veículos. O critério de pico para torção consiste na submissão de suas rodas alternadas (ex.: esquerda dianteira e direita traseira) à elevação de 200mm, enquanto as outras continuam em contato com o solo, simulando a entrada de uma roda em um buraco, terreno íngreme ou outra situação extrema de pista. Para tal requisito, não foram constatadas regiões que ultrapassem o limite de escoamento do material.

Critério de fadiga

Com relação ao critério de falha por fadiga, considera-se admissível um valor excedente de até 10 % no cálculo de índice de falha, levando em conta que os critérios utilizados são muito conservadores. Para o caso 5 (ciclo 1G/2,3G em Y), caso 6 (ciclo -0,5G/+0,5G em X) e caso 7 (ciclo 0/100mm de elevação), não existem tensões que ultrapassam os valores admissíveis corrigidos de fadiga. Logo, a estrutura não falhará por fadiga. A Figura 3.45 apresenta o fator de segurança contra falha por fadiga para o caso 7.

FIGURA 3.45 – Estrutura ônibus – Critério Fadiga (caso 7).

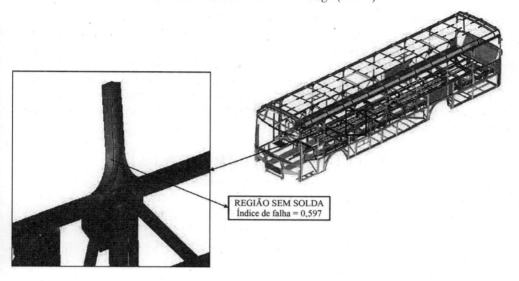

REGIÃO SEM SOLDA
Índice de falha = 0,597

Critério de falha por tombamento

Com relação ao critério de falha por tombamento, o cálculo da estrutura submetida à condição de *roll over*, levou-se em consideração para a elaboração desta análise a norma SANS (South African National Standard) 1563:2005 Edition 1.1. Analisou-se a condição de tombamento para toda a seção da estrutura, seguindo as orientações dessa norma e obtendo como resultado o enquadramento da estrutura nos requisitos exigidos pela referida norma (Figura 3.46).

FIGURA 3.46 – Seção do ônibus antes do capotamento e deformada após o capotamento (vista frontal).

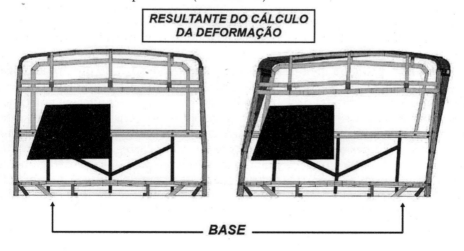

RESULTANTE DO CÁLCULO DA DEFORMAÇÃO

BASE

ATUALIZAÇÃO DO PROJETO

Vale ressaltar que o critério de cálculo considera como base em diversas aplicações semelhantes um ENVELOPE DE CARREGAMENTOS que analisa, para as condições de pico e de fadiga, os carregamentos de flexão e de torção, que, a rigor, estão presentes de forma simultânea quando o veículo trafega em pista "regular" e em pista com diversas irregularidades. Os valores das tensões e fatores de segurança gerados na análise pelo método dos elementos finitos indicam que a estrutura está em segurança e, portanto, aprovada, prevendo-se um bom comportamento estrutural.

AVALIAÇÃO EXPERIMENTAL

Para validar a análise estrutural, fazem-se necessários testes experimentais estáticos e também em pista. O critério experimental consiste na avaliação física da estrutura do veículo, submetendo-o a ensaios estáticos com base nos "casos 1, 2, 3 e 4" adotados para o carregamento de projeto e também ensaios de trafegabilidade, com o intuito de validar e comprovar a eficiência e precisão do método virtual.

Para validar o modelo, podemos fazer uma comparação entre os dados adquiridos experimentalmente e os obtidos por meio das análises do modelo em MEF. É importante destacar que, em determinados pontos, as tensões encontradas experimentalmente podem ser inferiores às do modelo virtual. Isso se deve ao fato de que o modelo se baseia em um envelope de carga, onde se espera que as tensões obtidas nos ensaios sejam sempre menores ou iguais.

Propagação das tensões experimentais

Fixando os *"strain gauges"* na estrutura, o peso próprio dela não é contabilizado (os extensômetros estão zerados quando a estrutura já está montada, ou seja, eles não conseguem medir as deformações provenientes do peso próprio do conjunto). Portanto, as tensões obtidas por meio dessas medições são referentes apenas aos carregamentos. Dessa forma, necessitamos modificar a curva obtida com o ensaio para obter o valor da tensão total (contabilizando o carregamento do peso próprio).

Para isso, primeiramente estipulou-se um novo eixo y, no quadrante negativo, no ponto -11500 (valor em kg do peso próprio da estrutura), mostrado na Figura 3.47. Feito isso, foi prolongada a curva para os quadrantes negativos até que ela interceptasse o novo eixo. O valor obtido de tensão no novo eixo foi somado ao valor obtido inicialmente. A curva da parte direita do gráfico representa os valores obtidos pelo *strain gauge* para os carregamentos, a curva da esquerda representa a projeção feita posteriormente para obter o carregamento total (com o peso próprio). Os valores são meramente ilustrativos. Lembrando que, para obter o valor total de tensão, é preciso somar o valor de tensão inicial com o valor obtido através do prolongamento em relação ao eixo zero.

FIGURA 3.47 – Representação do método para obter o valor total (peso próprio + carregamentos).

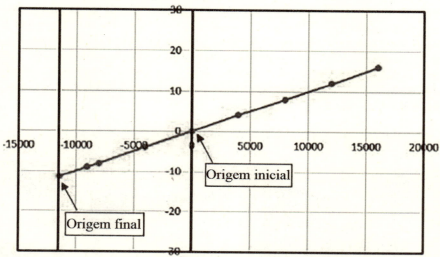

Ensaios experimentais

Carregamento estático e ensaio de trafegabilidade

As medições das grandezas de interesse foram realizadas em quatorze regiões distintas da estrutura do ônibus, com os objetivos que seguem:

- Avaliação das tensões mecânicas em quatorze pontos da estrutura (sensores identificados pelas letras A até O), definidos por meio da análise de MEF. Essas medições, realizadas a fim de avaliar o comportamento mecânico dos referidos pontos em condições de operação, foram executadas utilizando-se técnicas de extensometria.
- Avaliação do comportamento vibracional em dois pontos da estrutura definidos pela análise de MEF. Essas atividades foram realizadas utilizando-se técnicas convencionais de acelerometria.

Sistema de aquisição de sinais

Os sistemas comerciais utilizados nas atividades de aquisição dos parâmetros de deformações específica e de aceleração são compostos por uma unidade de aquisição de dados dotada de placas condicionadoras de sinais com número de canais adequados para essa aplicação específica e *softwares* especializados para a aquisição de sinais e para o tratamento dos dados. Muitos sistemas comerciais estão disponíveis, e suas especificações, bem como a dos extensômetros e acelerômetros, estão fora do escopo deste livro. Os sensores elétricos para deformação específica determinam as deformações superficiais. São extensômetros elétricos (*strain gauges*) uniaxiais, biaxiais e triaxiais com as seguintes características técnicas: filme metálico de Constantan sobre base de poliamida; autocompensação para temperatura; resistência nominal de 120 Ω; fator de sensibilidade (*gauge factor*) de 2.1; dimensões da grelha (fole) de 6,5 x 3,05mm. Esses extensômetros foram fixados seguindo pontos definidos pela análise de MEF, como mostrado na Figura 3.48.

FIGURA 3.48 – Detalhe da fixação dos *strain gauges*.

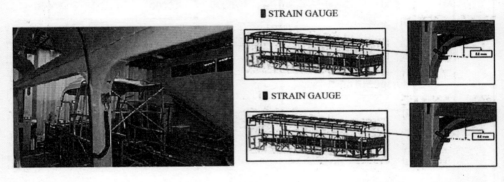

Os procedimentos para o ensaio de carregamento recomendados seguem as seguintes etapas:

- Definição dos pontos de instrumentação presentes em projeto.
- Marcação dos pontos, atentando para o meio do perfil.
- Tratamento da superfície para a fixação do transdutor de deformação (extensômetro).
- Fixação do transdutor na estrutura, deixando o mais paralelo possível para uma melhor medição dos esforços.
- Fixação dos terminais, para a união do transdutor com os cabos de instrumentação.
- União com solda entre o transdutor e o terminal.
- União com solda entre o cabo de instrumentação e o terminal.
- Aferição do sinal elétrico utilizado multímetro, para detectar possíveis problemas no transdutor.
- Aplicação de resina epóxi para a proteção do transdutor.
- Conexão dos cabos de instrumentação previamente instalados ao sistema de aquisição de dados.
- Início da coleta de dados.

- Leitura do sinal de deformação antes do carregamento, para ser verificado o comportamento natural da estrutura.
- Leitura do sinal durante o carregamento.
- Ao fim de cada etapa, a leitura permanece por mais um período de tempo, para que se possa verificar o comportamento da estrutura.
- Fim da coleta de dados.

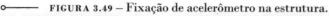

FIGURA 3.49 – Fixação de acelerômetro na estrutura.

Os sensores para medição de acelerações estruturais e verificação do comportamento dinâmico da estrutura são 2 acelerômetros com faixa de operação de -16 g até +16 g, onde "g" significa a aceleração da gravidade. A Figura 3.49 ilustra a fixação de um acelerômetro.

Ensaio estático

O ensaio estático tem como objetivo averiguar as tensões atuantes na carroceria do carro durante o carregamento e ensaio de rampa. Para isso, utilizam-se transdutores elétricos de deformação — extensômetros — em pontos definidos pela análise de MEF. Para o ensaio de carregamento, utilizaram-se sacos de areia de 20kg de massa. Carregou-se o veículo em 5 etapas, colocando-se um quinto da carga em cada etapa até atingir a carga plena. O mesmo ocorreu com a carga referente aos bagageiros. O total da carga é de 4.610kg, mais a massa do veículo, de 9.140kg, chegando à carga total de 13.750kg. Na Figura 3.50 apresentam-se imagens do veículo sendo carregado no decorrer das respectivas etapas.

FIGURA 3.50 – Carregamento da estrutura do ônibus.

No ensaio estático de carregamento, foram medidos os esforços na carroceria em cada etapa, registrando-se como sinal válido no experimento o que obteve o maior valor acusado no sensor depois de breve intervalo necessário para a estabilização do sinal.

Ensaio de rampa

O ensaio de rampa é executado aplicando o veículo sobre rampa metálica de 200mm de altura na configuração de elevação das rodas diagonais, para o veículo descarregado e carregado, totalizando quatro situações distintas de ensaio (Figura 3.51). O objetivo é comparar as medições com os resultados obtidos do cálculo de torção dos modelos MEF:

- Veículo descarregado — eixo dianteiro — lado direito/eixo traseiro — lado esquerdo.
- Veículo descarregado — eixo dianteiro — lado esquerdo/eixo traseiro — lado direito.
- Veículo carregado — eixo dianteiro — lado direito/eixo traseiro — lado esquerdo.
- Veículo carregado — eixo dianteiro — lado esquerdo/eixo traseiro — lado direito.

FIGURA 3.51 – Ensaio de rampa.

Nos ensaios de rampa, é monitorado todo o procedimento de subida e descida do veículo, gerando um espectro de tensões mecânicas que apontam o comportamento nos respectivos pontos instrumentados desde o arranque do veículo até a parada sobre a rampa, incluindo breve intervalo de tempo necessário para estabilização do sinal.

Ensaio de trafegabilidade

O ensaio de trafegabilidade tem como objetivo avaliar a magnitude das tensões mecânicas e acelerações relativas em pontos específicos da carroceria do carro em estudo, verificando a conformidade dos valores durante os ensaios com relação às propriedades mecânicas do material utilizado. A Figura 3.52 apresenta a rota da pista e suas características por meio das legendas. A pista tem 1,1km de extensão, com subidas e descidas íngremes, valetas diagonais de mais de 250mm de profundidade e curvas acentuadas, e a máxima velocidade obtida é de 40km/h. O tempo necessário para conclusão é de 3 minutos e 10 segundos.

Os procedimentos para o ensaio de trafegabilidade foram divididos nas seguintes etapas executivas:

- Inspeção e análise dos extensômetros previamente instalados.
- União dos extensômetros aos cabos de medição.
- Fixação das bases de acoplamento rápido para os acelerômetros.
- Posicionamento dos acelerômetros nas bases de acoplamento rápido.

FIGURA 3.52 – Pista de testes.

- Conexão dos cabos dos extensômetros e acelerômetros ao sistema de aquisição de dados.
- Comunicação entre sistema de aquisição de dados e *software* de controle.
- Aferição dos acelerômetros realizada com a orientação do eixo X com o eixo principal da carreta.

- Início da coleta de dados.
- Início do monitoramento — 5 voltas — velocidade máxima: 40km/h.
- Fim da coleta de dados.
- Pré-processamento dos dados com o uso de filtros passa-baixa e geração dos valores de tensão (a partir dos dados de deformação) e aceleração.
- Determinação dos valores máximos, mínimos, médios e médias modulares.

Durante os ensaios monitorados de trafegabilidade, são gerados espectros de tensões mecânicas e acelerações medidos nos pontos instrumentados. Os espectros de tensão mecânicas e as acelerações estão divididos ao redor da pista. Para reduzir ruídos e interferências, foi utilizado um filtro passa-baixa de 100Hz.

O processamento dos dados está organizado de acordo com cada ferramenta estatística para facilitar a interpretação dos resultados. Tais ferramentas são: máximo valor obtido, mínimo valor obtido, amplitude, média e média modular dentro do período do ensaio executado. No caso do ensaio de trafegabilidade, o período do ensaio é o de uma volta.

Foram processadas também as séries temporais dos valores máximos e mínimos das situações ensaiadas de cada ponto instrumentado, apontando a variação de tensões mecânicas em função do período da volta mais severa de cada pista. Um exemplo é apresentado na Figura 3.53.

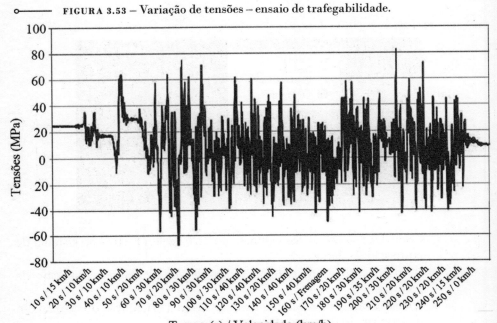

FIGURA 3.53 – Variação de tensões – ensaio de trafegabilidade.

São registrados e avaliados os valores de tensão e aceleração obtidos em cada etapa de carregamento para os ensaios estático, de rampa e de trafegabilidade para cada ponto de medição. Os dados estão organizados de acordo com o máximo valor obtido, mínimo valor obtido, amplitude e média em módulo.

Análise dos resultados

ENSAIO ESTÁTICO DE CARREGAMENTO

Para os ensaios de carregamento estático, os sensores de deformação que apontaram maior valor de tensão mecânica ao fim da 5ª etapa foram B, C, I 90º e N de valor de 27 MPa, 28,2 MPa, 28,3 MPa e 19,5 MPa, respectivamente.

ENSAIO ESTÁTICO DE RAMPA

Nos ensaios estáticos de rampa, que carregam a carroceria em torção, as maiores variações de tensão mecânica ocorrem nos sensores A e B nos valores de 132 MPa e 110 MPa, respectivamente, para o ensaio descarregado, tanto para o eixo dianteiro direito quanto para o eixo dianteiro esquerdo.

Para o ensaio de rampa com carga além dos sensores A e B, que apresentaram valores de variação de tensão entorno de 136 MPa, os sensores C, D, H 90, I 90º e N apresentaram valores de tensão entre 40 e 70 MPa. Nota-se que, para o ensaio do eixo dianteiro direito, esses sensores trabalham mais do que para o ensaio do eixo dianteiro esquerdo. Nos demais sensores, ocorre o inverso.

ENSAIO DE TRAFEGABILIDADE

Para os ensaios de trafegabilidade, a volta que apontou maiores variações de tensões mecânicas foi a segunda. Os sensores A e B apontaram valores de 194 e 190 MPa, respectivamente. Na Figura 3.54 apresenta-se o espectro de tensões da segunda volta. Nota-se o comportamento dos sinais em função das características da pista e velocidade do veículo. Esse valor é a máxima amplitude de variação de sinal no decorrer do ensaio. Ao se obter a tensão média ou flutuante, divide-se esse valor por 2, obtendo-se 97 MPa.

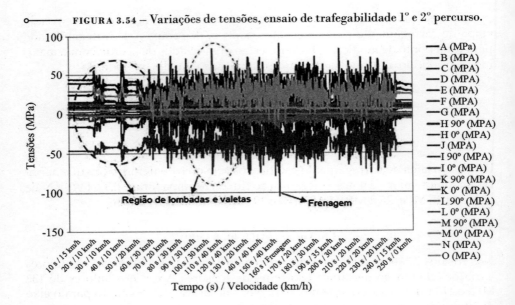

FIGURA 3.54 – Variações de tensões, ensaio de trafegabilidade 1º e 2º percurso.

ACELERAÇÕES

Para os ensaios de trafegabilidade, o acelerômetro que apresenta maiores valores é o sensor 01 de 1,7 g no eixo X e Z na segunda volta.

CONCLUSÃO SOBRE ANÁLISE EXPERIMENTAL

Com base nos dados obtidos nos ensaios, conclui-se que a carroceria do ônibus apresentou maior tensão média ou flutuante de trafegabilidade de valor de 97 MPa, valor esse em torno de 25% da tensão de escoamento do material utilizado na fabricação da carroceria.

CERTIFICAÇÃO FINAL DO PROJETO

O teste experimental do ônibus, que envolve testes estáticos e de trafegabilidade, apresenta resultados satisfatórios e não apresenta pontos de falha na estrutura. Assim, conclui-se que a estrutura está aprovada para os critérios de projeto adotados e apresentados.

Vale ressaltar que o critério de cálculo considera com base em diversas aplicações semelhantes, um ENVELOPE DE CARREGAMENTOS que analisa as condições de pico e de fadiga, os carregamentos de flexão e de torção, que a rigor estão presentes de forma simultânea quando o veículo trafega em pista "regular" e em pistas com diversas irregularidades.

A análise experimental evidencia que, nos pontos escolhidos para medição, em função dos resultados máximos do modelo em elementos finitos do veículo, os valores medidos de deformação específica nesses pontos estão abaixo dos valores extremos do envelope, prevendo-se, portanto, um bom comportamento estrutural.

A escolha desses pontos de forma mais seletiva se deu em função do alto grau de detalhamento e refinamento do modelo da estrutura. Modelos mais simples, tais como elementos de viga do ônibus, não permitiriam uma leitura tão acurada a partir do protótipo virtual (modelo MEF) e teriam repercussão em um enorme número de *strain gauges* em função de apresentarem apenas tensões nominais. Por prever virtualmente cargas próximas ou, em casos extremos, superiores às do experimento, temos o modelo de MEF validado, e pode ser utilizado como parâmetro de dimensionamento.

ANÁLISE ESTRUTURAL DA TRAVESSA DE CARGA DE TRUQUE DE CARRO DE PASSAGEIROS

Na sequência, será apresentado um exemplo de aplicação avaliando a travessa de carga de um truque de carro de passageiros, compreendendo as etapas da terceira fase do método de desenvolvimento proposto.

MODELO DE CÁLCULO E CRITÉRIOS DE FALHA

No presente estudo, pretende-se avaliar o comportamento da travessa de carga do truque de carros de passageiros para os carregamentos que reproduzam a possível situação mais crítica de solicitação, de acordo com as condições que foram objeto de medição em campo. O modelo estrutural é construído com base na geometria do componente em estudo, com o intuito de se levantar o panorama de tensões e deformações. No caso da análise de tensões, os elementos escolhidos devem não apenas representar a rigidez do componente, mas calcular acuradamente a distribuição de tensões nos elementos. A Figura 3.55 mostra a geometria da travessa do truque em análise.

FIGURA 3.55 – Travessa de carga do truque.

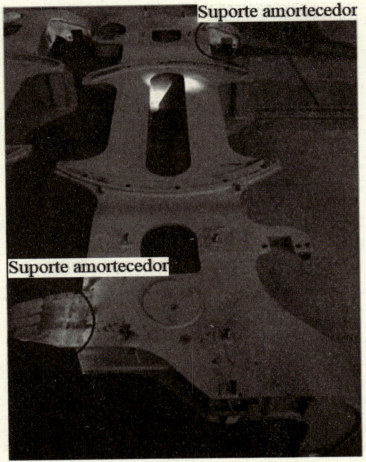

Na Figura 3.56, destaca-se uma região que apresentava falha por fadiga decorrente das ações da força variável que o amortecedor aplicava perpendicularmente à chapa mencionada e mostra-se a região reforçada inicialmente com aumento de espessura. Nessa região, há a ação de carga perpendicular ao plano da chapa e que pode gerar tensões elevadas locais de flexão, sendo inconveniente em condição de ação repetitiva, para a resistência à fadiga. Como na região do "engastamento" da chapa ocorrem tensões máximas devido à flexão e existe junta soldada, a resistência à fadiga fica muito comprometida se os níveis de tensões forem elevados.

FIGURA 3.56 – Região reforçada do truque objeto da análise.

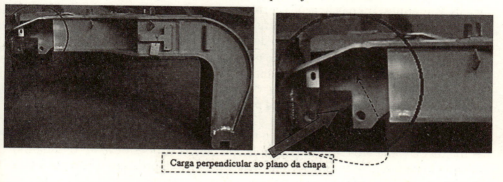

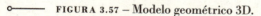

Os elementos representativos das diversas chapas constituintes da travessa de carga, serão modelados por intermédio de elementos finitos isoparamétricos de casca, que são construídos em cima das superfícies médias das diversas chapas (*midsurfaces*).

FIGURA 3.57 – Modelo geométrico 3D.

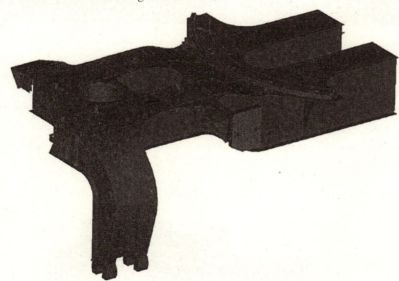

Na Figura 3.57, apresenta-se a representação da geometria das *midsurfaces* com o propósito de geração do modelo em elementos finitos da estrutura do truque por intermédio de elementos de casca — *"thin shell elements"*.

A travessa de carga do truque do carro de passageiros pode ser entendida do ponto de vista primário como uma caixa estrutural, que recebe carga do carro de passageiros. Assim, interessa-nos muito o comportamento das tensões locais, além das tensões primárias dessa caixa que é a travessa. As mencionadas tensões locais se manifestam nas ligações entre chapas quando a transferência de carga se processa de uma chapa para outra e que são perpendiculares entre si. Um caso muito importante é a aplicação de carga que é aplicada pelo amortecedor.

Esse tipo de carga provoca flexão na chapa, destacada na Figura 3.56, e gera tensões de flexões locais que solicitam intensamente o local de fixação dessa chapa no resto da travessa. Tensões de flexões altamente localizadas que têm como consequência elevadas tensões para a vida em fadiga em regiões soldadas são críticas. Esse caso fica claro no diagnóstico das falhas observadas na travessa de carga do truque, que devem ter causado altas tensões de flexão locais. A malha de elementos finitos a ser aplicada nessas regiões deve ter o tamanho adequado para registrar as deformações e tensões com precisão suficiente. Daí a escolha da malha a ser utilizada por elementos de casca.

As características do modelo estrutural dos truques atual e modificado são apresentadas na Tabela 3.7.

TABELA 3.7 – Características dos modelos de elementos finitos travessa do truque

Entidades	Modelo completo
Nós	107.741
Elementos de casca	108.324
Elementos rígidos	50
Elementos de viga	32

As propriedades dos materiais considerados na análise estrutural da travessa de carga dos truques dos carros de passageiros são as mesmas apresentadas na Tabela 3.3. A Figura 3.58 apresenta a malha de elementos finitos.

FIGURA 3.58 – Malha de elementos finitos travessa do truque.

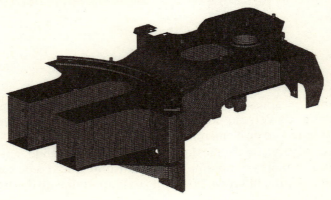

Quanto aos critérios de projeto, foram estabelecidos três conceitos importantes que norteiam a verificação estrutural dos carros e que estão presentes de forma geral ao se estabelecer os critérios de falha para qualquer estrutura objeto de análise. Tais conceitos basicamente cobrem três situações de ocorrência prática: escoamento do material e instabilidade da estrutura, iniciação de trinca na estrutura e propagação da trinca na estrutura.

A seguir serão descritos os critérios a serem aplicados no presente estudo: o critério de pico utilizado tem como base a teoria da máxima energia de distorção (teoria de von Mises-Hencky), e o critério de fadiga tem como base a teoria de von Mises-Hencky-Goodman. A discussão completa desse critério encontra-se em Alves Filho (2015).

Carregamento de projeto e condições de contorno

A Figura 3.59 apresenta as condições de contorno utilizadas, mostrando as restrições impostas ao movimento no plano horizontal conforme mostrado no detalhe e as condições de apoio para a simulação da ação das bolsas na travessa de carga como reação ao peso da caixa carregada.

FIGURA 3.59 – Condições de contorno: vinculação.

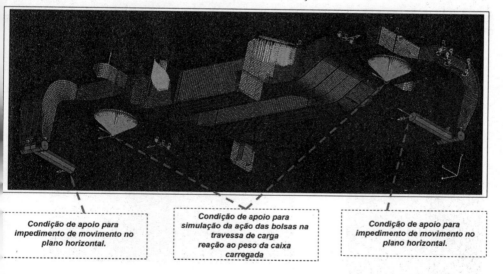

Condição de apoio para impedimento de movimento no plano horizontal.

Condição de apoio para simulação da ação das bolsas na travessa de carga reação ao peso da caixa carregada

Condição de apoio para impedimento de movimento no plano horizontal.

A Figura 3.60 apresenta os carregamentos utilizados: carregamento decorrente das ações do ampara balanço (200kgf em cada região); carregamento decorrente da ação da caixa carregada; carregamento decorrente da ação do amortecedor próximo à região na qual se observou a falha do componente (valor em cada suporte de 300kgf). A Figura 3.61 apresenta o detalhamento do carregamento apresentado na Figura 3.60. A Figura 3.62 apresenta o carregamento decorrente da ação do amortecedor, próximo à região na qual se observou a falha do componente. Neste caso, o conhecimento das cargas devido à ação do amortecedor permitiu definir um envelope de cargas para propósito de cálculo de fadiga. Além das cargas decorrentes da ação do carro de passageiros, temos a carga do amortecedor que oscila.

FIGURA 3.60 – Carregamentos utilizados.

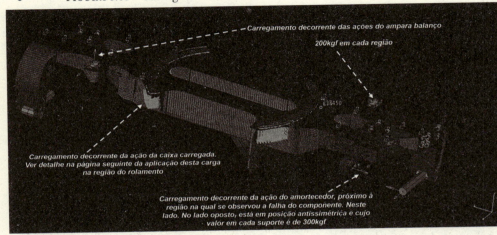

FIGURA 3.61 – Detalhamento do carregamento.

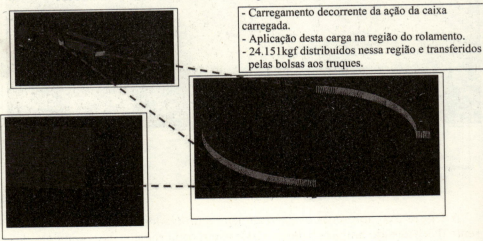

FIGURA 3.62 – Carregamento decorrente da ação do amortecedor.

As restrições aplicadas nos modelos simulam a condição de trabalho da travessa de carga dos truques, levando-se em conta as fixações da travessa de carga na estrutura do truque do carro de passageiros. Os detalhes dessas fixações serão definidos a partir das medições fornecidas, de sorte a se considerar, em função da experiência de operação do carro de passageiros, como os carregamentos se inserem na estrutura objeto de análise e como a travessa reage em função da vinculação com a estrutura do truque que a suporta.

QUADRO DE REVISÃO 3.2: CARREGAMENTO DINÂMICO

Algumas observações sobre os carregamentos dinâmicos, cuja teoria é detalhada em Alves Filho (2008), merecem destaque.

Carregamentos que darão subsídios ao cálculo dinâmico e fadiga com amplificação dinâmica são variáveis com o tempo e representam variações irregulares e que não correspondem a amplitudes constantes. Esses carregamentos são eventos semelhantes àqueles representados na figura a seguir. A partir deles, será avaliado o dano cumulativo para o evento considerado e, por extensão, será avaliada a condição de fadiga da estrutura.

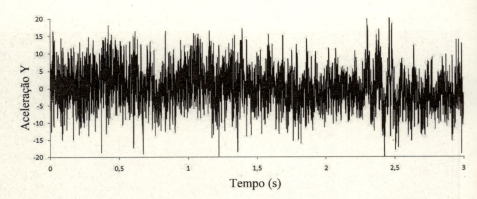

Portanto, os carregamentos para verificações de resistência à fadiga consideram o ciclo de carregamento variável de acordo com as medições em via e que serão fornecidos como subsídios para análise.

CONSIDERAÇÕES SOBRE A ANÁLISE DINÂMICA

O cálculo da resposta dinâmica quando uma estrutura é excitada pela ação dos carregamentos obtidos a partir de medições em campo merece algumas considerações, como a análise de modos e frequências naturais de vibração.

O controle de vibração em elementos mecânicos pode ser abordado em termos de análise preventiva com base em um critério de ressonância e, posteriormente, na avaliação da resposta dinâmica para um carregamento dinâmico conhecido e medido na via.

Ao se proceder a análise de modos e frequências naturais de um componente ou de um sistema constituído de diversos componentes, os resultados obtidos a partir das características próprias da rigidez e inércia permitem estabelecer quais frequências de excitação poderiam ser perigosas na operação do sistema, ou seja, deve-se evitar a coincidência entre frequência de excitação e frequência natural do sistema analisado.

Em particular, para o caso da travessa de carga do truque objeto de análise, a discretização pelo método dos elementos finitos considera um número bastante grande de graus de liberdade, e são determinadas diversas frequências naturais e os correspondentes modos de vibrar.

Sendo cada uma das alternativas analisadas excitadas pela não uniformidade do carregamento e pelas excitações externas em geral provenientes da via, que correspondem a uma excitação de vários harmônicos, é praticamente impossível evitar que nenhuma frequência natural coincida com nenhuma frequência de excitação. Entretanto, algumas frequências de excitação em confronto com algumas frequências naturais da estrutura podem se transformar em problemas.

Assim, em uma primeira análise, convém ressaltar os seguintes pontos que caracterizam os problemas vibratórios, e que serviriam como um roteiro para a tomada de decisões no processo de análise de resultados a ser desenvolvido posteriormente:

○ Excessivas amplitudes de vibração são causas de problemas estruturais;
○ As amplitudes de vibração tornam-se excessivas para as frequências de ressonância, ou faixas críticas de frequência. Em adição, deve-se considerar que os harmônicos mais baixos da excitação são os de maiores amplitudes.
○ Frequências críticas ou ressonantes são atingidas quando se igualam a uma das frequências naturais da estrutura.
○ A capacidade de amortecimento limita a amplitude na faixa de ressonância. Em adição, deve-se considerar que os modos mais altos (de maiores frequências naturais) da estrutura são mais amortecidos.

Em função das observações anteriores, a solução conceitual do problema de vibração considerando inicialmente a abordagem preventiva, dentro apenas do escopo da análise de modos e frequências naturais da estrutura dos componentes ou do conjunto, conduz ao seguinte critério de ressonância:

○ As faixas mais perigosas de operação situam-se entre os primeiros modos de vibrar de baixa ordem da estrutura de cada um dos componentes analisados e os harmônicos de mais baixa ordem da excitação, de forma geral. Entretanto, nos casos mais gerais, a necessidade de uma análise dinâmica a partir do conhecimento das excitações pode se tornar fundamental, transcendendo o escopo de uma análise meramente preventiva.
○ Em se tratando de modos de deformação elástica, como é o caso da alternativa analisada, deve-se manter a frequência de excitação em valores baixos, ao se comparar com as frequências naturais, ou seja, elevar as frequências naturais de cada um dos componentes, de modo geral.

Dessa forma, com base nas colocações anteriores, são estabelecidas as condições para se efetuar a análise pelo método dos elementos finitos, que permitiria efetuar as alterações na estrutura do componente analisado, a partir dos resultados de modos e frequências. Assim, à semelhança do que é normalmente estabelecido para a análise estática, temos:

- Conhecimento do comportamento estrutural desejado e formulado por intermédio de um critério de projeto. É importante estabelecer nesse estágio quais frequências são consideradas críticas para o componente, estabelecidas a partir do conhecimento da condição de operação e do sistema ao qual está agregado.
- Conhecimento das propriedades dos materiais constituintes da estrutura do componente.
- Características dos elementos finitos envolvidos na análise.

No presente estudo, pretende-se avaliar o comportamento da alternativa de projeto analisada em termos de vibrações forçadas por intermédio do sinal levantado em medições de campo. A análise modal reflete o comportamento básico da estrutura e a indicação de como ela responderá ao carregamento dinâmico externo, por superposição modal, e que deve constituir subsídio para o estudo de vibrações forçadas.

ANÁLISE DE VIBRAÇÕES FORÇADAS — RESPOSTA DINÂMICA

A partir dos valores determinados de modos e frequências naturais de vibração do conjunto em estudo, e de posse das excitações dinâmicas levantadas em testes efetuados em campo, pode-se proceder à análise de vibrações forçadas no componente, de modo a se avaliar sua resposta dinâmica, e fornecer subsídios para uma avaliação da vida em fadiga do componente em estudo, bem como analisar possíveis amplificações dinâmicas.

Os seguintes procedimentos são utilizados para a análise de resposta forçada:

- Definição da excitação no componente objeto da análise.
- Definição das acelerações impostas ou forças nos pontos de fixação da estrutura no domínio do tempo ou da frequência.
- Definição do amortecimento presente no sistema para cada modo de vibrar, por intermédio do fator de amortecimento, adotando-se, por exemplo, para todos os modos 0,03 (3%) para o amortecimento estrutural.

Avaliação da resposta dinâmica por intermédio das tensões nodais (nodal stresses), de sorte a se levantar o tensor de tensões (stress tensor) para os pontos escolhidos para análise dinâmica de tensões, com base no estudo de modos e frequências que fornece a expectativa de pontos mais solicitados para cada modo de vibrar.

Definição dos pontos para avaliação da resposta dinâmica, o conjunto de resposta (response set).

○ Avaliação dos deslocamentos e tensões para os pontos previamente eleitos.

CRITÉRIO ADOTADO PARA ANÁLISE DE MODOS E FREQUÊNCIAS

O estudo desenvolvido para análise de modos e frequências merece algumas observações em relação às hipóteses admitidas. A existência de alguma frequência natural na região considerada crítica em termos de operação mereceria um estudo de alteração do componente em termos de sua rigidez, de sorte a atender ao critério de projeto.

Portanto, em uma análise mais conservadora, não seria feita a análise de vibração forçada, mas apenas a alteração no componente, para alterar sua frequência natural para valores fora da faixa de excitação. Os conceitos anteriormente expostos justificam a necessidade da análise dinâmica considerando as excitações medidas em campo.

Nas figuras a seguir, de forma esquemática, dois diagramas representam as duas visões do estudo dinâmico estrutural. Verifica-se na primeira figura uma forma preventiva, por intermédio da análise modal e, posteriormente, o que se aplica ao presente estudo, o conceito no qual se assenta a resposta dinâmica a partir das excitações conhecidas e levantadas em campo.

DIAGRAMA 1

Alteração da frequência natural

Enrijecimento da estrutura com aumento da frequência natural

É possível apenas com alterações da estrutura (sem modificações no arranjo) atender ao critério de projeto?

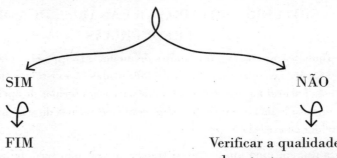

SIM   NÃO

FIM   Verificar a qualidade da resposta da estrutura quando excitado pelo carregamento dinâmico.

Importante tecer análise a respeito das excitações presentes

DIAGRAMA 2

PLANO DE TRABALHO
Estratégia no escopo
do estudo mais geral.

ALTERAÇÃO DA ESTRUTURA
Modificação da estrutura, respeitando dimensões
globais e constraints de arranjo, para obter aumento
substancial de frequência natural, se for o caso.
Na impossibilidade de atender ao passo anterior,
alterar a estrutura de modo a melhor localizá-la, se possível.

No caso de não se pretender alterar
a estrutura em primeira análise, verificar o
comportamento dinâmico da estrutura sob
carregamento dinâmico.

CÁLCULO DA RESPOSTA
Amplificação dinâmica e abordagem de vida em fadiga
Conhecimento de esforços de excitação proveniente das diversas
fontes, por intermédio de critério conhecido ou medições.

VALORES ADMISSÍVEIS DE TENSÃO/DEFORMAÇÃO

Nesta seção, são apresentados os resultados da análise da travessa de carga levando-se em conta a ação de carregamentos obtidos a partir de informações e estudos armazenados fruto de experiências anteriores com projeto desse tipo de sistema, e principalmente levando-se em conta os valores máximos atuantes conhecidos, como é o caso do amortecedor que gera a solicitação causadora da falha. Esses valores máximos referem-se, por exemplo, à capacidade máxima de transmissão de força do amortecedor ao suporte que apresentou falha, podendo até ser tratado como uma condição conservadora e que permite ter um diagnóstico da mudança introduzida em termos de eficiência na solução do problema estrutural de falha local observado.

Os critérios adotados para o componente em estudo procuram, portanto, *"envelopar"* as situações extremas de carregamento, tal como anteriormente citado.

A análise estrutural da travessa de carga do truque foi efetuada com a finalidade de avaliar o comportamento do reforço de 12,5mm que foi introduzido, em substituição à chapa anteriormente utilizada de 8mm e que evidenciou problemas em campo. Após o desenvolvimento das análises da travessa pelo método dos elementos finitos, e da obtenção do panorama de tensões, verificamos que o aumento de espessura de 8mm para 12,5mm proporcionou uma redução da tensão local atuante geradora da falha da ordem de metade do valor original da tensão atuante no componente antes da reforma, indicando que o reforço introduzido proporciona à estrutura um comportamento mais adequado que o arranjo original, mas que merece algumas observações ainda quanto ao comportamento em relação à fadiga que serão efetuadas na conclusão dos estudos.

Foram adotados carregamentos de projeto considerando os máximos valores que poderiam ser obtidos de esforços locais na região dos amortecedores, com base no conhecimento dos valores nominais máximos que esses transmissores de forças locais podem prover. Dessa forma, foi considerada uma repetitividade do carregamento sempre no valor máximo para propósito do estudo de fadiga e entendimento da falha que se verifica em campo. Esse carregamento local ocorre simultaneamente com as cargas máximas provenientes do carro de passageiros e transmitidos à travessa. Dentro dessas hipóteses, podemos, em primeira instância, admitir o conservadorismo dessa abordagem.

Posteriormente, com esse mesmo modelo de elementos finitos, recomenda-se a mesma situação por intermédio dos *inputs* a partir dos sinais de campo, reavaliando-se os valores ora adotados, mas que servem fortemente como um parâmetro de projeto e análise.

Após as análises desenvolvidas dentro das hipóteses mencionadas ficam evidenciados os pontos relacionados a seguir.

Análise da estrutura original t = 8mm

A tensão de von Mises, que é a referência para falha quanto ao escoamento do material, atingiu o seu valor máximo de 25kgf/mm². Essa tensão é muito próxima do limite de escoamento do material. Isso é um indicativo de que, para a posterior análise de fadiga e em região onde há presença de solda, o limite de fadiga da junta soldada sofre drástica redução, a condição de durabilidade fica comprometida. Esses níveis de tensão ocorreram na região de falha (Figura 3.63). O detalhe é apresentado na Figura 3.64.

FIGURA 3.63 – Tensão de von Mises.

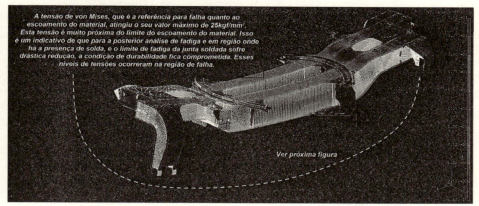

FIGURA 3.64 – Detalhe da falha.

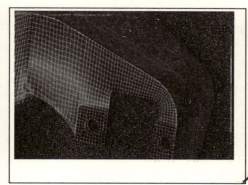
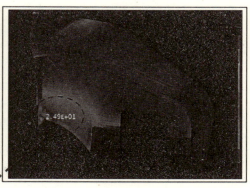

Nesta região, na qual se evidenciou a falha, as tensões de von Mises estão muito próximas do limite de escoamento do material. As tensões de von Mises neste local atingiram 24,9kgf/mm². O limite de escoamento do material é de 25,51kgf/mm². Na próxima página será apresentado o valor da Tensão Máxima Principal que é a Referência para o Cálculo de Fadiga, pois a trinca originada pelo fenômeno de fadiga se propaga perpendicular à direção da tensão máxima principal. Quando o carregamento do amortecedor alterna a sua direção de atuação, a tensão em um mesmo ponto no qual se evidencia o início da falha por fadiga oscila entre o Valor da Tensão Máxima Principal e o Valor da Mínima Principal, com eventual presença de uma Tensão média, que torna a situação mais severa. A partir deste ciclo de fadiga definido, verifica-se o ÍNDICE DE FALHA, para avaliação da Vida em Fadiga. Portanto serão processadas para cada alternativa de projeto duas condições de carga que definam o ciclo de fadiga, e se verificará a integridade da estrutura sob estas condições.

Na região indicada, onde ocorreu a falha, as tensões de von Mises estão muito próximas do limite de escoamento do material. As tensões de von Mises nesse local atingiram 24,9kgf/mm². O limite de escoamento do material é de 25,51kgf/mm².

FIGURA 3.65 – Tensões principais.

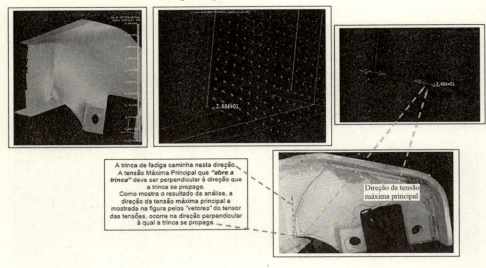

Na Figura 3.65, se apresentam os valores das tensões máximas principais, referência para o cálculo da fadiga, pois a trinca originada pelo fenômeno da fadiga se propaga perpendicular à direção da tensão máxima principal. Quando o carregamento do amortecedor alterna a sua direção de atuação, a tensão em um mesmo ponto no qual se evidencia o início da falha por fadiga oscila entre o valor da tensão máxima principal e o valor da tensão mínima principal, gerando uma faixa de tensões (range). A partir desse ciclo definido, verifica-se o Índice de Falha, para avaliação da vida em fadiga. Os procedimentos de cálculo de fadiga em juntas soldadas é objeto de literatura e cursos específicos.

Portanto, serão processadas para cada alternativa de projeto, duas condições de carga que definam o ciclo de fadiga, e se verificará a integridade da estrutura sob essas condições. O detalhe da Figura 3.65 mostra que a trinca de fadiga "caminha" na direção indicada. A tensão máxima principal que "abre a trinca" deve ser perpendicular à direção em que a trinca se propaga. No detalhe, se mostra ainda que a tensão máxima principal indicada pelos "vetores" do tensor de tensões ocorre na direção perpendicular à qual a trinca se propaga.

A Figura 3.66 apresenta a análise de fadiga da estrutura original para espessura t = 8mm. A análise foi realizada para duas condições de carregamentos que definem o ciclo de fadiga mais crítico, no qual se verifica a alternância dos carregamentos localizados no suporte que recebe a carga do amortecedor. De posse do ciclo de tensões, e consequente faixa de tensões, calcula-se o índice de falha, para vida infinita, com a consideração da redução do limite de resistência à fadiga com a presença da solda. Esse índice de falha deverá ser, no máximo, igual a 1. Essa hipótese considera a ação de amplitudes de tensão constantes e, portanto, é conservadora.

FIGURA 3.66 – Coeficiente de segurança à fadiga.

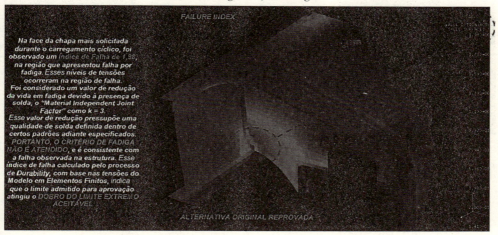

A figura mostra que, na face da chapa mais solicitada durante o carregamento cíclico, foi observado um Índice de Falha de 1.98, na região que apresentou falha por fadiga. Foi considerado um valor de redução da vida em fadiga devido à presença de solda, o *"material independent joint factor"* como k = 3. Portanto, o critério de fadiga não é atendido, e é consistente com a falha observada na estrutura. O limite admitido para aprovação atingiu o dobro do limite extremo aceitável.

Análise da estrutura com espessura t = 12,5mm

Ao se introduzir a chapa de espessura 12,5 mm, foi verificado que o índice da falha sofreu uma acentuada redução de 2 para 1,21 (Figura 3.67). A condição de fadiga, numericamente avaliada pelo Índice de Falha, ainda não atingiu o mínimo necessário para aprovação, embora tenha ocorrido uma substancial redução da solicitação local, que envolve flexão localizada, extremamente inconveniente em locais de transição e que são "catalisadores" para o início do fenômeno de fadiga, pois flexões localizadas geram tensões locais elevadas. Deve-se ter em mente que o presente critério pode ter embutido um caráter conservador devido à consideração de solicitações de amplitude constante e que a avaliação dos sinais de campo pode fornecer subsídios para aprovar o componente com a espessura de 12,5 mm.

FIGURA 3.67 – Tensão de von Mises.

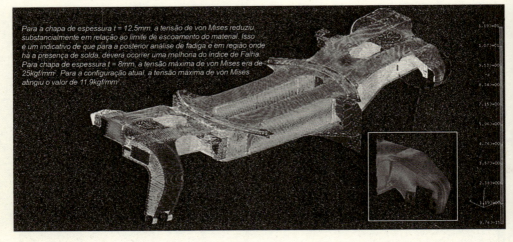

A Figura 3.67 mostra que a tensão de von Mises reduziu substancialmente em relação ao limite de escoamento do material. Isso é um indicativo de que, para a posterior análise de fadiga e em região onde há presença de solda, deverá ocorrer uma melhoria do Índice de Falha. Para a chapa de espessura t = 8mm, a tensão de von Mises era de 25kgf/mm². Para a configuração atual, a tensão máxima de von Mises atingiu o valor de 11kgf/mm² (Figura 3.68).

FIGURA 3.68 – Detalhe tensão de von Mises.

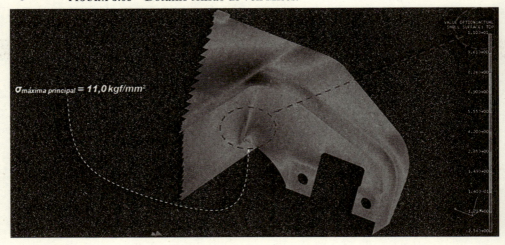

A análise de fadiga considera duas condições de carregamento que definem seu ciclo mais crítico, com alternância dos carregamentos localizados no suporte que recebe a carga do amortecedor. O procedimento é idêntico à alternativa original que apresentou trinca. De posse do ciclo de tensões, e da consequente faixa de tensões, calcula-se o Índice de Falha, para vida infinita, com a consideração da redução do limite de fadiga e a presença de solda, que deverá, no máximo, ser igual a 1,0. Como foi considerada a ação de amplitudes de tensões constantes, poderá haver algum conservadorismo nessa hipótese.

A Figura 3.69 apresenta a face da chapa mais solicitada durante o carregamento cíclico, com Índice de Falha de 1,21, na mesma região que apresentou falha por fadiga antes do aumento da espessura para 12,7mm.

o——— **FIGURA 3.69** – Índice de Falha por fadiga.

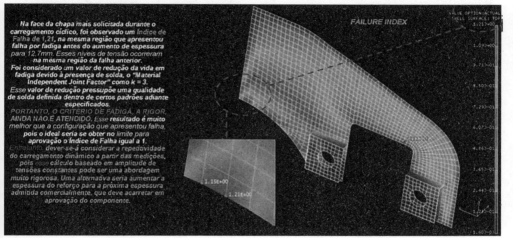

Esses níveis de tensão ocorreram na mesma região da falha anterior. Foi considerado um valor de redução de vida em fadiga devido à presença da solda, o *"material independent joint factor"* com valor k = 3. Como o valor do Índice de Falha é superior a 1, o critério de falha por fadiga ainda não foi atendido. No entanto, considera-se que o cálculo baseado em amplitude de tensões constantes é uma abordagem muito rigorosa. Uma alternativa para diminuir o valor do Índice de Falha é aumentar a espessura do reforço para a próxima espessura comercial.

Análise da estrutura com espessura t = 15,88mm

Em função do critério ora adotado e anteriormente mencionado, foi desenvolvida uma nova análise, considerando-se a espessura de 15,88mm para a chapa objeto de estudo. Neste caso, o Índice de Falha é igual a 0,79, o que evidencia o atendimento ao critério de fadiga (Figura 3.70). Essa alternativa aprova o componente neste critério.

FIGURA 3.70 – Índice de Falha por fadiga t = 15.88 mm.

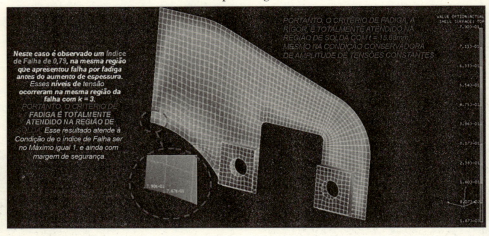

Estrutura alternativa com aba no local de fixação do reforço e t = 12,5mm

Finalmente, foi desenvolvida mais uma análise, introduzindo-se uma aba de reforço na parte inferior da chapa (Figura 3.71) e que já foi construída com espessura 12,5mm, na tentativa de aprovar o componente atual já montado com espessura 12,5mm. Neste caso, para a chapa de espessura de 12,5mm, e com a introdução de uma aba/flange local, o Índice de Falha é igual a 0,70, o que evidencia o atendimento ao critério de fadiga (Figura 3.72), no local anteriormente sujeito à falha estrutural. Essa alternativa aprova o componente neste critério de carga.

FIGURA 3.71 – Aba de reforço.

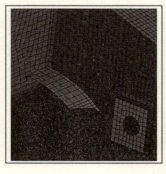
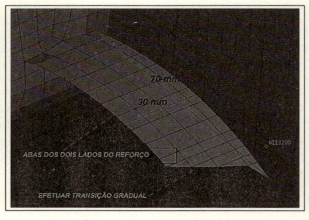

FIGURA 3.72 – Índice de Falha por fadiga estrutura com aba.

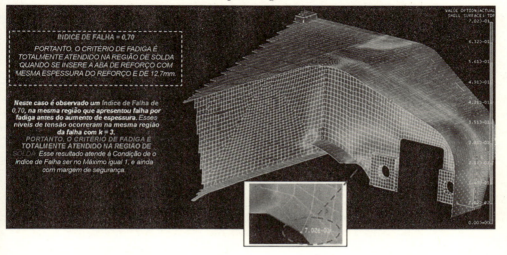

Conclusões do processo de análise estrutural

A análise estrutural da travessa de carga do truque foi efetuada com a finalidade de avaliar o comportamento do reforço de 12,5mm que foi introduzido, em substituição à chapa anteriormente utilizada, de 8mm, e que evidenciou problemas em campo. Foram adotados carregamentos de projeto, considerando os máximos valores que poderiam ser obtidos de esforços locais na região dos amortecedores, com base no conhecimento dos valores nominais máximos que esses transmissores de forças locais podem prover. Dessa forma, foi considerada uma repetitividade do carregamento sempre no valor máximo para propósito do estudo de fadiga e entendimento da falha que se verifica em campo. Esse carregamento local ocorre simultaneamente com as cargas máximas provenientes do carro de passageiros e transmitidos à travessa. Dentro dessas hipóteses, podemos, em primeira instância, admitir o conservadorismo dessa abordagem. Após as análises desenvolvidas, ficam evidenciados os seguintes pontos:

1. A estrutura com o reforço local de 8mm não atende ao critério de fadiga na região de solda, e os níveis de tensões nessa região do modelo estão compatíveis com a falha ocorrida nessa mesma região. Do ponto de vista de fadiga, o Índice de Falha, cujo valor máximo não pode ser maior do que 1, atinge o valor em torno de 2, o que evidencia a situação crítica local para esse tipo de falha que a análise comprova e é coerente com o fenômeno observado em campo.

2. Ao se introduzir a chapa de espessura 12,5mm, foi verificado que o Índice de Falha sofreu uma acentuada redução de 2 para 1,21. A condição de fadiga, numericamente avaliada pelo Índice de Falha, ainda não atingiu o mínimo necessário para aprovação, embora tenha ocor-

rido uma substancial redução da solicitação local, que envolve flexão localizada, extremamente inconveniente em locais de transição e que são "catalisadoras" para o início do fenômeno de fadiga, já que flexões localizadas geram tensões locais elevadas. Deve-se ter em mente que o presente critério pode ter embutido um caráter conservador devido à consideração de solicitações de amplitude constante, e que a avaliação dos sinais de campo pode fornecer subsídios para aprovar o componente com a espessura 12,5mm.

3. Em função do critério ora adotado e anteriormente mencionado, foi desenvolvida uma nova análise, considerando-se a espessura de 15,88mm para a chapa objeto de estudo. Neste caso, o Índice de Falha é igual a 0,79, o que evidencia o atendimento ao critério de fadiga. Essa alternativa aprova o componente neste critério.

4. Finalmente, foi desenvolvida mais uma análise, introduzindo-se uma aba de reforço na parte inferior da chapa e que já foi construída com espessura 12,5mm, na tentativa de aprovar o componente atual já montado com espessura 12,5mm. Neste caso, para a chapa de espessura 12,5mm, e com a introdução de uma aba/flange local, o Índice de Falha é igual a 0,70, o que evidencia o atendimento ao critério de fadiga, no local anteriormente sujeito à falha estrutural. Essa alternativa aprova o componente neste critério de carga.

TORRE EÓLICA

Nesta seção, apresenta-se o trabalho de desenvolvimento da análise estrutural de um aerogerador, apresentado nas figuras 3.73 e 3.74.

FIGURA 3.73 – Aerogeradores atuais com eixo horizontal.

FIGURA 3.74 – Aerogerador com eixo vertical – nova proposta.

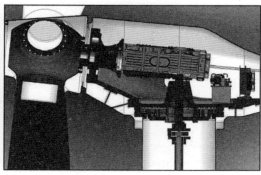

A metodologia desenvolvida para a concepção e avaliação de uma torre de um aerogerador consiste nos seguintes passos: inicialmente, é avaliada a estrutura para a condição de pico submetida a um carregamento estático; em continuação, apresenta-se uma análise de estabilidade (flambagem local); na sequência, uma análise de fadiga (durabilidade); em seguida, é avaliada a resposta dinâmica da torre por meio da aplicação de sinais temporais. Nesta seção, demonstra-se a viabilidade da obtenção da resposta dinâmica por meio da superposição modal de um modelo de viga, que, devido à menor quantidade de graus de liberdade, solicita um menor esforço computacional e menor tempo de obtenção de resultados. E para a validação final, em função da magnitude dos campos de deslocamento, foram realizadas análises não lineares. A Figura 3.75 apresenta os modelos desenvolvidos (ALVES FILHO, 2016).

FIGURA 3.75 – Modelos desenvolvidos.

- Análise de Ventos
- Síntese da Configuração Básica
- Séries Temporais de Esforços
- Síntese da Configuração Mecânica
- Análise da Movimentação em Yaw
- Simulação de Frenagem

A resposta dinâmica da torre será obtida usando-se os recursos do método dos elementos finitos. Foi realizada por dois procedimentos: análise linear pelo método de superposição modal, que é interessante para o comportamento linear da estrutura (ALVES FILHO, 2008), e, em complementação, integração direta, que é recomendada para o comportamento não linear da estrutura (ALVES FILHO, 2012). Inicialmente, apresentamos algumas considerações sobre a base dos dois métodos, e depois, apresentamos os resultados para ambas as análises. As excitações consideradas na análise foram obtidas por formulações espectrais que representam excitações da ação do vento e dos efeitos de dispositivos mecânicos instalados na torre. Alguns comentários sobre essas formulações espectrais e forças de excitação serão feitos depois, mas o objetivo central é a resposta estrutural de uma torre por diferentes métodos e dois tipos diferentes de modelos de elementos finitos, uma vez que a resposta dinâmica global é o principal objetivo.

Nessa linha de ação, é importante escolher o modelo de elemento de viga para análise dinâmica global e, posteriormente, estabelecer correlações com o modelo de elemento de casca fina. A resposta dinâmica dos elementos de viga para o comportamento global é muito eficiente, porque, com um pequeno número de equações diferenciais que fazem parte de um sistema, a solução numérica é muito rápida, contrastando com o tempo gasto em um modelo dinâmico de casca fina com milhões de equações diferenciais que seriam resolvidas por métodos discretos.

MODELO DE CÁLCULO E CRITÉRIOS DE FALHA

Antes de apresentarmos a solução de resposta dinâmica pelo método dos elementos finitos, é importante discutir dois tipos de modelos que foram usados para o desenvolvimento do projeto.

Dois tipos de resposta são procuradas para a torre. Uma é a resposta da estrutura para as cargas de pico, por exemplo, as cargas causadas pelo vento, para a condição máxima. Outra é a resposta sob ação de cargas variáveis do vento que podem ser obtidas a partir de formulação espectral. A carga de pico representa a solicitação máxima no topo da torre. Por exemplo, para o caso em estudo, a torre tem uma altura de 90m. A força horizontal gerada pela ação máxima do vento é próxima de 1.000.000N. Esse valor de força é determinado pela formulação espectral e por cargas normativas que são aplicadas para essa análise. Normalmente, esse pico de carga é considerado para verificar o comportamento da estrutura em condições de baixo rendimento.

Outra resposta estrutural é o comportamento da torre sob as cargas variáveis causadas pelas ações do vento e que podem ser obtidas a partir de formulações espectrais que serão comentadas posteriormente. Outras cargas variáveis também são aplicadas na estrutura, causadas por vários dispositivos instalados na parte superior da torre. Essa é uma análise dinâmica, e, com seus resultados, podemos realizar análises de fadiga em todos os pontos da estrutura. Esses pontos estão em condições de "material de origem" (*parent material*), em que o limite de fadiga pode ser definido em primeira instância a partir da resistência máxima do aço, considerada nessa aplicação, cujos módulos são conectados por parafusos, sem soldas.

O grande objetivo é determinar a amplificação dinâmica da torre. Como veremos a seguir, a torre, junto com as grandes massas que são adicionadas à estrutura, fornece valores de frequências naturais muito baixos.

Em outras palavras, o objetivo principal do ponto de vista dinâmico é determinar a resposta estrutural primária da torre. A partir dessas observações, é importante considerar a possibilidade de construir dois tipos diferentes de modelos de elementos finitos. O modelo de elemento de viga da torre com sua massa distribuída e a massa concentrada que representa os dispositivos instalados na torre e os modelos de elemento de casca fina que permitem obter tensões com o respectivo fator de concentração de tensões em todas as juntas.

É possível, com uma análise estática, correlacionar as tensões primárias obtidas pelos dois modelos. É uma análise muito econômica que obtém tensões de modelos construídos por elementos de vigas. A questão é que a resposta dinâmica global para o comportamento primário da torre pode ser obtida a partir do modelo de vigas (*beam*), que tem um pequeno número de grau de liberdade. Podemos verificar essa condição quando comparamos as frequências naturais obtidas de modelos de cascas finas e de vigas. O comportamento primário dinâmico global da torre, expresso por análise modal, é o mesmo. A análise modal reflete como a estrutura responderá às cargas dinâmicas.

É importante mencionar que, na fase do projeto de P&D (Pesquisa e Desenvolvimento), essa abordagem para obter o comportamento primário da estrutura é o ponto principal e pode ser feito pelo processo econômico. Modelos de casca fina com milhões de graus de liberdade para a análise dinâmica global podem ser impraticáveis ou demandarem um tempo enorme.

As tensões nos detalhes da torre, como juntas de parafusos, podem ser determinadas por modelos de casca fina, usando-se as tensões que seriam corrigidas a partir da análise dinâmica global dos modelos de vigas. Em seguida, os modelos de vigas podem nos ajudar na resposta global dinâmica, e os modelos de cascas finas, na próxima etapa do projeto, podem nos ajudar a determinar as tensões com todos os fatores de concentração que são função de vários detalhes da torre.

FIGURA 3.76 – Modelo de elementos finitos da torre com elementos de viga em A, e com elementos de casca em B.

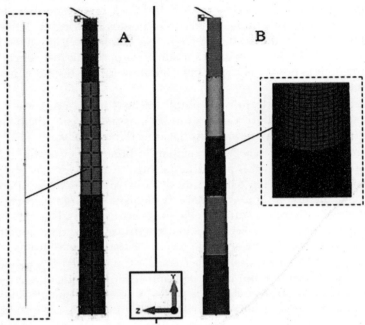

Na Figura 3.76, é representado o modelo de elementos finitos com elementos de casca fina (B) e também em elementos de viga (A). O modelo por elementos de casca fina considera por regiões diferentes propriedades físicas associadas à espessura que muda para cada região da torre, que tem uma forma cônica. A malha foi gerada na superfície média por região. A espessura é uma função da altura da torre. Por outro lado, o modelo de viga é gerado sobre a linha média das seções da torre cônica, e as propriedades físicas são definidas usando-se o elemento de viga, pelas seções de viga.

Ambos os modelos foram construídos em recursos de pré-processamento, e a solução, com o solver de elementos finitos.

Na Figura 3.76(A), usamos o recurso de representação sombreada. O elemento da viga aparece como uma "casca", mas apenas para propostas de representação visual, porque a teoria da viga, como é bem conhecida, considera a linha média da viga no eixo neutro da seção.

CARREGAMENTO DE PROJETO E CONDIÇÕES DE CONTORNO

Nesta seção, compara-se a resposta global primária dinâmica da torre, analisada por meio de um modelo econômico, usando-se elementos de viga para determinar a amplificação dinâmica em resposta global, como uma alternativa aos modelos de casca fina. O modelo de casca fina tem custo computacional muito alto, em função do grande número de graus de liberdade. Em particular, na fase de pesquisa e desenvolvimento de um novo projeto, essa abordagem com elemento de viga é conveniente por ser um procedimento "amostral", econômico e rápido, com respostas dinâmicas para modelos de vigas, e na fase de P&D, podemos reproduzir vários modelos de elementos finitos para obter uma análise sensível ou várias alternativas de projetos.

A seguir, avaliaremos as cargas eólicas e a metodologia, porque o procedimento para resolver análises dinâmicas para cargas dinâmicas gerais é uma técnica bem conhecida usando-se a integral de convolução de Duhamel (ALVES FILHO, 2008). Em continuação, o procedimento pode ser aplicado a todas as outras cargas dinâmicas presentes no projeto.

Os valores médios obtidos pelos sensores meteorológicos são, em geral, para um intervalo de tempo de dez minutos. Os valores assim obtidos são uma amostra dos ventos da região.

A representação da distribuição das velocidades do vento é feita por uma função de densidade de probabilidade chamada distribuição Weibull. O método da verossimilhança (figuras 3.77 e 3.78) é utilizado para a determinação do fator de forma, essencial para o cálculo da energia produzida. Por meio da distribuição de Weibull, é calculada, em um intervalo de tempo igual a dez minutos, a média do componente de velocidade horizontal.

FIGURA 3.77 – Análise de ventos.

Análise de Ventos

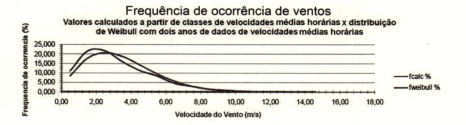

FIGURA 3.78 – Síntese da configuração básica do aproveitamento.

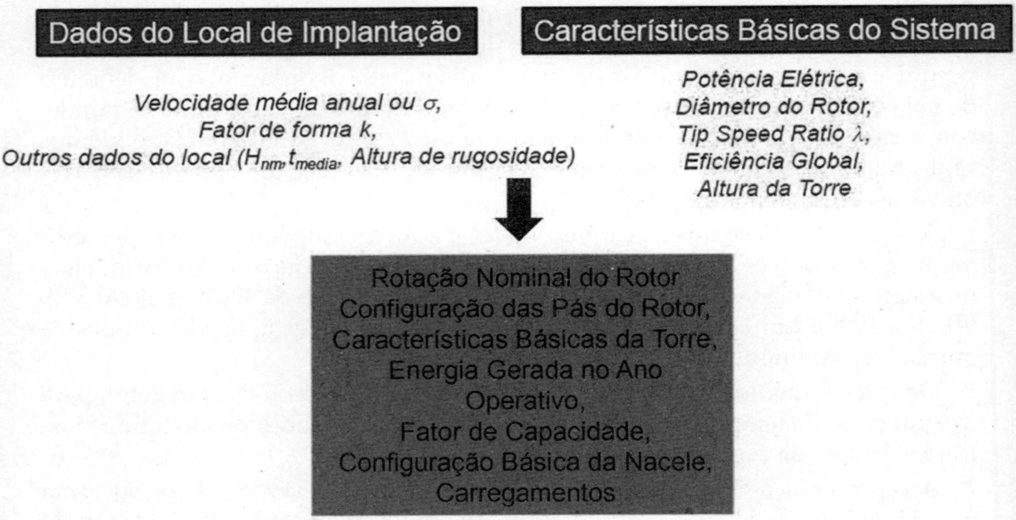

Dados do Local de Implantação

Velocidade média anual ou σ,
Fator de forma k,
Outros dados do local (H_{nm}, t_{media}, Altura de rugosidade)

Características Básicas do Sistema

Potência Elétrica,
Diâmetro do Rotor,
Tip Speed Ratio λ,
Eficiência Global,
Altura da Torre

Rotação Nominal do Rotor
Configuração das Pás do Rotor,
Características Básicas da Torre,
Energia Gerada no Ano
Operativo,
Fator de Capacidade,
Configuração Básica da Nacele,
Carregamentos

As flutuações de velocidade em torno do valor médio em um intervalo de tempo ΔT caracterizam a turbulência do regime de ventos e sua "variabilidade" durante o intervalo de observação T. Essa "variabilidade" é uma função do intervalo de tempo considerado. A variação da velocidade do vento para os vários intervalos de amostragem (mês, dia, horas, minutos, segundos) foi modelada por Van der Hoven. Essa modelagem considerou a velocidade do vento como uma variável aleatória e continua com um espectro de energia constituído basicamente por três picos. As flutuações das velocidades u (z; t) e de interesse para caracterizar a resposta dinâmica das estruturas correspondem ao terceiro pico do espectro de Van der Hoven. Essa região do espectro geralmente pode ser caracterizada por formulações espectrais de ampla aceitação na dinâmica de estruturas. As formulações em uso são de Kaimal e von Karman. Vale ressaltar que as informações aqui apresentadas constituem apenas uma referência de como foi realizado o estudo dos ventos, que são dados de entrada da análise estrutural desenvolvidos pela equipe do projeto correspondente. Na Figura 3.79, representamos as velocidades do vento obtidas nesta equipe do projeto.

FIGURA 3.79 – Geração de séries temporais de esforços.

Geração de séries temporais de esforços
Objetivo: Análise dinâmica da Torre

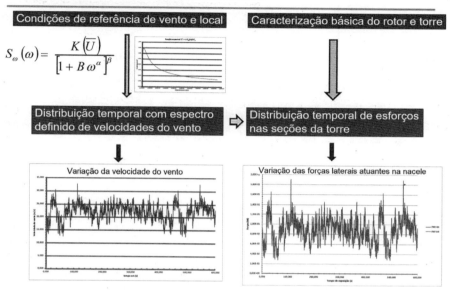

Alguns exemplos de geração de séries temporais de esforços são apresentados na Figura 3.79. As figuras 3.80 e 3.81 apresentam em detalhe as curvas temporais de esforços.

FIGURA 3.80 – Variação da velocidade do vento em m/s.

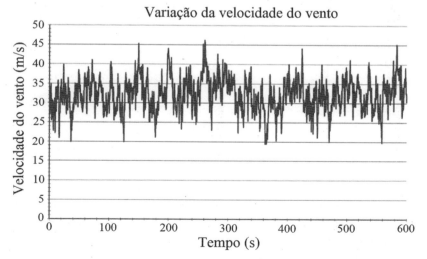

FIGURA 3.81 – Variação das forças aerodinâmicas laterais atuantes na nacele.

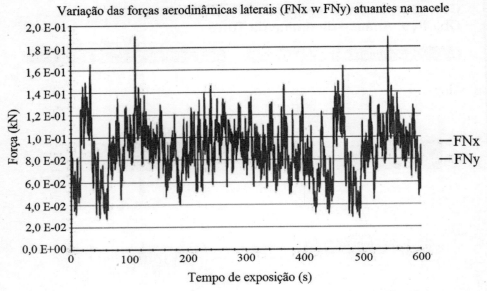

A Figura 3.82 apresenta a torre desenvolvida para o estudo preliminar. É necessário definir enrijecedores e flanges.

FIGURA 3.82 – Projeto preliminar.

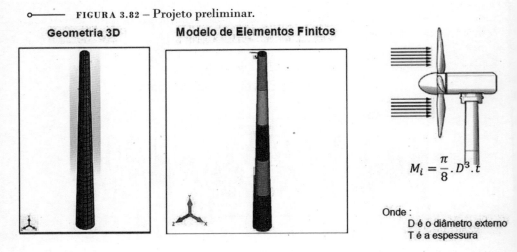

$$M_i = \frac{\pi}{8}.D^3.t$$

Onde :
D é o diâmetro externo
T é a espessura

O empuxo é o principal esforço sobre a torre. O momento de inércia é influenciado principalmente pelo diâmetro da torre.

A Figura 3.83 apresenta os carregamentos estáticos aplicados ao modelo de vigas e ao modelo de casca.

FIGURA 3.83 – Carregamento estático.

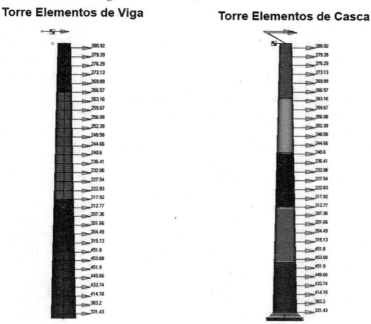

A Figura 3.84 mostra as forças do vento em vários locais da torre, em duas direções, representando em cada local da torre essas forças calculadas pelas formulações de vento mencionadas anteriormente.

FIGURA 3.84 – Forças de vento em várias localizações da torre (carregamento dinâmico).

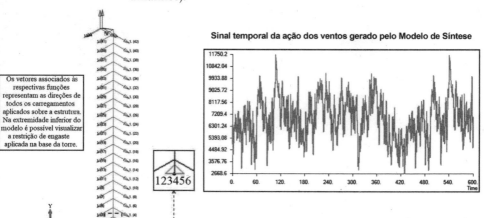

Na figura, os vetores associados às respectivas funções representam as direções de todos os carregamentos aplicados sobre a estrutura. Na extremidade inferior do modelo é possível visualizar a restrição de engaste aplicada na base da torre (os números 1 a 6 representam os graus de liberdade restringidos).

RESULTADOS PARA ANÁLISE ESTÁTICA

A Figura 3.85 apresenta os resultados para análise estática em termos das tensões combinadas (von Mises).

FIGURA 3.85 – Tensões combinadas (von Mises).

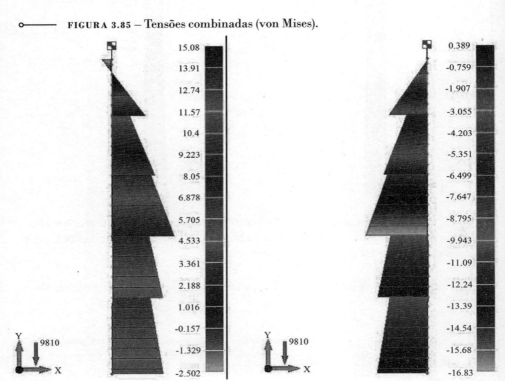

RESULTADOS PARA ANÁLISE DE INSTABILIDADE

A Figura 3.86 apresenta os resultados para análise de instabilidade (flambagem local). A região de instabilidade está localizada na parte inferior da quinta seção que compõe a torre. O fator de flambagem é igual a 9.31.

FIGURA 3.86 – Flambagem local.

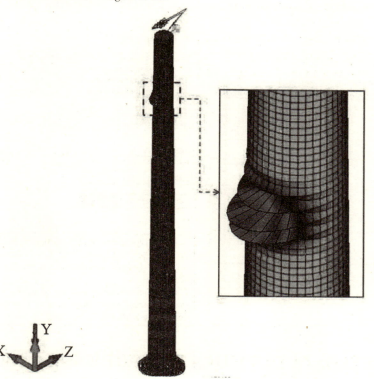

RESULTADOS PARA ANÁLISE DE FADIGA

A Figura 3.87 apresenta os resultados para análise de fadiga (durabilidade) para as regiões onde não há presença de soldas, apenas como exemplo ilustrativo. O material tem tensão de escoamento de 25kgf/mm², tensão de ruptura de 40kgf/mm² e tensão limite de resistência à fadiga do material de 20kgf/mm². Para as regiões que contêm solda, admitindo um *"material independent joint factor"*, ou seja, k = 3, o limite de fadiga da junta soldada é 6,67kgf/mm². A tensão máxima principal atuante é de 10,16kgf/mm², a tensão mínima principal atuante é de 4,6kfg/mm², a tensão média atuante é 7,38kgf/mm², para o ponto mais solicitado onde não há solda, considerando nesta fase um envelope de cargas. A tensão alternada atuante é 2,78kgf/mm². Como resultado da análise, obtemos vida infinita com Índice de Falha de 0,139, ou seja, abaixo de 1, representando segurança para a estrutura.

Nas regiões onde não há presença de junta soldada, deve ser considerado o efeito da tensão média na fadiga para correção da curva S-N (FUCKS, 1980). Nas regiões onde há a presença de solda, é desconsiderado o efeito da tensão média e trabalha-se com a faixa de tensões (range das tensões), em função do tipo de junta soldada e da qualidade de sua fabricação (FUCKS, 1980).

FIGURA 3.87 – Análise de fadiga (durabilidade).

DADOS REFERENTES AO MATERIAL:		
TENSÃO DE ESCOAMENTO DO MATERIAL:	25	[kgf/mm²]
TENSÃO DE RUPTURA DO MATERIAL:	40	[kgf/mm²]
TENSÃO LIMITE DE FADIGA MATERIAL:	20	[kgf/mm²]

DADOS REFERENTES ÀS TENSÕES ATUANTES:		
TENSÃO MÁXIMA PRINCIPAL:	10,16	[kgf/mm²]
TENSÃO MÍNIMA PRINCIPAL:	4,6	[kgf/mm²]
TENSÃO MÉDIA ATUANTE:	7,38	[kgf/mm²]

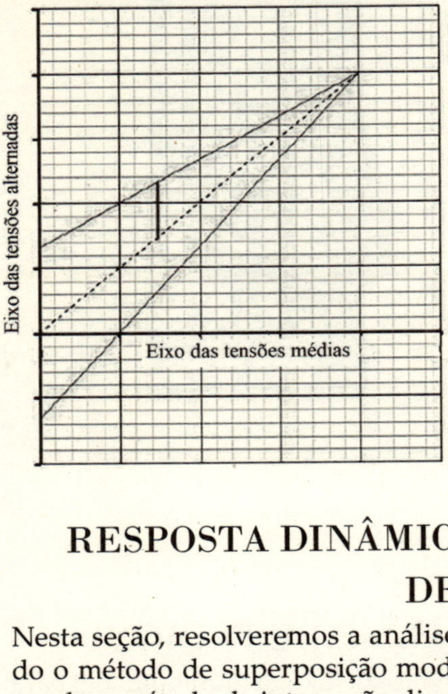

ALTERNADA MÁXIMA:	2,78	[kgf/mm²]
ALTERNADA MÍNIMA:	-2,78	[kgf/mm²]

Conclusões:

LIMITE DE FADIGA:	20	kgf/mm²
ÍNDICE DE FALHA:	0,139	

VIDA INFINITA:	SIM

A figura representa um típico diagrama de Goodman para correção do limite de fadiga do material, devido ao efeito da tensão média para as regiões isentas de solda.

Nas regiões soldadas, o efeito da tensão média não é considerado. Importante consultar literatura específica sobre este tema (FUCKS, 1980).

Eixo das tensões alternadas

Eixo das tensões médias

RESPOSTA DINÂMICA DA TORRE SOB CARGAS DE VENTO

Nesta seção, resolveremos a análise de resposta dinâmica da torre, considerando o método de superposição modal, baseado na análise modal. Depois, utilizando o método de integração direta, realizaremos uma visão comparativa dos métodos e resultados.

RESPOSTA DINÂMICA DA TORRE UTILIZANDO
O MÉTODO DA SUPERPOSIÇÃO MODAL

Nesse processo de análise, há um ponto central muito importante a se considerar nas etapas iniciais dos projetos de P&D, e também em outras etapas, que é o uso de modelos de elementos finitos baseados em elementos de vigas para o comportamento global da torre estrutural.

Desenvolvemos a análise modal em ambos os modelos de elementos finitos — vigas e cascas — e observamos os resultados para frequências naturais. É muito importante comparar os resultados mostrados na Tabela 3.8

As frequências naturais resolvidas pelo modelo de elemento de viga e pelo modelo de casca fina no que se refere a modos de vibração global fornecem valores muito próximos. As frequências de vibrações associadas a autovalores e autovetores são praticamente iguais. Então a resposta global da torre e a consequente amplificação dinâmica para os modos globais são as mesmas quando usamos um ou outro modelo. Essa é uma conclusão muito importante que oferece confiança no uso de modelos de elementos de viga para resolver a resposta dinâmica do comportamento global da torre e visualizar algumas ressonâncias possíveis na estrutura.

TABELA 3.8 – Modos e frequências

Modo	Modelo de elementos de viga (Hz)	Modelo de elementos de casca fina (Hz)
1	0,45	0,44
2	3,03	2,98
3	6,65	6,5

As figuras 3.88 e 3.89 apresentam o primeiro modo de vibração para os modelos de vigas e de casca fina, respectivamente.

FIGURA 3.88 – Modelo de elementos de viga – primeiro modo de vibração – f = 0,45Hz.

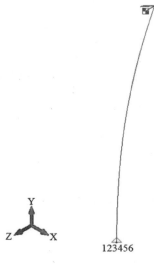

FIGURA 3.89 – Modelo de elementos de casca fina – primeiro modo de vibração – f = 0,44Hz.

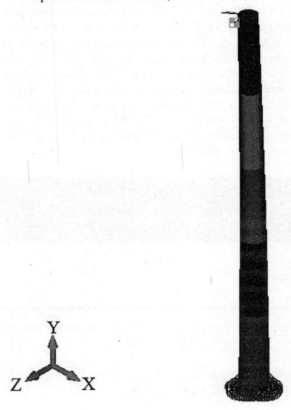

A Figura 3.90 representa as variações máximas das tensões de flexão axial ao longo do tempo para um ponto na base da torre. Durante o instante inicial, temos o efeito transitório, que ao longo do tempo desaparece por ação de amortecimento, e a estrutura está sob carga dinâmica geral permanente. A tensão máxima é de 130,5MPa para tensão transitória no início da análise.

FIGURA 3.90 – Resposta de tensões em um ponto de tensão máxima na base da torre.

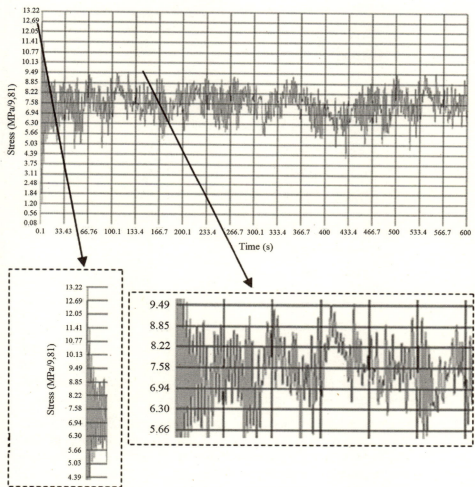

Os parâmetros que foram usados como entrada para executar a análise dinâmica pelo método de superposição modal são apresentados como referência na Figura 3.91.

FIGURA 3.91 – Parâmetros para análise dinâmica por superposição modal.

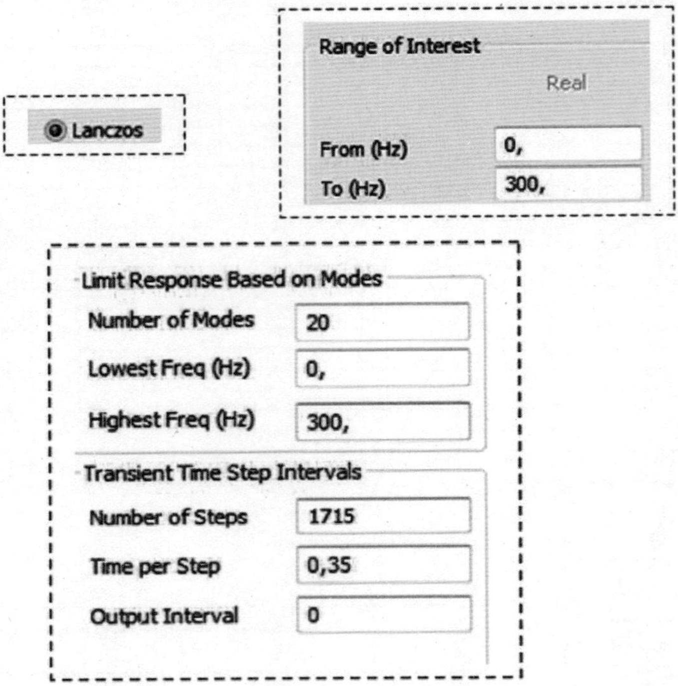

Range of Interest

	Real
From (Hz)	0,
To (Hz)	300,

Lanczos

Limit Response Based on Modes

Number of Modes	20
Lowest Freq (Hz)	0,
Highest Freq (Hz)	300,

Transient Time Step Intervals

Number of Steps	1715
Time per Step	0,35
Output Interval	0

RESPOSTA DINÂMICA POR INTEGRAÇÃO DIRETA

O outro procedimento usado para resolver a resposta dinâmica é o método direto. De acordo com o manual de usuário do solver, temos:

○ G = coeficiente de amortecimento estrutural geral (PARAM, G).

○ W3 = frequência de interesse em radianos por unidade de tempo (PARAM, W3), é a conversão do amortecimento estrutural geral em amortecimento viscoso equivalente.

○ Dois parâmetros são usados para converter o amortecimento estrutural em amortecimento viscoso equivalente. Um coeficiente de amortecimento estrutural geral pode ser aplicado a toda a matriz de rigidez do sistema usando PARAM, W3, r, em que r é a frequência circular na qual o amortecimento deve ser equivalente. Esse parâmetro é usado em conjunto com PARAM, G. O valor padrão para W3 é 0,0, o que faz com que o amortecimento relacionado a essa fonte seja ignorado na análise transitória.

○ Foi considerado como parâmetro W3 o valor da primeira frequência natural da TOWER (0,33 Hz).

Os parâmetros que foram usados como entrada para executar a análise dinâmica por integração direta são apresentados como referência na Figura 3.92.

FIGURA 3.92 – Parâmetros para análise dinâmica por integração direta.

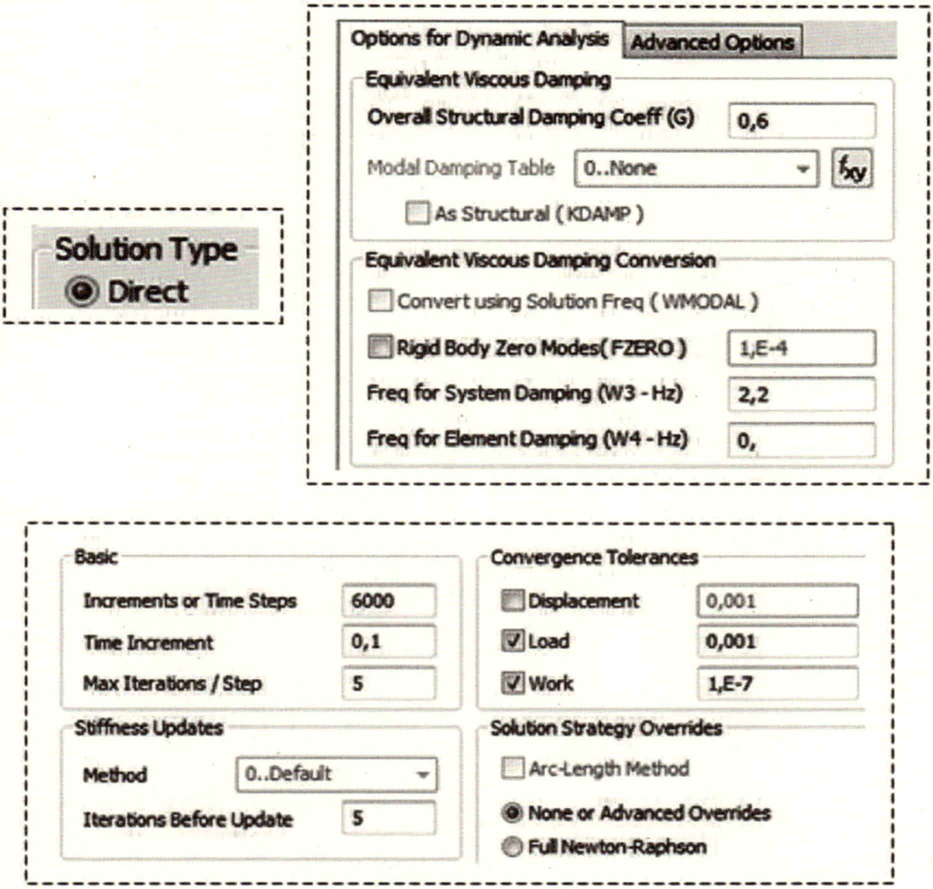

A Figura 3.93 representa as variações máximas das tensões de flexão axial ao longo do tempo para um ponto na base da torre, mas, neste caso, determinadas por integrações diretas de forma oposta ao método modal. Durante o instante inicial, temos o efeito transitório que, ao longo do tempo, desaparece por ação de amortecimento, como observamos no método modal, e a estrutura está sob carga dinâmica geral permanente. A tensão máxima é de 139,3MPa para tensão transitória no início da análise.

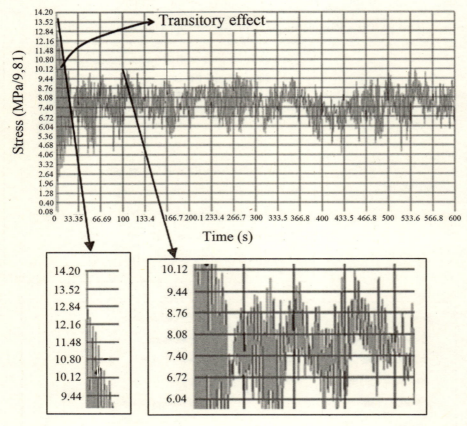

FIGURA 3.93 – Resposta de tensões em um ponto de tensão máxima na base da torre.

A diferença entre análise linear e não linear para solução de tensões é de 6,74% no pico no início das excitações representadas por efeito transitório. Na resposta permanente para carga dinâmica geral, a diferença é de 6,57%.

Obviamente, em termos de análise dinâmica, essas condições são aplicadas para esse problema específico. Em todos os casos gerais, a resposta dinâmica deve ser calculada para cada característica dinâmica específica da estrutura que é objeto de análise. Porém, a metodologia presente neste trabalho é a mesma e pode ser usada para todas as aplicações. Quando temos deslocamentos que estão fora da hipótese de pequenos deslocamentos, o método de integração direta deve ser usado.

CONCLUSÕES

O objetivo deste exemplo foi introduzir uma estratégia de análise para entender o comportamento dinâmico das estruturas das torres de turbinas eólicas. O foco principal é apresentar uma metodologia que possa ser usada para realizar análises dinâmicas. Os detalhes dimensionais gerais do projeto que motivam este trabalho não foram apresentados nesta seção. Os métodos e resultados obtidos são um guia para desenvolver esse tipo de análise. Muito significativo é definir o uso de diferentes tipos de modelos, e com um modelo simples de elemento de viga, o comportamento primário dinâmico da torre pode ser resolvido. As relações entre diferentes modelos podem ser realizadas da maneira simples. O ponto importante é que as amplificações dinâmicas globais da torre sob as cargas dinâmicas são as mesmas no modelo de elemento de casca fina e no modelo de viga, e a ressonância pode ser analisada por amostra e procedimento rápido.

ANÁLISE ESTRUTURAL DE CARCAÇA DE EMBREAGEM E CAIXA DE TRANSMISSÃO

Na sequência, será apresentado um exemplo de aplicação avaliando uma carcaça de embreagem e caixa de transmissão, compreendendo as etapas da terceira fase do método de desenvolvimento proposto.

MODELO DE CÁLCULO E CRITÉRIOS DE FALHA

Foram estabelecidos dois conceitos importantes para a verificação estrutural da carcaça de embreagem e caixa de transmissão e que estão presentes de forma geral ao se estabelecer os critérios de falha para qualquer estrutura objeto de análise. Tais conceitos basicamente cobrem duas situações de ocorrência prática, a saber:

- ○ Escoamento do material.
- ○ Iniciação de trinca na estrutura.

O primeiro desses conceitos (escoamento do material) é adotado na verificação quanto ao critério de pico. O segundo conceito (iniciação de trinca na estrutura) é adotado na verificação quanto ao critério de fadiga.

Modelo geométrico

O modelo geométrico utilizado na análise dos dois componentes é apresentado na Figura 3.94.

FIGURA 3.94 – Modelo geométrico: (a) carcaça de embreagem; (b) caixa de transmissão.

(a)   (b)

Malha de elementos finitos

Para o presente estudo, foi desenvolvida a análise pelo método dos elementos finitos, com o intuito de se verificar o panorama de tensões. Para a análise de tensões, os elementos escolhidos devem não apenas representar a rigidez do componente, mas calcular acuradamente a distribuição de tensões nos elementos, daí a escolha dos elementos sólidos tetraédricos parabólicos para componentes fundidos com espessuras variáveis e elementos de casca (*shell*) para os componentes constituídos por chaparia (espessura constante). Esse tema da formulação dos elementos e tamanho adequado é apresentado em Alves Filho (2015). O desenvolvimento de qualquer modelo de elementos finitos deve ser assentado no conhecimento dos conceitos do método. As imagens referentes à malha de elementos finitos são apresentadas nas figuras de 3.95 a 3.97. Quando a geometria permite, podemos usar os elementos hexaédricos lineares, mas essa decisão tem de ser obrigatoriamente fundamentada nos conceitos apresentados por Alves Filho (2015).

FIGURA 3.95 – Modelo de elementos finitos conjunto carcaça e caixa de transmissão.

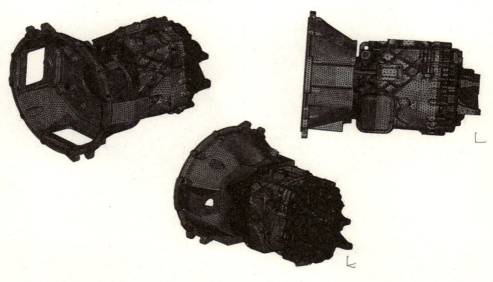

FIGURA 3.96 – Modelo de elementos finitos carcaça da embreagem.

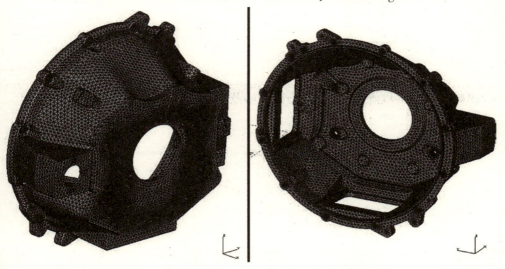

FIGURA 3.97 – Modelo de elementos finitos caixa de transmissão.

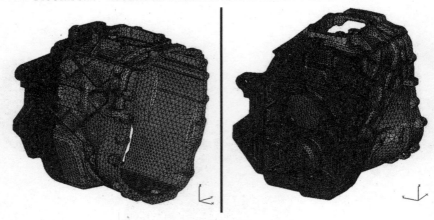

As características do modelo de elementos finitos são dadas na Tabela 3.9.

TABELA 3.9 – Características dos modelos de elementos finitos

Entidades	Modelo completo
Nós	452.492
Elementos de casca	1.410
Elementos sólidos	290.148
Elementos rígidos	232
Elementos de viga	212
Elementos de massa concentrada	2
Elementos de mola	12
Elementos de gap	14

PROPRIEDADES DO MATERIAL

As propriedades do material considerado na análise estrutural da carcaça de embreagem e caixa de transmissão são fornecidas na Tabela 3.10.

TABELA 3.10 – Propriedades do material

Material	Módulo de elasticidade	Poisson	Tensão de ruptura	Tensão de escoamento	Limite de fadiga
GG 25	10.510 kgf/mm^2	0,26	25,5 kgf/mm^2	16,9 kgf/mm^2	12,7 kgf/mm^2

CARREGAMENTO DE PROJETO E CONDIÇÕES DE CONTORNO

CARREGAMENTOS

A definição dos carregamentos para esse tipo de aplicação já foi discutida anteriormente, quando foram apresentados os "envelopes de carga" para cálculo de pico e de fadiga. É importante o conhecimento dessas premissas já exaustivamente discutidas.

Dessa forma, serão apresentadas a seguir as condições de carregamentos que, quando combinados, estabelecerão os que efetivamente serão utilizados nas verificações quanto aos critérios adotados. Os carregamentos de aceleração normalmente usados são mostrados na Tabela 3.11.

TABELA 3.11 — Acelerações consideradas	
Direção Vertical	6g
Direção Transversal	4g
Direção Longitudinal	4g

É importante salientar que foram utilizados esses carregamentos-padrão em virtude de não existirem medições específicas para essa aplicação, com base em estudos de valores máximos de aplicações semelhantes, como já citado anteriormente.

COMBINAÇÃO DE CARREGAMENTOS

Tomando como base os carregamentos isolados apresentados na Tabela 3.11, foram elaborados os combinados a serem submetidos aos critérios de projeto. Os carregamentos combinados são mostrados na Tabela 3.12.

TABELA 3.12 — Carregamentos combinados			
	LONGIT.	LATERAL	VERTICAL
C1	4GX	4GY	-7GZ
C2	-4GX	4GY	-7GZ
C3	4GX	-4GY	-7GZ
C4	-4GX	-4GY	-7GZ
C5	4GX	4GY	5GZ
C6	-4GX	4GY	5GZ
C7	4GX	4GY	5GZ
C8	-4GX	4GY	5GZ

As combinações de carregamentos para verificações de resistência à fadiga consideram os ciclos de carregamentos variáveis de acordo com a Tabela 3.12, tomando-se como base os carregamentos da Tabela 3.11, que são as descritos na Tabela 3.13.

TABELA 3.13 – Combinações de carregamentos que formam os ciclos de fadiga.

		LONGIT.	LATERAL	VERTICAL
C1/C8	C1	4GX	4GY	-7GZ
	C8	-4GX	-4GY	5GZ
C2/C7	C2	-4GX	4GY	-7GZ
	C7	4GX	-4GY	5GZ
C3/C6	C3	4GX	-4GY	-7GZ
	C6	-4GX	4GY	5GZ
C4/C5	C4	-4GX	-4GY	-7GZ
	C5	4GX	4GY	5GZ

Procuram-se identificar os "carregamentos opostos" que configurem um ciclo para avaliação de fadiga, embora mais conservador. Cada duas condições de carga, uma e seu "oposto", geram um ciclo para efetuar o estudo de fadiga e, como alguns códigos chamam, o "stress path".

Restrições

As restrições aplicadas no modelo que simulam a condição de trabalho da carcaça de embreagem e caixa de transmissão podem ser observadas na Figuras 3.98.

FIGURA 3.98 – Restrição aplicada no modelo de elementos finitos.

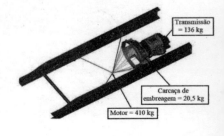

VALORES ADMISSÍVEIS DE TENSÃO/DEFORMAÇÃO

A Tabela 3.14 mostra os resultados para o critério de pico, e a Tabela 3.15 mostra os resultados de fadiga (Índices de Falha — IF).

TABELA 3.14 – Resultados para os carregamentos de pico – tensão de von Mises [kgf/mm²]

Carga	Cx. Embreagem	Cx. Transmissão
C1	16,6	11,7
C2	26,2	8,6
C3	13,6	8,2
C4	18,1	9,5
C5	14,1	7,4
C6	11,2	6,7
C7	21,5	6,3
C8	12,2	10,0

TABELA 3.15 – Resultados de fadiga – Índices de Falha (IF)

Carga	Cx. Embreagem	Cx. Transmissão
C1/C8	1,62	0,96
C2/C7	2,29	0,69
C3/C6	1,51	0,82
C4/C5	1,66	0,81

Foi determinada a tensão de von Mises da carcaça de embreagem e da caixa de transmissão para serem comparadas diretamente com o limite de escoamento do material GG 25 (critério de pico).

A caixa de transmissão não apresentou tensão de von Mises acima do limite de escoamento do material, ou seja, ainda apresenta comportamento linear, não indicando deformação plástica. A carcaça de embreagem mostrou tensão de von Mises acima do limite de escoamento do material (figuras de 3.99 a 3.101), indicando a ocorrência do fenômeno da plasticidade (deformação plástica).

FIGURA 3.99 – Carcaça de embreagem – Tensão de von Mises – Pico - C2.

26,2kgf/mm^2

FIGURA 3.100 – Carcaça de embreagem – von Mises - C4.

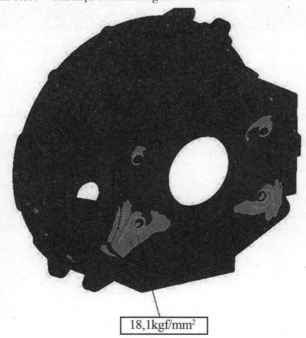

18,1kgf/mm^2

FIGURA 3.101 – Carcaça de embreagem – von Mises - C7.

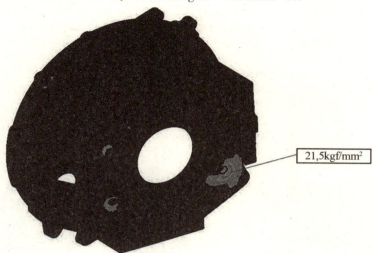

O critério de fadiga aqui é balizado pelo Índice de Falha (IF). A condição para o componente ser aprovado é que esse Índice de Falha seja menor que 1.

A premissa inicial para a validade desse estudo de fadiga consiste no fato da não ocorrência da plasticidade, ou seja, os componentes devem atender ao critério de pico, o que significa que as tensões de von Mises devem estar abaixo do limite de escoamento do material.

Os Índices de Falha referentes à caixa de transmissão são todos válidos, visto que essa caixa atende à premissa inicial. O maior Índice de Falha é de 0,97 (Figura 3.102).

FIGURA 3.102 – Caixa de transmissão – fadiga – Índice de Falha (IF).

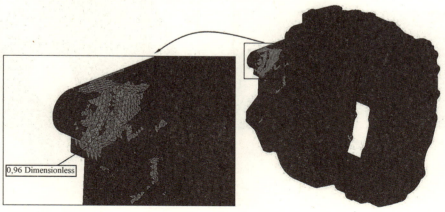

A carcaça de embreagem apresentou tensão de von Mises acima do limite de escoamento do material, não atendendo à premissa inicial (carregamentos C2, C4 e C7). Para essas regiões que indicaram a ocorrência da plasticidade, esses resultados de Índices de Falha não são válidos, entretanto, foram listados os valores para fins ilustrativos. Os Índices de Falha que atendem à premissa inicial de não ocorrência de deformação plástica apresentam os valores de 1,62 (C1/C8) e 1,51 (C3/C6). Os Índices de Falha que atendem à premissa inicial apresentam os valores de 1,62 (C1/C8) e 1,51 (C3/C6).

FIGURA 3.103 – Carcaça de embreagem – tensão máxima principal.

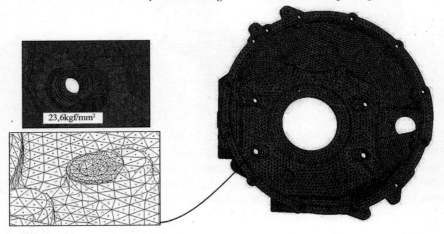

FIGURA 3.104 – Carcaça de embreagem – tensão mínima principal.

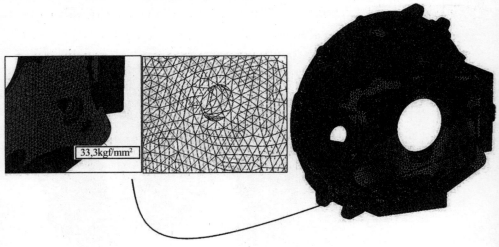

As Figuras 3.103 e 3.104 mostram as tensões máximas principais para o carregamento C2. Podemos notar que esse carregamento solicita à flexão a "face" da carcaça da embreagem na região onde ocorre também a maior tensão de von Mises desse componente. Essa flexão localizada é sempre indesejável (avoid bending moments), como prática de projeto e já discutida anteriormente.

De posse desses resultados, podemos concluir que:

- A caixa de transmissão ATENDE aos critérios de pico e de fadiga.
- A carcaça de embreagem NÃO ATENDE aos critérios de pico e de fadiga.

É recomendada a adição de reforços na carcaça de embreagem nas regiões de fixação, de forma a amenizar o efeito de flexão localizada, que pode ser a causa da falha ocorrida em campo. Como a carcaça de embreagem, como sugere a análise, deixaria de ter efetividade estrutural após a ocorrência de falha, dado o não atendimento ao critério de pico, o comportamento da carcaça de transmissão deixaria de ser representado pelas tensões calculadas pelo presente modelo.

ATUALIZAÇÃO DO PROJETO

Nesta seção, apresenta-se o estudo da carcaça de embreagem modificada e da caixa de transmissão para avaliação de sua resistência mecânica pelo método dos elementos finitos. As principais etapas do desenvolvimento da análise e a metodologia, bem como os critérios e os carregamentos adotados para os componentes, são as mesmas utilizadas nas duas seções anteriores.

MODELO GEOMÉTRICO

O modelo geométrico da carcaça de embreagem reforçada é apresentado na Figura 3.105a. Na Figura 3.105b apresenta-se a carcaça antes do reforço.

FIGURA 3.105 – Modelo geométrico da carcaça de embreagem transmissão S5-420.

(a) Carcaça reforçada   (b) Carcaça original

Observa-se na Figura 3.105a que foram inseridos reforços do tipo nervuras na base da carcaça, com o objetivo de resolver o problema de plastificação observado nas figuras 3.99, 3.100 e 3.101.

MALHA DE ELEMENTOS FINITOS

Para o presente estudo, foi desenvolvida a análise pelo método dos elementos finitos, com o intuito de se levantar o panorama de tensões. A Figura 3.106 apresenta a malha utilizada.

FIGURA 3.106 – Malha de elementos finitos da carcaça de embreagem e caixa de transmissão.

As características do novo modelo de elementos finitos são apresentadas na Tabela 3.16.

TABELA 3.16 – Características do modelo de elementos finitos

Entidades	Modelo completo
Nós	516.819
Elementos de casca	1.410
Elementos sólidos	328.611
Elementos rígidos	434
Elementos de viga	206
Elementos de massa concentrada	2
Elementos de mola	12
Elementos de gap	14

As propriedades do material, bem como as condições de contorno utilizadas na análise estrutural da carcaça de embreagem e caixa de transmissão, são as mesmas utilizadas na seção anterior.

Resultados

A Tabela 3.17 mostra os resultados para o critério de pico, e a Tabela 3.18 mostra os resultados de fadiga (Índice de Falha – IF).

TABELA 3.17 – Resultados para os carregamentos de pico – tensão de von Mises (kgf/mm²)

Carga	Cx. Embreagem	Cx. Transmissão
C1	10,2	8,7
C2	13,9	5,5
C3	11,6	7,5
C4	11,9	7,3
C5	9,5	6,1
C6	9,6	6,2
C7	11,5	4,3
C8	8,4	7,2

TABELA 3.18 – Resultados de fadiga – Índices de Falha (IF)

Carga	Cx. Embreagem	Cx. Transmissão
C1/C8	0,71	0,92
C2/C7	0,89	0,55
C3/C6	0,81	0,82
C4/C5	0,62	0,62

As tensões de von Mises obtidas na configuração modificada da carcaça de embreagem e da caixa de transmissão estão abaixo do limite de escoamento do material, o que indica a não ocorrência do fenômeno da plasticidade em ambos os componentes.

Essa condição é a premissa inicial para a validade dos resultados dentro do âmbito linear e para a avaliação à fadiga por intermédio da curva S-N para grande número de ciclos. Tal avaliação considera o fato da não ocorrência da plasticidade. Os componentes avaliados à fadiga pela curva S-N devem atender ao critério de pico, o que significa que as tensões de von Mises devem estar abaixo do limite de escoamento do material.

Os Índices de Falha referentes à carcaça de embreagem reforçada foram criteriosamente avaliados de forma a não considerar as regiões em que ocorrem as concentrações de tensão em função da mudança brusca de rigidez devido às considerações do modelo, o que chamamos de *"mordida"*, em razão da presença de elementos rígidos. Desta forma, o maior Índice de Falha nesse componente é de 0,89 e ocorre no ciclo (C2/C7), mostrado na Figura 3.107.

FIGURA 3.107 – Carcaça de embreagem – Índice de Falha – C2/C7.

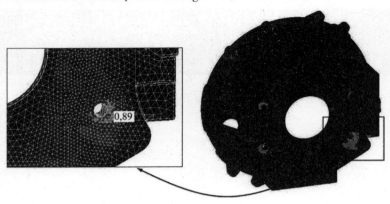

A caixa de transmissão também mostrou comportamento cujo maior valor de Índice de Falha foi de 0,92, abaixo de 1, mostrado na Figura 3.108, e ocorre no ciclo (C1/C8).

FIGURA 3.108 – Caixa de transmissão – Índices de Falha – C1/C8.

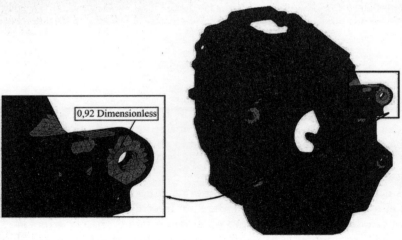

De posse desses resultados, podemos concluir que:

- ○ A caixa de transmissão **ATENDE** aos critérios de pico e de fadiga.
- ○ A carcaça de embreagem **ATENDE** aos critérios de pico e de fadiga.

A adição de reforços na carcaça da embreagem, de acordo com o recomendado, mostrou-se bastante efetiva, visto que esse componente passou a atender aos dois critérios, de pico e de fadiga, aqui considerados, sob ação dos carregamentos padrão utilizados.

ANÁLISE DE UM SUPORTE DE COMPRESSOR PARA MOTOR

Na sequência, será apresentado um exemplo de aplicação avaliando o suporte de compressor para motor, compreendendo as etapas da terceira fase do método de desenvolvimento proposto.

MODELO DE CÁLCULO E CRITÉRIOS DE FALHA

O suporte do compressor é montado na cabeça do cilindro do motor de combustão. Excitações do motor e condições difíceis da estrada podem introduzir tensões mais altas do que os valores de segurança definidos em um critério de projeto. Portanto, a avaliação da tensão do suporte em condições de carga apropriadas é essencial para garantir seu desempenho estrutural.

Análises estáticas e dinâmicas são geralmente utilizadas para avaliar a distribuição de tensões no suporte do motor. Para efetivar essa avaliação, é comum realizar as duas análises separadamente. Para a análise estática, as condições difíceis da estrada foram consideradas, combinando acelerações aplicadas no sistema suporte/compressor. Além disso, as forças da correia foram levadas em consideração, atuando nas polias.

Para análise dinâmica, as frequências naturais foram calculadas. Além disso, os resultados experimentais do conjunto suporte/compressor foram examinados para determinar se é necessária uma análise de histórico de tempo.

Modelo de elementos finitos

A geometria do suporte 3D, o compressor e as polias foram modelados com o sistema CAD. Como a avaliação de tensão não é necessária para polias e compressores, as geometrias desses componentes foram produzidas apenas para caracterizar sua massa e rigidez. Os componentes considerados na análise estão representados nas figuras 3.109 e 3.110.

FIGURA 3.109 – Modelo de elementos finitos do suporte do compressor – perspectiva frontal.

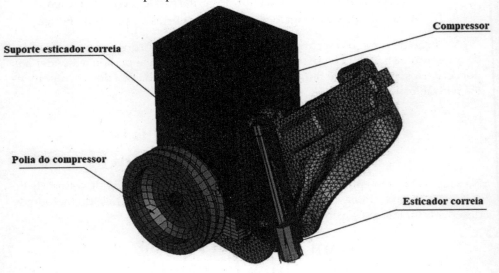

FIGURA 3.110 – Modelo de elementos finitos suporte do compressor – perspectiva posterior.

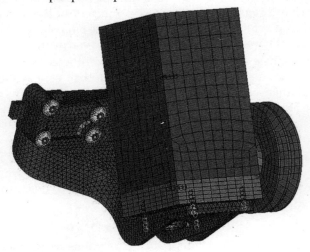

O modelo de elementos finitos do suporte é construído com elementos sólidos parabólicos, recomendados para geometrias complexas, como o suporte do compressor. Elementos de casca fina quadriláteros foram adotados para facilitar a representação de massa e força do compressor e dos outros componentes ligados ao suporte. Elementos rígidos e vigas simulam conexões entre o suporte e o compressor, bem como entre o suporte do compressor e o suporte do esticador da correia. Detalhes do modelo de elementos finitos são mostrados na Tabela 3.19.

As massas dos principais componentes ligados ao suporte do compressor estão indicadas na Tabela 3.20.

TABELA 3.19 – Características do modelo de elementos finitos

Entidades	Modelo completo
Nós	64.809
Elementos de viga lineares	41
Elementos de casca fina quadriláteros lineares	3.113
Elementos de casca fina triangulares	1.079
Elementos sólidos parabólicos tetraédricos	36.279
Elementos rígidos	79.206
Elementos de massa	1

TABELA 3.20 – Massas dos principais componentes

Componente	Massa [Kg]
Suporte do compressor Compressor Bracket	6,03
Polia do compressor Compressor Pulley	1,97
Esticador da polia Shifter Pulley	0,80
Compressor	8,73

As características mecânicas dos materiais considerados na análise são mostradas na Tabela 3.21.

TABELA 3.21 – Propriedades mecânicas dos materiais

Material	Módulo de elasticidade E (kgf/mm²)	Poisson	Densidade (kg/m³)	Tensão última σu (kgf/mm²)	Limite de fadiga (kgf/mm²)
GGG-50	17.000	0,29	7.200	51	22,5
St-44-2	21.000	0,30	7.820	44	23,0

Condições de contorno

Embora o suporte do compressor esteja conectado ao motor e o motor esteja montado nas estruturas laterais, o modelo para análise pode ser simplificado, apenas em relação a uma seção do veículo. Nesse sentido, é razoável supor que o suporte do compressor esteja preso na cabeça do cilindro, uma vez que a rigidez do motor é suficientemente maior que a do conjunto do suporte do compressor. As condições de contorno consideradas na análise estão representadas na Figura 3.111.

FIGURA 3.111 – Condições de contorno para o suporte do compressor.

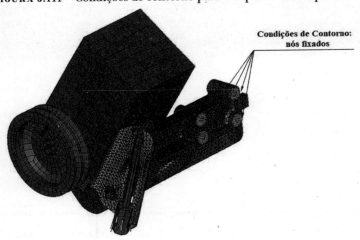

Casos de carga

Tendo em vista as possíveis cargas às quais um veículo pode ser exposto durante sua vida útil, é preciso definir aquelas que são críticas para o componente analisado (aqui, o suporte do compressor). Para uma melhor compreensão do problema, as cargas geralmente são divididas em duas partes: cargas na superfície da estrada e cargas produzidas pelo trabalho do motor.

A superfície da estrada pode introduzir fortes acelerações na estrutura do chassi, que são transferidas para o motor mesmo que sejam filtradas por amortecedores. Para simular essas cargas, foram aplicadas acelerações no suporte do compressor definido nas três direções principais do veículo. Essas acelerações foram combinadas para produzir cargas agressivas, como mostra a Tabela 3.22. De acordo com a Figura 3.112, as forças da correia também foram incluídas.

TABELA 3.22 – Cargas aplicadas no suporte do compressor

Caso de carga	Transversal	Vertical	Longitudinal	Forças na Correia (Kgf)
1	+4Gx	-7Gy	+4Gz	80
2	+4Gx	-7Gy	-4Gz	80
3	-4Gx	-7Gy	+4Gz	80
4	-4Gx	-7Gy	-4Gz	80
5	+4Gx	+5Gy	+4Gz	80
6	+4Gx	+5Gy	-4Gz	80
7	-4Gx	+5Gy	+4Gz	80
8	-4Gx	+5Gy	-4Gz	80

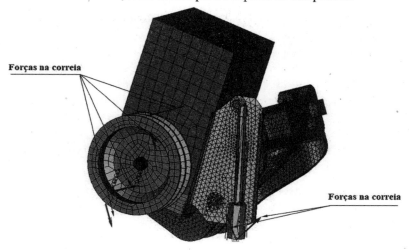

FIGURA 3.112 – Forças na correia para o suporte do compressor.

Os casos de carga descritos na Tabela 3.22 combinam acelerações que atuam simultaneamente no conjunto de suportes do compressor. Por exemplo, o caso 1 é uma combinação de 4g aplicada na direção transversal mais 4g aplicada na direção longitudinal mais 7g aplicada na direção vertical e mais as forças da correia. Essas condições de carregamento, como citado em casos anteriores, são subproduto de registros obtidos de aplicações semelhantes, na falta de medições nesta etapa do projeto.

CRITÉRIOS DE FALHA

Um critério de projeto razoável é um conjunto de experiências acumuladas durante anos. Três aspectos diferentes devem ser observados em um critério significativo de projeto: o modelo de cálculo, as cargas de projeto e as tensões/deformações admissíveis.

O primeiro ponto é sobre a ferramenta conceitual para representar o problema físico. Pode-se adotar a teoria de vigas e, talvez, trabalhar com algumas equações para obter alguns resultados. Por outro lado, técnicas numéricas poderiam ser empregadas, e, após algum processamento computacional, também poderiam ser obtidos resultados. Surge, portanto, a questão de quão confiáveis são os resultados, levando em consideração os custos para obtê-los.

O segundo ponto são as cargas de projeto. Como dito anteriormente, as cargas adotadas para calcular qualquer componente devem ser as piores detectadas durante toda a sua vida útil. Infelizmente, essa alternativa é impraticável para a maioria dos componentes do veículo, pois as cargas reais são desconhecidas. Assim, podem-se usar as cargas de projeto, ou seja, uma estimativa das cargas máximas às quais o componente seria exposto durante sua vida útil. Essa estimativa pode considerar testes experimentais em estradas severas, testes de fadiga em laboratórios, cargas que foram usadas em componentes similares etc.

Finalmente, após definir um modelo e as cargas de projeto, é necessário definir os valores aceitáveis para comparar os resultados da análise. Um critério de resistência, como von Mises, pode ser usado para estimar tensões em situações de picos de carga. Os valores equivalentes de von Mises podem ser comparados com a tensão de escoamento do material dividida por um fator de segurança.

Para fins de durabilidade, a vida infinita à fadiga é uma boa estimativa. A vida útil da fadiga pode ser prevista com o diagrama Goodman, que utiliza propriedades cíclicas do material para definir uma faixa de tensões no suporte.

Portanto, os critérios de projeto utilizados para analisar o conjunto de suportes do compressor incluem os seguintes pontos:

1. A análise é baseada no método dos elementos finitos, que foi empregado para modelar o conjunto de compressores.

2. As cargas de projeto foram descritas anteriormente. As cargas dinâmicas são apresentadas adiante.

3. Os fatores de segurança para fadiga são encontrados aplicando-se tensões estáticas e dinâmicas no diagrama de Goodman. Supõe-se

que a direção principal de tensão permaneça a mesma para os ciclos de tensão previamente escolhidos. Os ciclos são mostrados na Tabela 3.23.

TABELA 3.23 — Definição dos ciclos de fadiga

Ciclo	Definição de carga
1	caso 1 para o caso 8
2	caso 2 para o caso 7
3	caso 3 para o caso 6
4	caso 4 para o caso 5

Portanto, com o diagrama de Goodman, o fator de segurança do suporte de compressão para vida infinita à fadiga é avaliado, admitindo-se que em todos os pontos do suporte as tensões variam entre as calculadas no caso 1 e as avaliadas no caso 8, e assim por diante.

ANÁLISE DINÂMICA

O primeiro passo na análise dinâmica é a avaliação de frequências naturais. Estas estão relacionadas univocamente com os modos de vibração, isto é, cada frequência natural está associada a um modo de vibração específico (ALVES FILHO, 2008). Comparando frequências naturais e a faixa de frequência de excitação, é possível identificar a possibilidade de tensões dinâmicas ocorrerem na estrutura. Duas situações diferentes são comumente detectadas:

1. A primeira frequência natural é maior que a pior frequência de excitação. O problema não tem amplificações dinâmicas, e a análise dinâmica é descartada.

2. Uma ou mais frequências naturais são inferiores à pior frequência de excitação. Aqui, temos que investigar os efeitos de amplificações dinâmicas nas tensões do suporte do compressor. Testes experimentais podem complementar as informações sobre as amplificações dinâmicas.

Como o motor é "isolado" das frequências de excitação da estrada por amortecedores, a principal fonte de excitação de frequências são as forças alternadas desequilibradas da explosão no motor de combustão. Para um motor de 6 cilindros, o terceiro harmônico é a frequência de energia mais alta. Numericamente, essa frequência pode ser calculada por (3 x máxima rotação)/60. Para o motor em análise, a rotação máxima é de 2.970 rpm. Assim, podemos calcular

$$3^{\underline{o}}\ harmônico = (3 \times 2.970)/60 = 149Hz$$

Uma vez limitada a faixa de excitação, podemos usar acelerômetros em pontos pré-definidos do conjunto do suporte do compressor para avaliar a amplificação dinâmica. Com os dados experimentais de aceleração, a distribuição de tensões no suporte do compressor pode ser avaliada executando-se uma análise no histórico de tempo.

Portanto, as cargas dinâmicas são estabelecidas como acelerações aplicadas nos pontos em que o suporte está conectado à cabeça do cilindro.

VALORES ADMISSÍVEIS DE TENSÃO/DEFORMAÇÃO

ANÁLISE ESTÁTICA

As tensões máximas para o suporte do compressor são mostradas na Tabela 3.24. A distribuição de tensões para o suporte está representada na Figura 3.113. Como ilustrado nessa figura, as principais tensões no suporte do compressor ocorrem na região da fixação dos parafusos da polia do câmbio. No caso de carga 1, a tensão máxima é de 15,1kgf/mm^2, o que produz o menor fator de segurança de 1,85. Os fatores de segurança para todos os ciclos definidos na Tabela 3.23 são mostrados na Tabela 3.25. Para considerar as incertezas introduzidas pela hipótese assumida, e tendo em mente que a produção e os processos de montagem também precisam ser levados em conta, é comum aceitar fatores de segurança em torno de 1.2 a 1.4 para esse tipo de componente.

FIGURA 3.113 – Distribuição da tensão máxima principal [kfg/mm^2] – Combinação 1.

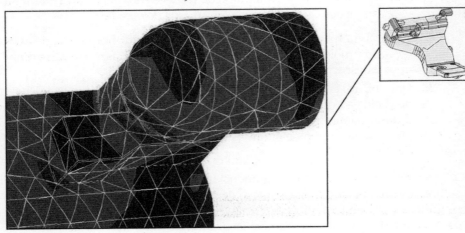

(4Gx - 7Gy + 4 Gz + carga da correia)

Do ponto de vista da análise de fadiga, o suporte do compressor está em conformidade com os critérios de projeto adotados.

TABELA 3.24 – Tensões máximas para cargas combinadas

Combinação de carga	Tensão Máxima Principal [kgf/mm²]
1	15,1
2	14,3
3	13,2
4	12,3
5	7,97
6	7,12
7	6,67
8	5,94
Forças na correia	5,03

TABELA 3.25 – Fator de segurança para ciclos de fadiga

Ciclo de fadiga	Fator de segurança
1	1,85
2	1,98
3	2,14
4	2,32

A Figura 3.114 apresenta a distribuição de tensão para o suporte do câmbio do esticador da correia para a combinação 1. Observa-se que as tensões máximas são consideravelmente inferiores ao limite de fadiga do material (23Kgf/mm²). Portanto, não são esperados problemas estruturais no suporte do esticador da correia.

FIGURA 3.114 – Distribuição das tensões máximas principais [kgf/mm^2] – Combinação 1.

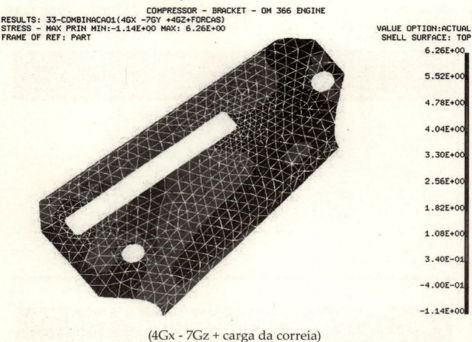

(4Gx - 7Gz + carga da correia)

Análise dinâmica

As três primeiras frequências naturais do conjunto do suporte do compressor obtidas pela análise de elementos finitos são mostradas na Tabela 3.26, enquanto o primeiro modo de vibração é apresentado na Figura 3.115. Na Tabela 3.26, também são mostrados os resultados de frequência natural alcançados por testes experimentais. As diferenças entre a análise de elementos finitos e a avaliação experimental são inferiores a 10%.

TABELA 3.26 – Frequências naturais para o conjunto suporte do compressor

Modo de vibração	Resultados MEF (Hz)	Resultados experimentais (Hz)
1º	81	75
2º	97	92
3º	207	205

FIGURA 3.115 – Primeiro modo de vibração – detalhe do suporte do compressor.

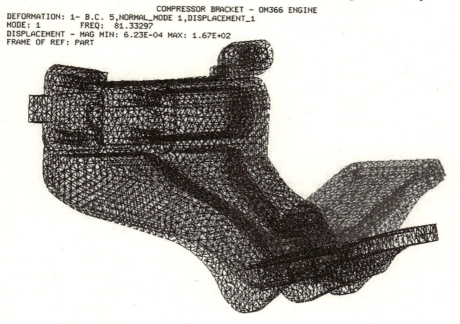

É interessante notar que o conjunto do suporte do compressor tem frequências naturais inferiores ao limite da frequência de excitação (149Hz). Portanto, uma análise de histórico de tempo deve ser realizada para avaliar suas tensões dinâmicas. No entanto, mesmo que as amplificações dinâmicas sejam significativas, as acelerações de entrada do motor (via cabeça do cilindro) não originam acelerações maiores que 1g no compressor, conforme as avaliações experimentais, na superfície superior do compressor, onde se espera uma aceleração máxima, sendo que a aceleração máxima medida é de 0,7 g.

Consequentemente, uma vez combinadas as acelerações na análise estática com valores superiores a 0,7g, as tensões máximas obtidas para essa análise excluem a necessidade de uma análise de histórico de tempo para o conjunto de suportes do compressor.

ANÁLISE ESTRUTURAL DE UM SISTEMA DE PROTEÇÃO FLEXÍVEL SOB AÇÃO DE IMPACTO

Nesta seção se apresenta a avaliação pelo método dos elementos finitos da estrutura da grade de proteção para aplicação em sistemas utilizados em grandes alturas em prédios, de modo a providenciar segurança aos operários em possíveis situações que possam resultar em quedas durante os trabalhos em circunstâncias de potencial risco.

Esses cenários poderiam, em casos mais críticos, ocorrer desde em um simples apoio de um operário na grade, até a condição extrema de um choque, devido a uma queda de objeto ou ao impacto de uma pessoa.

Nessa condição extrema, mesmo que a estrutura apresente uma deformação permanente após o evento do impacto, deve-se garantir que a pessoa que esteja submetida a esse evento não fique sujeita a qualquer risco de queda que possa representar risco de morte.

A partir desse objetivo, a ser observado como requisito de projeto, deve-se utilizar um critério consistente com a realidade das aplicações da engenharia civil/mecânica, se possível baseado em uma norma que represente a condição real, de modo a não se projetar um equipamento que não atenda aos requisitos mínimos de segurança, nem tampouco uma estrutura extremamente exagerada em sua rigidez decorrente de um critério extremamente conservador.

Portanto, é de fundamental importância estabelecer o fundamento da origem dos critérios de projetos e a consequente aplicação à estrutura objeto desta discussão, desenvolvidos nos cálculos apresentados.

As atividades de cálculo detalhadas nesta seção, e que fornecerão subsídios para a aprovação da estrutura em primeira altura segundo as condições de trabalho e carregamentos, estão estabelecidas na Norma Europeia EN 13374:2004, contemplando as cargas estáticas, acidentais e dinâmicas (impacto). Procurou-se, por intermédio da análise estrutural, obter a avaliação dos sistemas de proteção de borda para as condições de carregamento que têm sido observadas para esse tipo de componente, com o objetivo de determinar a distribuição de tensões no conjunto e verificação de aceitação nos critérios estabelecidos na norma.

FIGURA 3.116 – Sistema de proteção flexível.

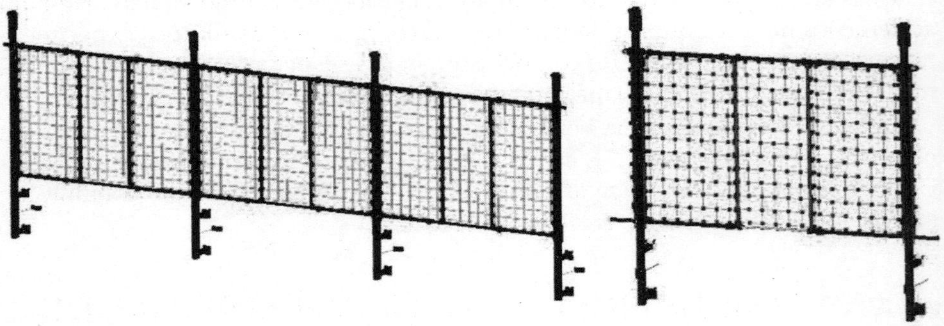

Após o desenvolvimento das análises dos componentes do sistema de proteção flexível pelo Método dos Elementos Finitos, e da obtenção do panorama de tensões, podemos efetuar uma série de recomendações que, do ponto de vista estrutural, tornam-se necessárias no sentido de permitir a aprovação do sistema de borda flexível — primeira altura nos requisitos de carga da EN 13374:2004.

A estrutura da Figura 3.116 será avaliada pelo método dos elementos finitos sob condição extrema de impacto. Foram usadas as propriedades geométricas que definem a rigidez da estrutura, de acordo com Alves Filho (2015), tais como seções transversais e espessuras de chapa.

MODELO DE CÁLCULO E CRITÉRIOS DE FALHA

Procurou-se, por intermédio da análise estrutural, obter a avaliação do sistema de proteção de borda flexível, para as condições de carregamento estabelecidas na Norma Europeia EN 13374:2004, com o objetivo de determinar a distribuição de tensões nos dois principais componentes de estudo (grade e tubos de sustentação).

Modelo geométrico

O modelo geométrico utilizado na análise é mostrado na Figura 3.117, apresentando a representação da geometria das *midsurfaces* com o propósito da geração do modelo de elementos finitos da estrutura do sistema de proteção por elementos de casca (*thin shell elements*) e elementos de viga (*beam elements*).

FIGURA 3.117 – Modelo geométrico sistema de proteção flexível.

Para o presente estudo, foi desenvolvida a análise pelo método dos elementos finitos, com o intuito de se levantar o panorama de tensões nas regiões mais críticas do sistema de proteção de borda flexível — primeira altura.

Um detalhe da malha de elementos finitos utilizada é apresentado na Figura 3.118, mostrando elementos de casca para representação dos componentes estruturais (estrutura tubular soldada) e elementos de vigas para representação da grade de fechamento (trama de vigas menores).

FIGURA 3.118 – Malha de elementos finitos.

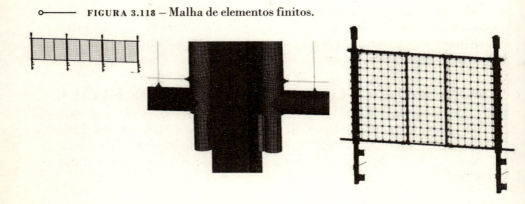

Algumas observações são importantes na justificativa quanto à adoção do modelo híbrido em elementos de viga e de casca, bem como as expectativas de avaliação dos resultados obtidos, justificando-se as considerações feitas à luz dos comportamentos físicos preconizados pela teoria de mecânica estrutural.

O desenvolvimento das análises dos sistemas de proteção de borda flexível pelo método dos elementos finitos, visando a obtenção do panorama de tensões a partir dos modelos refinados de casca (*thin shell elements*) nas regiões objeto de interesse e modelos de elementos de viga (*beam elements*), permite detectar o comportamento estrutural do componente em estudo quando submetido aos carregamentos descritos na Norma Europeia EN 13374:2004. Assim, comparando os resultados da estrutura já consolidada em mercado e aplicações reais, pode-se discutir a viabilização de uma normalização técnica que represente as condições de uso brasileiras.

Para todos os casos a serem avaliados, envolvendo o trabalho estrutural para as diversas configurações de aplicação de cargas na estrutura, um conceito fundamental no trabalho das chapas da estrutura do sistema de proteção de borda deve ser entendido e tomado como ponto de partida.

A consideração desse conceito fundamental do trabalho de estruturas constituídas de chapas e a observação da magnitude das tensões atuantes nas diversas regiões observadas no modelo de cálculo são orientadoras das ações corretivas a serem tomadas e que a boa prática de projeto desse tipo de estrutura recomenda. Façamos, portanto, algumas considerações a respeito desses conceitos, e, posteriormente, as ações subsequentes que afetam a modificação do projeto estrutural nas regiões mais importantes.

O sistema de proteção de borda flexível pode ser entendido do ponto de vista primário como uma composição de vigas verticais e horizontais com uma trama de vigas menores (grade), que recebe em grande parte carregamentos centrais que fazem o componente ter uma grande flexão na direção de carregamento. Essas vigas constituintes da estrutura global do componente têm comportamentos primários de flexão devido ao ponto de aplicação dos carregamentos.

Além dessas cargas que advêm do trabalho primário da estrutura, os componentes estruturais estão sujeitos a carregamentos locais. Esses carregamentos locais "caminham" pela estrutura e podem gerar elevadas tensões locais e serem um "catalisador" do início de falhas por fadiga. A combinação dessas aplicações em regiões que estão associadas a soldas torna-se um grande gerador de trincas por fadiga.

Assim, interessa-nos muito o comportamento das tensões locais, além das tensões primárias do componente, que têm um panorama extremamente complexo nas diversas ligações entre os elementos estruturais. As mencionadas tensões locais se manifestam nas ligações entre chapas quando a transferência de carga se processa de uma chapa para outra e que são perpendiculares entre si, por exemplo, algumas ligações entre transversais e longitudinais e apoios de suportes que transferem cargas perpendiculares a outras chapas. Ocorre um "puncionamento" local, gerando flexões altamente localizadas e, como consequência, elevadas tensões, que, para a vida em fadiga em regiões soldadas, são críticas.

Isso justifica a evidente impossibilidade de se modelar a estrutura tubular soldada utilizando-se apenas o comportamento primário das vigas, usando os elementos finitos de viga, que, embora gerem uma resposta mais rápida, são insuficientes para a representação dos efeitos anteriormente mencionados. Para a região das grades, como as tensões nominais, as flechas de deslocamento, momentos fletores e forças cortantes são os resultados desejados, pode-se usar os elementos de vida (*beam elements*) para representar o problema acuradamente.

Daí a decisão de modelar pelo método dos elementos finitos os detalhes mais importantes da estrutura por intermédio de elementos isoparamétricos de casca (*thin shell isoparametric linear elements*), assim:

- ○ Toda a estrutura dos componentes de chapa agregados para formar um conjunto estrutural local foi modelado por elementos de casca, permitindo a determinação das tensões atuantes nas duas faces da particular chapa que está sendo analisada e que faz parte da montagem local.

- ○ Representação detalhada da ligação entre as estruturas tubulares do sistema de proteção de borda flexível por intermédio do modelo de cascas, de modo a representar as ações localizadas que causam altas flexões locais nos pontos de transição, pois as transferências locais de cargas das tubulações verticais para as horizontais causam "mordidas" nas chapas que transmitem esses esforços e geram, na simples transição de uma espessura, mudanças bruscas de tração para compressão, o que, do ponto de vista de fadiga, constitui um fato extremamente inconveniente, e como sabemos, é nesses locais de transição que ocorrem falhas por fadiga na estrutura, e neste caso em estudo, essa condição fica evidente. Daí o conceito clássico de projeto em regiões de transição estrutural, que orienta o projeto no sentido de chapas sob ação local de carga jamais trabalhem sob tração-compressão local, ou seja, *"avoid bending moments"*. A Figura 3.119 representa essa situação na estrutura atual do sistema de proteção de borda flexível. A aplicação da força na grade e nos postes exige que as juntas tubulares sejam modeladas de forma mais detalhada, de sorte a representar as "mordidas" localizadas.

FIGURA 3.119 – Modelagem sistema de proteção flexível.

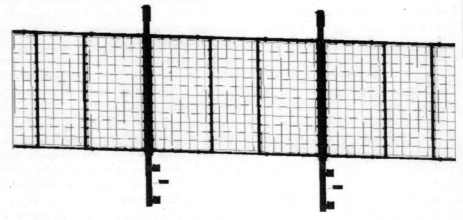

Além das considerações ao tipo de elemento, pela associação de rigidezes equivalentes, pôde-se simplificar o modelo completo (constituído por três conjuntos do sistema de proteção de borda, onde somente o módulo central seria de interesse os resultados) de elementos finitos com o intuito de realizar os estudos finais em um modelo simplificado e mais leve (constituído por um módulo — o central —, que utilizará molas equivalentes para representar a rigidez dos outros módulos — modelo isolado). As características do modelo estrutural do sistema de proteção de borda são mostradas na Tabela 3.27.

TABELA 3.27 – Características dos modelos de elementos finitos

Entidades	Modelo Completo	Modelo Isolado
Nós	309.574	139.427
Elementos de casca	297.464	135.556
Elementos sólidos	4.276	946
Elementos rígidos	1.485	1.044
Elemento de viga	5.718	1.099
Elementos de massa concentrada	0	0
Elementos de mola	0	24
Elementos de gap	0	0

As propriedades dos materiais considerados na análise estrutural — modelo completo e modelo isolado — são fornecidas na Tabela 3.28. A Figura 3.120 apresenta o diagrama tensão x deformação do material utilizado.

TABELA 3.28 – Propriedades dos materiais

Material	Módulo de elasticidade	Tensão de ruptura	Tensão de escoamento	Limite de fadiga
SAE 1010	21.000kgf/mm²	30kgf/mm²	18kgf/mm²	15kgf/mm²

As propriedades físicas (*properties*) associadas aos elementos finitos da malha construída seguem os conceitos já estudados em Alves Filho (2015). Elementos de viga têm sua *"properties"* definidas pela seção transversal dos elementos, e elementos de casca, pela sua espessura. O objetivo aqui neste texto é discutir a metodologia.

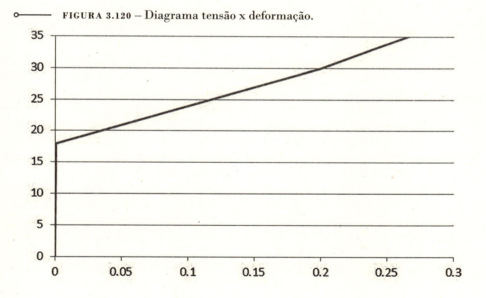

FIGURA 3.120 – Diagrama tensão x deformação.

CRITÉRIOS DE PROJETO

Com a finalidade de se estudar o comportamento estrutural do sistema de proteção de borda flexível, primeira altura e as condições para verificação da estrutura quando submetidas aos carregamentos, baseados na Norma Europeia EN 13374:2004, foram estabelecidos quatro conceitos importantes que norteiam a verificação estrutural dos sistemas de proteção de borda e que estão presentes de forma geral ao se estabelecer os critérios de falha para qualquer estrutura objeto de análise. Tais conceitos basicamente cobrem três situações de ocorrência prática, a saber:

- ○ Escoamento do material e instabilidade da estrutura.
- ○ Iniciação de trinca na estrutura.
- ○ Propagação da trinca na estrutura.
- ○ Absorção de energia devido a um impacto.

O primeiro desses conceitos (escoamento do material e instabilidade da estrutura) é adotado na verificação quanto ao critério de pico e no critério de flambagem.

O segundo conceito (iniciação de trinca na estrutura) é adotado na verificação quanto ao critério de fadiga.

O terceiro conceito (propagação da trinca na estrutura) não é objeto do presente estudo, pois a estrutura deve atender às condições de fadiga de alto ciclo.

O quarto conceito (absorção de energia devido a um impacto) é utilizado para certificar se, quando a estrutura é submetida a um impacto acidental (no caso, um teste de pêndulo), ela é capaz de absorver a energia gerada pelo evento e se a estrutura deformada não permite a passagem de uma pessoa.

CRITÉRIO DE ABSORÇÃO DE ENERGIA DEVIDO A UM IMPACTO NA ESTRUTURA

Com a finalidade de se estudar o comportamento estrutural do sistema de proteção flexível, foram consideradas as condições para verificação da estrutura quando submetida aos carregamentos, baseadas nas possíveis cargas de operação e que são representativas de casos reais e condição extrema de impacto que possam garantir toda a segurança da estrutura considerando cargas extremas e método de cálculo adequado e avançado que é o método dos elementos finitos.

A simulação da resposta à carga de impacto, considerando a representação do fenômeno no exíguo intervalo de tempo que ocorre, demandaria a elaboração de modelo dinâmico com possível solução pelo método de integração direta com algoritmo explícito. Devido às diversas particularidades de geometria, seria mandatória a elaboração de uma malha de casca mapeada e alinhada em todas as juntas, além de uma malha sólida, e em particular tetraédrica parabólica para a região da grade. Com esse grande número de graus de liberdade do modelo, o cálculo dessa estrutura pelo método de integração direta com algoritmo explícito demandaria um enorme trabalho e, em função disso, um custo elevado para o processo de análise. No caso mais geral, esse procedimento poderia simular também as deformações permanentes, o que tornaria ainda mais trabalhoso esse procedimento, e mais custoso. Em diversos estudos de desenvolvimento de projetos, uma abordagem alternativa pode ser proposta para a resolução do problema dinâmico associado a cargas de impacto.

Em muitos casos, é bastante complexo avaliar as cargas de impacto quantitativamente. O projetista pode utilizar um dos dois métodos:

1. Estimar a máxima força exercida na estrutura objeto de análise aplicando um fator dinâmico nos resultados da análise estática para essa carga estimada. Normalmente, a grande dificuldade está no conhecimento do intervalo de tempo que dura o impacto. Se esse intervalo fosse exatamente conhecido, juntamente com o valor da força máxima, esse problema teria solução dentro do regime elástico com base nos gráficos do espectro de choque.

2. Uma segunda alternativa é estimar a energia absorvida pela estrutura e projetá-la como um membro absorvedor de energia, utilizando uma análise estática considerando força equivalente, impondo as condições de trabalho no regime elástico a partir da transformação da energia potencial (quadro de revisão 3.1). Dessa forma, a partir de uma análise estática, podemos avaliar a estrutura por intermédio de "análise não linear estática com plasticidade", considerando uma força de intensidade corrigida para contabilizar o efeito da velocidade de "chegada" da massa na estrutura.

CARREGAMENTO DE PROJETO E CONDIÇÕES DE CONTORNO

Os detalhes dos carregamentos foram aplicados baseados na Norma Europeia EN 13374:2004, gerando, assim, treze carregamentos distintos que consideram desde a força do vento até impactos na grade e no poste.

a) Cargas de serviço 1-3, áreas de aplicação

Esse carregamento foi simulado aplicando-se a aceleração da gravidade no modelo, somada a três cargas horizontais na grade, conforme ilustrado na Figura 3.121. Observe que a estrutura está sujeita à aceleração vertical de 1g (uma vez a aceleração da gravidade).

FIGURA 3.121 – Cargas de serviço 1-3.

b) Cargas de serviço 2-2, áreas de aplicação

Esse carregamento foi simulado aplicando-se a aceleração da gravidade no modelo, somada a duas cargas horizontais na grade, conforme ilustrado na Figura 3.122. A estrutura está sujeita a uma aceleração vertical de 1g.

FIGURA 3.122 – Cargas de serviço 2-2.

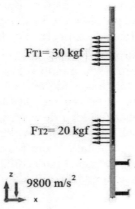

c) Cargas de limite extremo 1, área superior

Esse carregamento foi simulado aplicando-se a aceleração da gravidade no modelo, somada a uma carga horizontal na parte superior da grade, conforme ilustrado na Figura 3.123. A estrutura está sujeita a uma aceleração vertical de 1g.

FIGURA 3.123 – Cargas limite extremo 1, área superior.

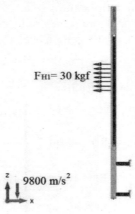

d) Cargas de limite extremo 1, área inferior

Esse carregamento foi simulado aplicando-se a aceleração da gravidade no modelo, somada a uma carga horizontal na parte inferior da grade, conforme ilustrado na Figura 3.124. A estrutura está sujeita a uma aceleração vertical de 1g.

FIGURA 3.124 – Cargas de limite extremo 1, área inferior.

e) Carga lateral no poste

Esse carregamento foi simulado aplicando-se a aceleração da gravidade no modelo, somada a uma carga lateral no poste, conforme ilustrado na Figura 3.125. A estrutura está sujeita a uma aceleração vertical de 1g.

FIGURA 3.125 – Carga lateral no poste.

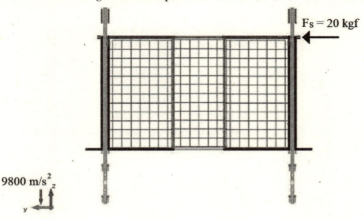

f) Cargas acidentais 1, área superior

Esse carregamento foi simulado aplicando-se a aceleração da gravidade no modelo, somada a uma carga vertical na parte superior da grade, conforme ilustrado na Figura 3.126. A estrutura está sujeita a uma aceleração vertical de 1g.

FIGURA 3.126 – Cargas acidentais 1, área superior.

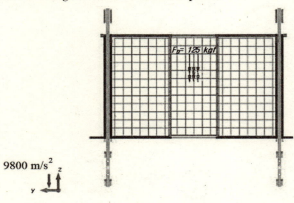

g) Cargas acidentais 2 – área central

Esse carregamento foi simulado aplicando-se a aceleração da gravidade no modelo, somada a uma carga vertical na parte central da grade, conforme ilustrado na Figura 3.127.

FIGURA 3.127 – Cargas acidentais 2, área central.

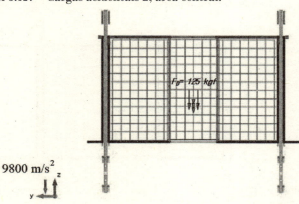

h) Cargas acidentais 3, área inferior

Esse carregamento foi simulado aplicando-se a aceleração da gravidade no modelo, somada a uma carga vertical na parte inferior da grade, conforme ilustrado na Figura 3.128.

FIGURA 3.128 – Cargas acidentais 3, área inferior.

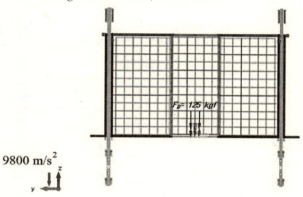

i) Carga de vento e carga de limite extremo 1, área superior

Esse carregamento foi simulado aplicando-se a aceleração da gravidade no modelo, somada a uma carga horizontal na parte superior da grade e vento com velocidade de 18 m/s, conforme ilustrado na Figura 3.129.

FIGURA 3.129 – Carga de vento e carga de limite extremo 1, área superior.

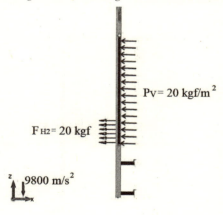

j) Carga de vento e carga de limite extremo 2, área inferior

Esse carregamento foi simulado aplicando-se a aceleração da gravidade no modelo, somada a uma carga horizontal na parte inferior da grade e vento com velocidade de 18 m/s, conforme ilustrado na Figura 3.130.

FIGURA 3.130 – Carga de vento e carga de limite extremo 2, área inferior.

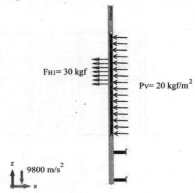

k) Impacto 1, área central da grade

Esse carregamento foi simulado aplicando-se a aceleração da gravidade no modelo, somada a um impacto de um peso de 50kg na área central da grade, resultando que a estrutura absorva uma energia de 600 J, conforme ilustrado na Figura 3.131. A metodologia de comparar a energia de deformação absorvida na estrutura com deformação permanente e a energia introduzida já foi discutida anteriormente.

FIGURA 3.131 – Impacto 1, área central da grade.

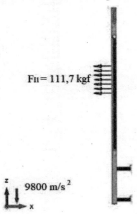

Essa situação representa uma condição de impacto que poderia ocorrer em função da queda de um operário em movimento que se projete sobre a grade da estrutura. Nessa situação que envolve movimentação, uma das formas clássicas de se proceder à avaliação estrutural, na ausência da informação do tempo de impacto, é considerar uma dada condição de energia devido ao movimento do operário. Nessa condição extrema de impacto, admite-se a ocorrência de deformações permanentes na estrutura, mas em nenhuma condição é admissível o seu rompimento, o que implicaria na queda do operário em trabalho.

Aqui, a filosofia de trabalho da estrutura está mantida à luz dessas normas mencionadas em termos de possibilidade de utilização. Entretanto, procurou-se estabelecer valores numéricos condizentes com a operação real e aplicar esses valores a uma estrutura que tem comprovadamente bom comportamento em campo, e em particular na condição extrema de impacto, foi testada experimentalmente, e mostrou-se integra em seu comportamento.

l) Impacto 2, área superior da grade

Esse carregamento foi simulado aplicando-se a aceleração da gravidade no modelo, somada a um impacto de um peso de 50kg na área superior da grade, conforme ilustrado na Figura 3.132.

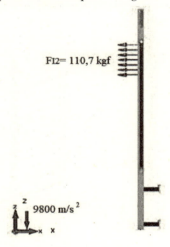

FIGURA 3.132 — Impacto 2, área superior da grade.

m) Impacto 3, área superior do poste

Esse carregamento foi simulado aplicando-se a aceleração da gravidade no modelo, somada a um impacto de um peso de 50kg na área superior do poste, conforme ilustrado na Figura 3.133.

FIGURA 3.133 – Impacto 3, área superior do poste.

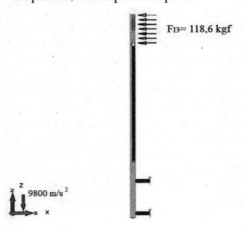

Restrições

As restrições aplicadas nos modelos simulam a condição de trabalho do sistema de proteção de borda flexível — a primeira altura é mostrada na Figura 3.134, representando basicamente os seus apoios.

FIGURA 3.134 – Restrições aplicadas no modelo de elementos finitos.

VALORES ADMISSÍVEIS DE TENSÃO/DEFORMAÇÃO

Em condições de solicitação extrema, as aplicações simples da análise linear que considera pequenas deflexões baseada nas aplicações básicas da resistência dos materiais elementar não cabem. Nessas situações, as grandes deflexões geram comportamento não linear, em que os efeitos causados na estrutura não são proporcionais aos aumentos de carga sobre ela. Adicionalmente, a presença de deformações permanentes como um critério aceitável em um impacto, desde que não implique em ruptura, devem ser analisadas com extremo cuidado e constituem um comportamento eminentemente não linear (ALVES FILHO, 2012).

Assim, foram efetuadas análises não lineares para a estrutura objeto de estudo, e esse deveria ser considerado um requisito básico para a avaliação desse tipo de sistema, pois o modelo matemático linear não representa adequadamente a realidade física. Na ausência de um critério realístico que defina as solicitações atuantes sobre a estrutura, seu comportamento foi balizado em uma norma espanhola. Seria necessário discutir o grau de conservadorismo dessa norma e sua adaptação aos padrões que deveriam ser aplicados aqui no Brasil.

Nas figuras de 3.135 a 3.139, são apresentados os resultados obtidos de análise não linear para o carregamento de impacto 1 na área central da grade (Figura 3.131).

FIGURA 3.135 – Deformação elástica e permanente – carga impacto 1.

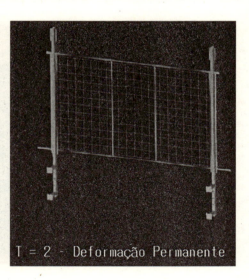

Total translation (mm) - Grade

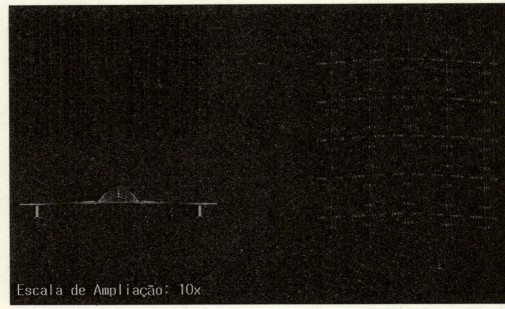

FIGURA 3.136 – Deformação na grade – carga impacto 1.

* Total translation node 69610 (mm) - Grade (escala de ampliação 10x)

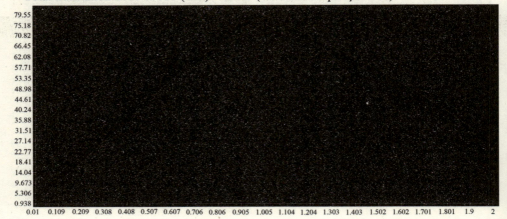

FIGURA 3.137 – Translação total na grade – carga impacto 1.

FIGURA 3.138 – Tensão de von Mises (Top) – carga impacto 1.

*Tensão equivalente de von Mises - Plate Top von Mises Stress (kgf/mm^2)

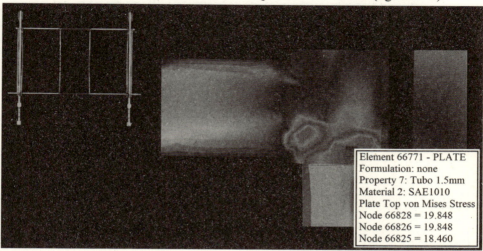

FIGURA 3.139 – Tensão de von Mises (Bottom) – carga impacto 1.

* Tensão equivalente de von Mises - Plate Bottom von Mises stress (kgf/mm^2)

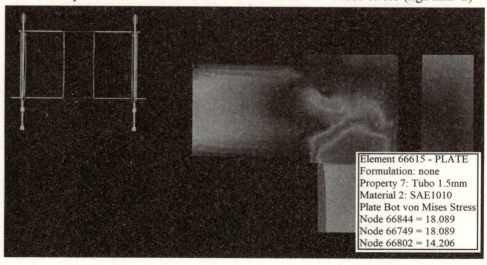

A condição mais crítica, e que admite que a estrutura em um choque possa deformar-se permanentemente, é baseada em um impacto que, aplicado à estrutura, possa causar uma deformação permanente. Porém não deverá acarretar seu rompimento, e, assim, assegura a integridade da pessoa que, submetida a este evento, fica imune à queda, o que poderia, com certeza, acarretar morte.

Deverá garantir também que o impacto de um objeto na estrutura não provoque seu rompimento, colocando em risco as pessoas no solo.

Esse critério define uma quantidade de energia que representa uma queda passível de ocorrer nesses eventos. Essa energia, considerando a condição de impacto, foi transformada, pelo procedimento apresentado neste trabalho (Quadro de Revisão 3.1), em uma força de impacto, e pelo procedimento de análise não linear com plasticidade, obrigatório nesse tipo de avaliação, permitiu verificar o máximo deslocamento e a máxima tensão atuante na estrutura, verificando e comprovando sua integridade, bem como a determinação da condição deformada final, dado que uma parte do comportamento elástico é recuperado.

Esse estudo de impacto mostrou-se extremamente coerente com o ensaio experimental, mostrando que esse tipo de análise que garante a segurança extrema da estrutura possa ser determinado por procedimento numérico.

As análises para outros carregamentos que não representam condições extremas de segurança (e que são avaliados por impactos até certo ponto conhecidos e, portanto, bem direcionados) mostraram que a estrutura não atende aos critérios de projeto. Ao contrário da carga de impacto, que representa uma situação clara de ocorrência (embora mais simples de se formular, porém com um modelo mais sofisticado de cálculo), as cargas estáticas deveriam ser submetidas a uma discussão sobre o seu conservadorismo em relação a possibilidade de se considerar o exagero que poderia estar contido na sua formulação.

Essa última observação levanta uma questão central, neste caso, obviamente, referindo-se à estrutura apresentada e pelo seu histórico. As observações e relatos atentos e cuidadosos efetuados em campo indicam a não ocorrência de acidentes nos diversos anos de aplicação dessa estrutura, e sua aprovação em um teste de energia representativo da possibilidade real de impacto, com comprovação experimental de sua segurança, e coerência entre os experimentos e o modelo matemático.

Uma sugestão a partir dessas evidências seria a determinação de um carregamento que fosse limite para essa estrutura que comprovadamente tem tido um bom histórico nas diversas obras em que foi utilizada, com auxílio, por exemplo, dos modelos matemáticos desenvolvidos. Para a aprovação desses tipos de estrutura, seria justo adotar um critério realístico de carregamento e modelos de cálculo necessariamente não lineares, coerentes com os fenômenos a serem representados.

Assim, foram efetuadas análises não lineares para a estrutura objeto de estudo, e esse deveria ser considerado um requisito básico para a avaliação desse tipo de sistema, pois o modelo matemático linear não representa adequadamente a realidade física.

As análises para outros carregamentos na primeira e segunda altura representam condições de apoio dos operários na estrutura e carga de vento. O estudo evidenciou que a estrutura atende às condições de resistência mecânica de forma a se esperar uma operação segura em campo.

Uma observação final deve ser mencionada, como já fora citado no início do presente capítulo, ao usar essa metodologia alternativa para impactos.

Essa observação interessante merece ser relembrada neste método de avaliação inicial. É feita uma análise que envolve plasticidade, e como o problema é não linear, a rigidez varia. Dessa forma, ao se determinar a rigidez na região do impacto, isso não é levado em conta. Ao se processar a análise não linear com plasticidade (ALVES FILHO, 2012), obtemos ao final uma energia de deformação informada pelo *software*, que não coincide com a energia usada como *input* para o impacto. Deve-se então propor, por tentativas, valores diferentes de carga estática a partir do primeiro "chute", de modo que, após algumas análises efetuadas, a energia devido ao impacto conhecida seja igual à energia de deformação. Aí então temos a solução final concluída.

ANÁLISE ESTRUTURAL DE PEDAL DE FREIO E EMBREAGEM

Nesta seção, é apresentada a análise estrutural de um pedal de freio e embreagem. Serão apresentadas as principais etapas do desenvolvimento das análises, com o intuito de discutir a metodologia utilizada. Por meio de uma análise estrutural linear estática, obteve-se a avaliação dos componentes para as condições de teste com o objetivo de determinar a distribuição de tensões ao longo da estrutura dos componentes.

MODELO DE CÁLCULO E CRITÉRIOS DE FALHA

O modelo estrutural é construído com base na geometria do componente em estudo, com o intuito de se levantar o panorama de tensões e deformações. No caso da análise de tensões, os elementos escolhidos (a escolha do tipo de elemento a ser usado na construção do modelo estrutural é imprescindível para a obtenção de resultados coerentes) devem não apenas representar a rigidez do componente, mas calcular acuradamente a distribuição de tensões nos elementos.

MODELO DE ELEMENTOS FINITOS

Foram considerados dois modelos, cuja denominação é mostrada na Tabela 3.29. As principais características dos modelos de elementos finitos utilizados na análise linear estática estão apresentadas na Tabela 3.30. Esses modelos foram construídos a partir das geometrias 3D dos componentes. Para o modelo 1, foram empregados elementos do tipo tetraédrico parabólico (Figura 3.140), ideais para representar as variações bruscas de espessuras como observadas nesse componente, e para o modelo 2 foram utilizados elementos quadrilaterais de casca, já que esse componente apresenta espessura constante da chapa (Figura 3.141). Como é sabido, no caso da análise de tensões, os elementos escolhidos devem não apenas representar a rigidez do componente, mas também calcular apuradamente a distribuição de tensões no modelo.

TABELA 3.29 – Determinação dos componentes a serem avaliados

Componente	Denominação	Material
Pedal da embreagem	Modelo 1	Zytel 70G30HSLR NC10 Nylon 66
Pedal do freio	Modelo 2	FEP 13

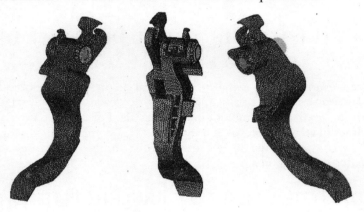

FIGURA 3.140 – Modelo 1 – Elementos tetraédricos parabólicos.

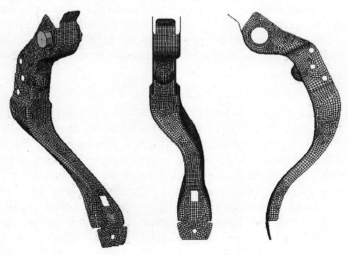

FIGURA 3.141 – Modelo 2 – Elementos quadrilaterais de casca.

TABELA 3.30 – Características dos modelos

Entidades	Modelo 1	Modelo 2
Nós	161.706	5.961
Elementos de casca	0	5.567
Elementos sólidos	102.475	0
Elementos rígidos	5	4
Elemento de viga	0	4

O material utilizado nas análises e suas propriedades mecânicas de interesse estão descritos na Tabela 3.31.

TABELA 3.31 – Propriedades mecânicas dos materiais

Material	Módulo de elasticidade	Poisson	Tensão de ruptura	Tensão de escoamento
FEP 13	210.000N/mm²	0,3	270N/mm²	180N/mm²
Zytel 70G30HSLR NC10 Nylon 66	7.200kgf/mm²	0,39	130N/mm²	48N/mm²

CRITÉRIO DE PROJETO

O critério utilizado no estudo dos dois componentes tem como base a teoria da máxima energia de distorção (teoria de von Mises-Hencky), que é empregada para definir o início do escoamento do material.

Nesse critério, as tensões de von Mises encontradas no modelo de elementos finitos são comparadas com a tensão de escoamento do material, sendo que a aprovação se dá quando as tensões de von Mises no modelo de elementos finitos são inferiores à tensão de escoamento do material.

Adicionalmente, foi adotado um critério de flambagem que tem como objetivo prever a carga necessária para atingir a instabilidade da estrutura. A flambagem é avaliada a partir do fator de carga de flambagem (FCF), que corresponde a um fator multiplicador da carga, o qual indica a proporção da carga para a ocorrência da flambagem.

O FCF pode ser um valor positivo ou negativo:

- ❍ Valores negativos de FCF indicam que a carga deveria ser aplicada em direção oposta para que a flambagem ocorra.
- ❍ Valores **INFERIORES** a 1 indicam que a carga no modelo é superior à carga de flambagem.

234 DESENVOLVIMENTO DE PRODUTOS UTILIZANDO SIMULAÇÃO VIRTUAL

○ Valores **SUPERIORES** a 1 indicam que a carga no modelo é inferior à carga de flambagem.

Para a aprovação do componente quanto ao critério de flambagem, é necessário que o valor do FCF seja negativo ou maior ou igual a 1. É recomendável que esse fator seja superior a 3 para fins de projeto. Outro critério adotado se baseia na máxima deflexão dos componentes, que devem estar de acordo com a Tabela 3.32.

TABELA 3.32 – Deflexões máximas permitidas no carregamento de deflexão

Componente	Modelo	Deflexão máxima (mm)
Pedal da embreagem	1	4
Pedal do freio	2	4

CARREGAMENTO DE PROJETO E CONDIÇÕES DE CONTORNO

Os carregamentos e restrições utilizados nas análises se baseiam na norma Fiat Auto Normazione — Complessivo pedaliera — CAPITOLATO 9.02119/01, conforme Tabela 3.33.

TABELA 3.33 – Carregamentos

Componente	Modelo	Critério de pico/flambagem	Deflexão
Pedal da embreagem	1	800N	200N
Pedal do freio	2	2.300N	500N

O modelo do pedal de freio contempla apenas uma condição de restrição. O modelo do pedal da embreagem contempla duas condições de restrição, sendo que a primeira corresponde ao pedal da embreagem com acionamento por cabo, que será denominado CASO 1 (Figura 3.142), e a segunda correspondendo ao pedal da embreagem com acionamento hidráulico, que será denominado CASO 2 (Figura 3.143).

FIGURA 3.142 – Condições de contorno para o pedal de embreagem (Caso 1).

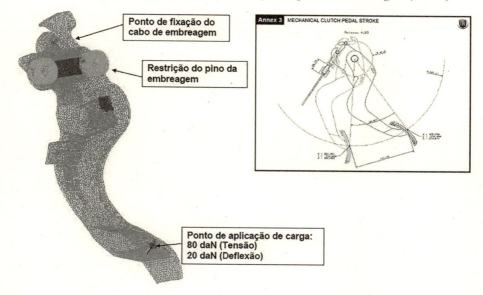

FIGURA 3.143 – Condições de contorno para o pedal de embreagem (Caso 2).

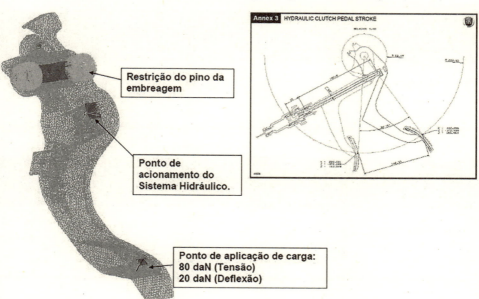

A Figura 3.144 apresenta as condições de contorno do pedal do freio.

FIGURA 3.144 – Condições de contorno para o pedal do freio.

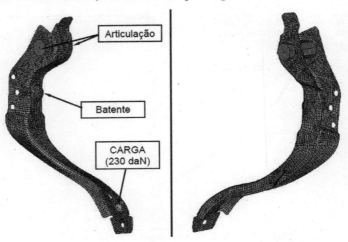

VALORES ADMISSÍVEIS DE TENSÃO/DEFORMAÇÃO

Os resultados obtidos para os carregamentos considerados são apresentados nas tabelas de 3.34 a 3.36.

TABELA 3.34 – Resultados referentes ao critério de deflexão

Componente	Modelo	Caso	Carregamento (N)	Deflexão (mm)	
Pedal da embreagem	1	1	200	3,1	Critério ≤ 4,0mm
		2	200	2,8	
Pedal do freio	2	---	500	45	

TABELA 3.35 – Resultados referentes ao critério de escoamento do material

Componente	Modelo	Caso	Carregamento (N)	Tensão von Mises (MPa)	
Pedal da embreagem	1	1	800	83,1	Critério ≤ 48MPa
		2	800	83,1	
Pedal do freio	2	---	2.300	2323,0	≤ 180MPa

TABELA 3.36 – Resultados referentes ao critério de flambagem

Componente	Modelo	Caso	Carregamento (N)	Fator de carga de flambagem (FCF)	
Pedal da embreagem	1	1	800	6,8	Critério ≤ 3
		2	800	6,8	
Pedal do freio	2	---	2.300	3,1	

Conclusão

O modelo 1 (pedal de embreagem) mostrou maior deslocamento de 3,1mm (Caso 1) para o carregamento de 200N (Figura 3.145), atendendo ao critério de deslocamento máximo que é de 4,0mm, entretanto mostrou tensões de von Mises maiores que o limite de escoamento permitido pelo material nos dois casos. A Figura 3.146 apresenta um dos casos.

FIGURA 3.145 – Panorama de deformação (mm) – Carregamento 200N (Caso 1).

FIGURA 3.146 – Panorama de tensões von Mises (MPa) – Carregamento 800N (Caso 1).

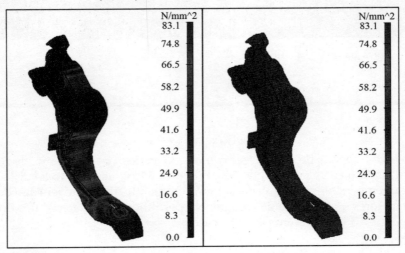

Foi executada a avaliação de *"buckling"* (flambagem) desse pedal de embreagem com a carga de 800N, mostrando um fator de carga (FCF) de 6.8 (figuras 3.147 e 3.148), atendendo ao valor recomendado para projetos, que é de 3.

FIGURA 3.147 – Fator de carga de flambagem para o carregamento 800N (Caso 1).

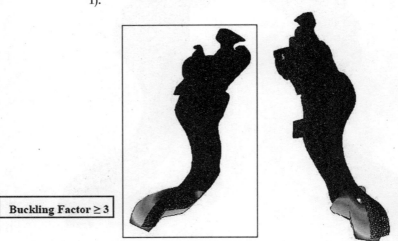

FIGURA 3.148 – Fator de carga de flambagem para o carregamento 800N (Caso 2).

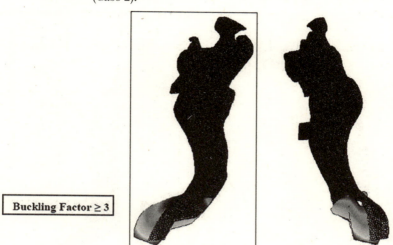

O modelo 2 (pedal de freio) mostrou maior deslocamento de 4,5mm (Figura 3.149) para a carga de 500N, maior que o limite de 4,0mm. Ou seja, esse pedal não atende ao critério de deslocamento máximo.

FIGURA 3.149 – Panorama de deformação (mm) – Carregamento 500N.

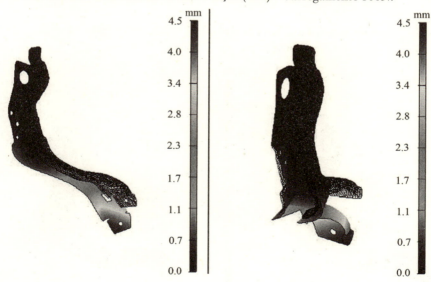

Os níveis de tensão na peça estão muito acima do limite de escoamento do material (figuras 3.150 e 3.151), sendo assim necessário o estudo desse componente para a adequação das tensões aos patamares aceitáveis do limite do material.

FIGURA 3.150 – Panorama de tensões de von Mises (MPa) – Carregamento 2.300N.

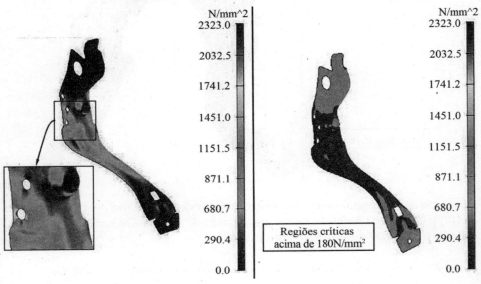

FIGURA 3.151 – Panorama de tensões de von Mises (MPa) – Carregamento 2.300N.

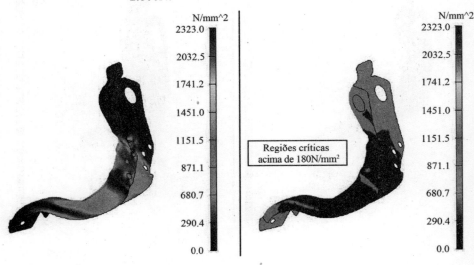

Foi executada também a análise de *"buckling"* nesse pedal de freio com a carga de 2.300N, e o fator de carga (FCF) de 3,1 está pouco acima do valor recomendado, que é de 3.

COMENTÁRIOS/RECOMENDAÇÕES

Na análise estática linear dos pedais de embreagem e de freio, foram avaliados dois critérios: deslocamentos máximos e o levantamento das tensões contra o limite de escoamento dos materiais.

A concentração de tensões acima do limite de escoamento do material no modelo 1 indica que serão necessárias melhorias focadas nas regiões críticas (Figura 3.146), como aumento do momento de inércia da seção (adição de material).

O modelo 2 (pedal de freio) requer especial atenção: nesse caso, é necessária a diminuição dos níveis de tensão obtidos para níveis muito mais baixos. Foi feito adicionalmente um modelo alterando-se a aba lateral do pedal (figuras de 3.152 a 3.154), de forma a aumentar o momento de inércia da seção transversal, e mesmo tendo uma diminuição das tensões, ainda não é suficiente para atender ao critério de escoamento.

FIGURA 3.152 – Modelo adicional – modificação da aba.

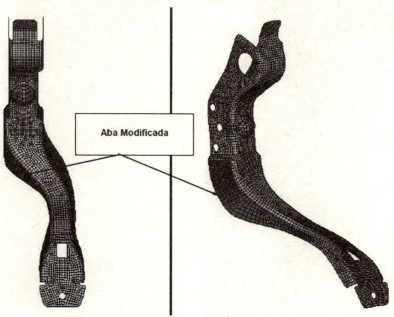

242 DESENVOLVIMENTO DE PRODUTOS UTILIZANDO SIMULAÇÃO VIRTUAL

FIGURA 3.153 – Modelo alterado – Tensão de von Mises (MPa) – Carga 2.300N.

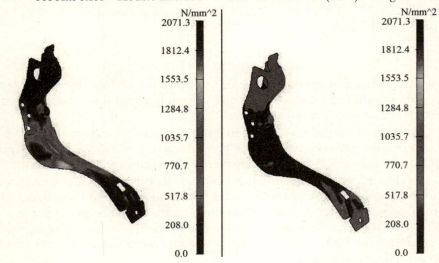

FIGURA 3.154 – Comparação – Tensão de von Mises (MPa) – Carga 2.300N.

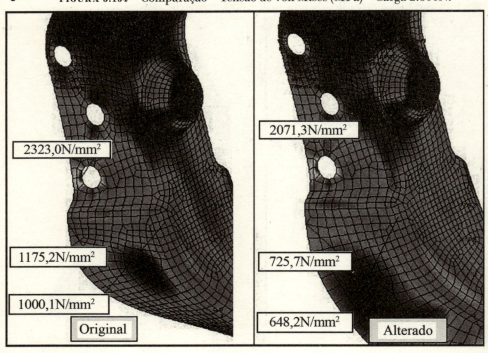

ABORDAGENS DE PROBLEMAS ESTRUTURAIS   **243**

Recomenda-se, por fim, uma avaliação de durabilidade do conjunto, com vistas a avaliar a etapa do projeto aqui apresentada e também outras importantes, como a fabricação e a montagem dos componentes.

ANÁLISE DE UMA ESTRUTURA DE CARRO DE TRANSPORTE DE PASSAGEIROS

Na sequência, será apresentado um exemplo de aplicação avaliando um carro de transporte de passageiros, compreendendo as etapas da terceira fase do método de desenvolvimento proposto.

MODELO DE CÁLCULO E CRITÉRIOS DE FALHA

O presente estudo da caixa estrutural do carro de passageiros metropolitano desenvolve todas as análises requeridas no critério de projeto da estrutura, para avaliação de sua resistência mecânica pelo método dos elementos finitos.

Por meio da análise, será avaliada a caixa estrutural do carro de passageiros na configuração atual e na configuração modificada na cabeceira e na colocação do ar-condicionado. O principal intuito é verificar a repercussão na estrutura do carro de passageiros diante dessas modificações, assim como a substituição de outros componentes para as condições de carregamento que têm sido observadas para esse tipo de estrutura, com o objetivo de determinar a distribuição de tensões no conjunto.

Quando se faz uma grande abertura nas extremidades do carro de passageiros para colocação do equipamento de ar-condicionado, a estrutura da caixa estrutural perde rigidez, e reforços são colocados, de modo que o comportamento da estrutura com as aberturas não perca o seu desempenho estrutural.

Os níveis de tensão devem permanecer aceitáveis. Deve ser observado que, na região dos truques, onde as aberturas foram introduzidas, ocorrem as reações de apoio da caixa do carro de passageiros carregado, e aí altas forças cortantes se manifestam. E pelo fato de serem introduzidas essas aberturas, há uma grande perda de "momento estático" da viga caixa, com implicações nas tensões de cisalhamento. Os reforços introduzidos têm de compensar essas perdas. Tal tema é tratado em Alves Filho (2008).

O modelo estrutural é construído com base na geometria do componente em estudo, com o intuito de se levantar o panorama de tensões e deformações. No caso da análise de tensões, os elementos escolhidos (a escolha do tipo de elemento a ser usado na construção do modelo estrutural é imprescindível para a obtenção de resultados coerentes) devem não apenas representar a rigidez do componente, mas calcular acuradamente a distribuição de tensões nos elementos.

O primeiro ponto é sobre a ferramenta empregada para representar o problema físico. Pode-se adaptar a teoria de vigas de sorte a se obter alguns resultados, não muito mais do que deslocamentos máximos, momentos fletores máximos e tensões nominais. Para o cálculo de tensões localizadas, esse modelo não seria adequado. Outra alternativa seria a simulação numérica por meio de modelos mais refinados que permitem um cálculo mais acurado de deformações e de tensões. A escolha de um ou de outro modelo está diretamente relacionada à relação entre a qualidade dos resultados e os custos para obtê-los. O modelo geométrico utilizado na análise é apresentado nas figuras de 3.155 até 3.159.

FIGURA 3.155 – Modelo geométrico do carro de passageiro.

FIGURA 3.156 – Modelo do carro de passageiros atual – perspectiva cabeceira frontal.

FIGURA 3.157 – Modelo do carro de passageiros atual – detalhe do estrado.

FIGURA 3.158 – Modelo do carro de passageiros atual.

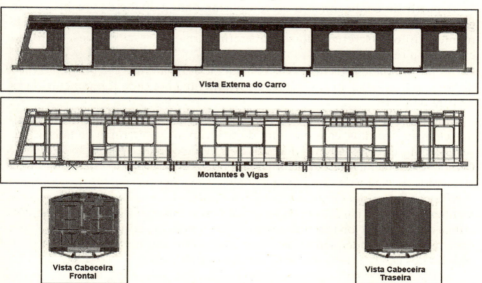

FIGURA 3.159 – Modelo do carro de passageiros – cabeceira frontal.

Para o presente estudo, será desenvolvida a análise pelo método dos elementos finitos, com o intuito de se levantar o panorama de tensões nas regiões mais críticas dos carros de passageiros.

A partir do conhecimento do comportamento global e das principais regiões críticas do carro de passageiros, será confeccionado o modelo de elementos finitos discretizando-se mais refinadamente essas regiões, como, por exemplo, a região da porta.

As propriedades dos materiais considerados na análise estrutural do carro de passageiros serão atribuídas respectivamente para cada componente da estrutura do carro.

Para estudar o carro de passageiros, foi desenvolvida a análise pelo método dos elementos finitos, com o intuito de se levantar o panorama de tensões nas regiões mais críticas. Foram utilizados dois modelos para a execução da análise. O modelo de elementos finitos inicial (modelo de viga) foi confeccionado por elementos de viga e de casca para a obtenção dos deslocamentos do conjunto e verificação das regiões críticas nos carros a partir das tensões nominais nos elementos de viga. A partir do conhecimento do comportamento global e regiões críticas, foi confeccionado um novo modelo (modelo refinado) contemplando uma malha mais adequada (malha de casca refinada) para a região da porta traseira dos carros que se mostrou crítica nos dois carros.

As figuras de 3.160 a 3.162 apresentam uma visão geral da malha de elementos finitos utilizada no modelo de casca, construída a partir do modelo geométrico.

FIGURA 3.160 – Malha de elementos finitos.

FIGURA 3.161 – Malha de elementos finitos.

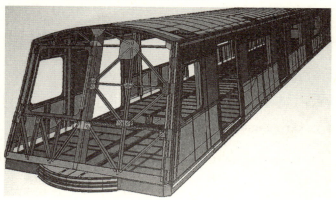

FIGURA 3.162 – Malha de elementos finitos.

O modelo estrutural é construído com base na geometria do componente em estudo, com o intuito de se levantar o panorama de tensões e deformações. No caso da análise de tensões, os elementos escolhidos (a escolha do tipo de elemento a ser usado na construção do modelo estrutural é imprescindível para a obtenção de resultados coerentes) devem não apenas representar a rigidez do componente, mas calcular acuradamente a distribuição de tensões nos elementos.

Foram estabelecidos dois conceitos importantes que norteiam a verificação estrutural dos carros e que estão presentes de forma geral ao se estabelecer os critérios de falha para qualquer estrutura objeto de análise. Tais conceitos basicamente cobrem três situações de ocorrência prática, a saber:

- ○ Escoamento do material e instabilidade da estrutura.
- ○ Iniciação de trinca na estrutura.

O primeiro desses conceitos (escoamento do material e instabilidade da estrutura) é adotado na verificação quanto ao critério de pico e no critério de flambagem. O segundo conceito (iniciação de trinca na estrutura) é adotado na verificação quanto ao critério de fadiga.

CARREGAMENTO DE PROJETO E CONDIÇÕES DE CONTORNO

O carregamento do peso próprio dos carros é simulado aplicando-se a aceleração da gravidade no modelo. Tomando como base os carregamentos isolados, combinam-se os carregamentos a serem submetidos aos critérios de projeto — o peso agindo em todos os componentes e passageiros que solicitam o carro.

A verificação à flambagem deve ser efetuada nas vigas do assoalho, na condição mais desfavorável de carregamento e de tensões geradas.

As combinações de carregamentos para verificações de resistência à fadiga consideram o ciclo de carregamento repetido como base para suas possibilidades: carregamento de peso próprio mais peso de passageiros, carregamento de peso próprio mais peso de passageiros majorado em 30% . Esses percentuais de majoração e redução são obtidos a partir de avaliações experimentais dos fabricantes de carro de transporte e são empregados considerando-se a necessidade de uma aproximação maior da realidade quando realizada uma análise de fadiga, pois a consideração da pior situação de carregamento de projeto pode ser muito conservadora.

As combinações de carregamentos para verificações de resistência à fadiga consideram o ciclo de carregamento variável de acordo com o ciclo anteriormente definido.

As restrições aplicadas no modelo devem simular as condições de trabalho do carro, considerando apoios nos apoios da caixa estrutural nos truques. Um exemplo é mostrado na Figura 3.163.

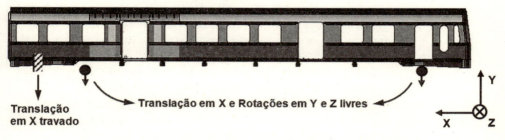

FIGURA 3.163 – Exemplo de aplicação de restrições em estrutura ferroviária de carro de passageiros.

VALORES ADMISSÍVEIS DE TENSÃO/DEFORMAÇÃO

O carro de passageiros pode ser entendido do ponto de vista primário como uma grande "viga" apoiada nos extremos e que transfere todo o carregamento atuante para as estruturas dos truques. Essa viga com várias aberturas, que são as portas e janelas, está sujeita a elevados valores de força cortante em suas extremidades e elevados momentos fletores em sua região central.

Ao se modelar o carro de passageiros representando as diversas estruturas constituídas de montagens de chapas, como a estrutura dos quadros de portas soldadas a ponto e solda bujão, e utilizando os elementos de viga nos cálculos preliminares do projeto, os resultados não seriam nada além de momentos fletores e forças cortantes que permitiriam o cálculo apenas de tensões nominais, sem qualquer concentrador de tensão que permitisse uma decisão do ponto de vista de projeto mais acurada, a menos que fossem adotados valores conservadores para os fatores de concentração de tensão. Os demais componentes, tais como travessas, longarinas etc., seguem esse mesmo conceito. Modelos de viga se justificam na fase inicial do projeto, em caráter orientativo permitindo estabelecer uma análise de sensibilidade e direcionamento dos cálculos subsequentes.

Em consequência disso, toma-se a decisão de modelar pelo método dos elementos finitos os detalhes mais importantes da estrutura por intermédio de elementos isoparamétricos de casca (*thin shell isoparametric linear elements*), assim:

- Toda a região de portas, que é constituída por várias chapas ligadas por solda a ponto e solda bujão, e que forma um grupamento ou "sanduíche" desses componentes agregados para criar um conjunto estrutural local, foi modelada por elementos de casca, permitindo a determinação das tensões atuantes nas duas faces da particular chapa que está sendo analisada e que faz parte da montagem local. Normalmente isso acontece nesse tipo de modelo por intermédio das tensões atuantes em uma face da chapa (*TOP*) e na face oposta (*BOTTOM*) adotando-se uma convenção consagrada na prática de elementos finitos. Em resumo, o topo e o fundo da chapa. Todo o quadro de porta foi modelado na região inferior e superior dessa forma.

- O modelo das vigas transversais nas regiões mais significativas foi construído também com elementos de casca. Isso visa representá-las não apenas por intermédio do momento de inércia e demais propriedades de uma viga. Representamos como uma chapa desenvolvida, mostrando as tensões em todos os trechos dessa transversal, no *TOP* e no *BOTTOM*, devido à sua flexão como um todo apoiada nas vigas longitudinais, e também as flexões locais das abas devido à ação imediata da carga sobre o flange superior da transversal.

- Representação detalhada da ligação entre transversais e longarinas por intermédio do modelo de cascas, de sorte a representar as ações localizadas que causam altas flexões locais nos pontos de transição em princípio, pois as transferências locais de cargas das transversais para as longarinas causam "mordidas" nas chapas que transmitem esses esforços e geram, na simples transição de uma espessura, mudanças bruscas de tração para compressão, o que, do ponto de vista de fadiga, constitui um fato extremamente inconveniente, e como sabemos, é nesses locais de transição que ocorrem falhas por fadiga na estrutura, principalmente com a presença de soldas. Decorrente desse fato, o conceito clássico de projeto em regiões de transição estrutural, que orienta o projeto no sentido de chapas sob ação local de carga jamais trabalhem sobre tração-compressão local, ou seja, *"avoid bending moments"*. A partir da definição da seção transversal das vigas do piso para seu trabalho de flexão entre os apoios longitudinais, durante o detalhamento do projeto, é possível introduzir sugestões de arranjos locais que minimizem o trabalho local de transferência de forças, caso seja necessário.

- Região inferior da porta, modelada por elementos de casca, de sorte a representar as transições dos esforços internos segundo os conceitos transmitidos anteriormente.

AVALIAÇÃO E INTERPRETAÇÃO DOS RESULTADOS

Assim, a partir das análises efetuadas e considerando o caso de oito passageiros por metro quadrado, foram estabelecidas sugestões para as diversas regiões do carro, como a região do canto de portas e quadros de portas (Figura 3.164). O modelo de elementos finitos indicou para as regiões mais críticas, um trabalho das chapas que corresponde a uma ação predominante de estado plano de tensões. As mudanças eventualmente necessárias para a redução das tensões seriam no aumento direto das espessuras em função da diminuição desejada da intensidade das tensões atuantes. Para o carregamento de fadiga que corresponde à aplicação de oito passageiros por metro quadrado na configuração da longarina modificada na região inferior das portas, o comportamento superior do quadro se revelou satisfatório do ponto de vista de resistência à fadiga, com Índices de Falha menores que 1.

FIGURA 3.164 – Molduras da Porta – tensões – carro motor atual – caso 1d.

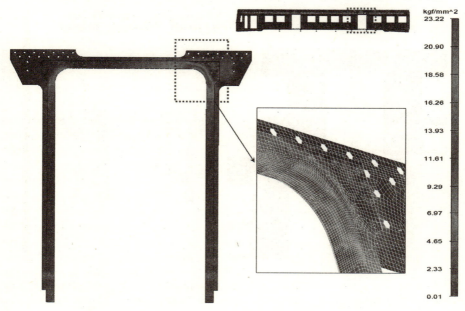

Para o carregamento de flambagem, devem ser verificados os valores de FCF nas vigas do assoalho e perfis solicitados à compressão. Um exemplo pode ser observado na Figura 3.165.

FIGURA 3.165 – Primeiro modo de flambar (FCF) – Vigas do assoalho com perfil alto.

Fator de carga de flambagem: 9.1

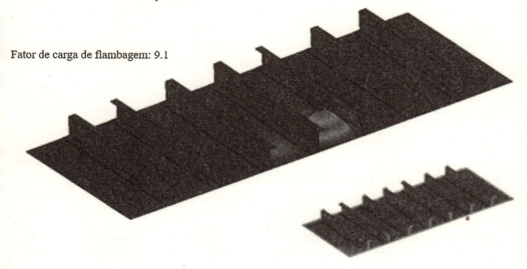

FIGURA 3.166 – Região porta – tensões – carro motor atual – caso 1d.

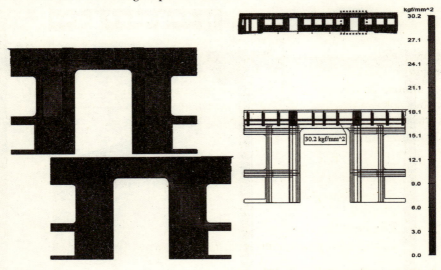

Sabemos que o efeito primário de uma força cortante é gerar distorções na estrutura. Considerando o comportamento primário, fica evidente no trabalho global do carro a distorção apresentada nas regiões das portas, de forma que os ângulos do quadro de porta, originalmente retos (90º), tornam-se obtusos ou agudos, dependendo do "vértice" considerado do quadro. É visível também no comportamento global que as janelas que estão na região central do carro apresentam-se não distorcidas. Nessa região central da "viga" (carro), os momentos fletores são máximos, porém as forças cortantes na "viga" (carro) são nulas. A Figura 3.166 é um exemplo dessa situação.

Porém interessa-nos o comportamento das tensões locais, que têm um panorama extremamente complexo nas diversas ligações entre os elementos estruturais e que se manifestam nos cantos de portas, ligações entre transversais e longitudinais, regiões descontínuas do ponto de vista da estrutura primária e concentradores de tensões em geral.

Para o carregamento de fadiga que corresponde à aplicação de oito passageiros por metro quadrado na configuração da longarina modificada na região inferior das portas, o comportamento superior do quadro se revelou satisfatório do ponto de vista de resistência à fadiga, com índices de falha menores que 1.

AVALIAÇÃO EXPERIMENTAL
Análise estrutural por MEF e
seus subsídios para se efetuar medições

Uma das tarefas mais importantes no desenvolvimento de um produto, como o caso de uma estrutura para aplicações ferroviárias, é determinar o seu comportamento estrutural e garantir que não haverá falha sob as diversas condições críticas de operação.

O método dos elementos finitos é uma ferramenta extremamente valiosa para determinar o panorama de tensões na estrutura e, em consequência, o seu comportamento estrutural, tanto em condições normais de operação, como em situações críticas de operação.

A análise de tensões é um passo intermediário e um dos *inputs* para tomar decisões sobre a definição das características estruturais do produto (espessuras, materiais, geometria, condições de trabalho, entre outras).

Para executar uma análise estrutural que conduza a decisões adequadas, deve-se atender a alguns pré-requisitos:

- ❍ Entendimento claro do problema físico a ser simulado;
- ❍ Conhecimento do comportamento estrutural desejado (critério de projeto);
- ❍ Propriedades dos materiais envolvidos;
- ❍ Características dos elementos finitos envolvidos na análise.

A análise estrutural será desenvolvida pelo método dos elementos finitos considerando a discretização da estrutura, as condições de contorno geométricas ou essenciais (*boundary conditions/displacement restraints*) e as condições de contorno naturais (*boundary conditions/loads*).

Com o conhecimento das condições estabelecidas para o carregamento a ser suportado pela estrutura, será calculada a resposta estrutural para a condição de carregamento estabelecida no critério de projeto da estrutura, de forma a ser avaliada sua integridade sob efeito desse carregamento.

Muitas vezes, procura-se, por intermédio de medições, avaliar em termos práticos as expectativas de comportamento estabelecidas para uma dada estrutura.

Evidentemente, da mesma forma que um modelo em elementos finitos pode oferecer resultados bastante confiáveis, a tarefa de medições pode também oferecer subsídios para uma avaliação estrutural adequada, guardadas certas premissas. A diferença é que, por intermédio do modelo em elementos finitos, temos o comportamento estrutural controlado em todos os seus pontos, e em uma análise experimental, apenas nos pontos que foram eleitos para serem objeto de medição pelos *"strain gauges"*. Obviamente, da mesma forma que a execução de um modelo em elementos finitos pressupõe o conhecimento de certas técnicas para se obter resultados acurados, que envolvem o conhecimento da teoria e sua aplicação prática, o trabalho de medição experimental está sujeito também às suas técnicas específicas, que assegurem a tomada de decisões em termos de garantia do projeto a ser avaliado, e que vão desde o método adequado para o dimensionamento das deformações até a colagem dos *"gauges"* e calibração dos instrumentos. Os resultados obtidos pelas técnicas experimentais por intermédio das medições e consequente aproveitamento das informações para uma primeira avaliação estrutural são utilizados para calibragem dos modelos de cálculo de elementos finitos.

Se apenas alguns pontos foram eleitos para serem objetos de medições, qual o critério para escolhê-los?

Nos trabalhos de verificação experimental, é boa prática definirem-se os pontos a serem instrumentados a partir dos subsídios da análise de elementos finitos, e também em pontos que a experiência indica serem importantes para o tipo de estrutura objeto de análise. Assim, o conhecimento da mecânica estrutural do carro de passageiros torna-se mandatório para eleger esses pontos e estabelecer expectativas de comportamento. Esse conhecimento também é determinante na elaboração do tipo de modelo de análise que possa oferecer segurança na escolha dos pontos a serem submetidos à medição e também o que medir nesses pontos. Daí a escolha de alguns pontos a serem submetidos às medições. Os valores das deformações obtidas nesses pontos, e consequentes tensões, admitindo os seus valores acurados pelas corretas medições, serão o parâmetro inicial para estabelecer correlações com o modelo desenvolvido.

Aspectos conceituais da mecânica estrutural do carro de passageiros

Um aspecto importante no processo de análise refere-se à montagem do modelo em elementos finitos que possa representar o comportamento estrutural do carro de passageiros. Uma estrutura desse tipo transmite o carregamento externo atuante por intermédio da transmissão das cargas que caminham na estrutura como forças axiais nas barras, forças cortantes, momentos fletores e momentos torsores, bem como a ação de forças nas chapas da caixa por intermédio de ações de "flexão" e "estado plano de tensões" até serem equilibradas na região de fixação. Essas forças geram nos elementos estruturais tensões normais e tensões de cisalhamento.

Nas regiões onde são unidos os elementos estruturais de vigas (as juntas estruturais), as transmissões dessas forças de um elemento para outro dependem das particularidades dessas ligações. Podem ocorrer excentricidades nas transmissões dessas cargas, forças locais em abas que geram flexões locais e consequentes tensões de tração/compressão variáveis ao longo das espessuras desses locais. Flexões locais geradas pela ação de transmissão de cargas nos apoios são normalmente evitadas colocando-se reforços e enrijecedores locais, contribuindo para o conceito de projeto traduzido no requisito de se evitar flexões locais em regiões de apoio ou passagem de cargas (*avoid local bending moments*).

Para a avaliação do trabalho estrutural do carro de passageiros, um conceito fundamental deve ser entendido e tomado como ponto de partida. A consideração desse conceito fundamental do trabalho do carro e a observação da magnitude das tensões atuantes nas diversas regiões observadas no modelo de cálculo são orientadoras das ações corretivas a serem tomadas, e que a boa prática de projeto desse tipo de estrutura recomenda, sendo assim, serão feitas algumas considerações a respeito desses conceitos, e posteriormente serão vistas as ações subsequentes que afetam a modificação do projeto estrutural nas regiões mais importantes.

O carro de passageiros pode ser entendido, do ponto de vista primário, como uma grande "viga" apoiada nos extremos e que transfere todo o carregamento atuante para as estruturas dos truques. Essa viga com várias aberturas, que são as portas e janelas, está sujeita a elevados valores de força cortante em suas extremidades e elevados momentos fletores em sua região central. O flange superior dessa grande "viga" é o teto de trem, e o flange inferior é o estrado. Nessa flexão primária, o teto encontra-se sob compressão primária longitudinal, e o estrado longitudinal, sob tração primária.

Sabemos que o efeito primário de uma força cortante (Q) é gerar distorções na estrutura (Figura 3.167). Considerando o comportamento primário, fica evidente no trabalho global do carro a distorção apresentada nas regiões das portas, de forma que os ângulos do quadro de porta, originalmente retos (90º), tornam-se obtusos ou agudos, dependendo do "vértice" considerado do quadro. É visível também no comportamento global as janelas que estão na região central do carro apresentam-se não distorcidas. Nessa região central da "viga" (carro), os momentos fletores são máximos, porém as forças cortantes na "viga" (carro) são nulas.

FIGURA 3.167 – Comportamento primário da estrutura do carro de passageiros.

Sabendo que nos interessam os comportamentos das tensões locais, que têm um panorama extremamente complexo nas diversas ligações entre os elementos estruturais e que se manifestam nos cantos de portas, ligações entre transversais e longitudinais, regiões descontínuas do ponto de vista da estrutura primária e concentradores de tensões em geral, essas regiões devem ser modeladas de forma bem detalhada e com a utilização de elementos de casca (*thin shell*), mostrados na Figura 3.168.

Portanto, a partir dessas considerações, foram eleitos os pontos para instalação de extensômetros na região central do carro, no teto e nas longarinas do estrado. Esses extensômetros foram orientados longitudinalmente, para se avaliar as tensões primárias longitudinais decorrentes da flexão da caixa estrutural como um todo, e garantindo, se adequadamente medidos, e com valores abaixo dos limites do material, a integridade do corpo do carro. Evidentemente, embora esse seja um indicativo inicial de segurança, a análise global do carro por elementos finitos permitirá o diagnóstico completo. Da mesma forma, foram instalados, agora devido à ação das forças cortantes globais, extensômetros e rosetas, nos cantos de porta próximas às regiões dos truques e cantos de janela.

FIGURA 3.168 – Detalhes do carro de passageiros – região de interesse – elementos de casca.

Conclusões da presente etapa

Durante o desenvolvimento das diversas etapas do teste de carga, para as situações de flexão e torção, algumas tendências puderam ser verificadas a partir das medições e observações dos valores de deformações bem como as localizações onde esses valores se manifestaram, a saber:

○ Regiões de canto de janelas e de canto de portas durante o teste de flexão foram as mais solicitadas durante esse carregamento, tal como era a expectativa do modelo de cálculo proposto, que não admitia simplificações por elementos de viga nessas regiões que pudessem comprometer a qualidade da resposta e identificação adequada das regiões mais críticas.

Em uma primeira avaliação durante o acompanhamento dos testes, por intermédio da leitura instantânea dos pontos instrumentados, verificou-se que a estrutura não apresentou comprometimento estrutural, até pela observação visual das diversas regiões onde foram sugeridas colocações de extensômetros, bem como pelos valores de microstrain, que revelam em primeira instância uma coerência com o modelo proposto.

Após o tratamento dos dados e avaliação do modelo detalhado em elementos de casca, teremos uma avaliação final mais precisa desses valores e consequente calibração do modelo de cálculo. Porém, os testes efetuados evidenciam que o carro de passageiros não apresenta nenhum comprometimento em função da modificação efetuada, o que revela, em primeira instância, coerência com os valores observados no cálculo por elementos finitos.

Alguns pontos objeto de medição mostraram, à semelhança dos cálculos efetuados pelo modelo matemático, valores de tensões próximos aos limites dos materiais, porém, sem comprometimento da estrutura para essa carga extrema. A partir dos valores finais comparativos, poderá se avaliar a eventual necessidade de se introduzir algum reforço nessas regiões.

O comportamento quanto à torção do carro evidenciou uma tendência bastante coerente com o modelo de cálculo. Exatamente na região onde o modelo de cálculo sugeriu a colocação de um extensômetro, dado o valor elevado de solicitação nessa região, ocorreu uma evidente modificação na estrutura. A estrutura manifestou uma instabilidade local, voltando a sua condição original após o descarregamento. Dessa forma, o modelo detalhado do carro permitiu a confirmação das expectativas do modelo de cálculo.

Avaliação experimental

A Figura 3.169 apresenta a forma de carregamento adotada, utilizando sacos de areia e rodados ferroviários.

FIGURA 3.169 – Detalhe do carregamento.

A Figura 3.170 apresenta o detalhe 1 da região da estrutura do carro de passageiros na região do quadro da janela. Essa região, onde foi colocado um *strain gauge* uniaxial, como "testemunho" da região simétrica onde foi colocada uma roseta, indicou no cálculo de elementos finitos o valor de tensão mais elevado e que deveria ser monitorado no teste de flexão. Durante o teste de flexão, esse extensômetro indicou o valor mais elevado de todas as deformações em *microstrain* que foram registradas, o que ratifica as previsões do modelo em cascas dessa região.

Esse comportamento não poderia ser previsto a partir do modelo de vigas, dado que a seção transversal do quadro na curvatura seria maior e poderia induzir a uma previsão incorreta que a tensão seria menor. Ocorre que, como essa região é mais rígida, ela absorve mais esforço. Além disso, ao contrário da hipótese do modelo em vigas, a junta real não é rígida, e o quadro da janela, à semelhança do quadro de porta, distorce. O modelo tal como proposto, que detalha a rigidez local por elementos de casca, considera esses efeitos. Esse fato experimental evidencia uma boa correlação entre o modelo de elementos finitos e o comportamento real da estrutura no teste prático. O registro que será posteriormente submetido ao tratamento de dados apresentou um valor de *microstrain* de aproximadamente 1.600, que corresponde aproximadamente a uma tensão da ordem de grandeza de 34kgf/mm^2, sem considerar as deformações referentes ao peso próprio da estrutura. Esse valor elevado, e que identifica a região mais solicitada, foi previsto no modelo de cálculo por elementos finitos, indicando uma boa correlação entre modelo e comportamento real.

FIGURA 3.170 – Detalhe janela.

A Figura 3.171 mostra a região onde ocorreu instabilidade da estrutura localmente e que, após a retirada do carregamento, recuperou a condição inicial. Essa região da estrutura foi instrumentada devido ao fato de que, no modelo de elementos finitos, foi detectado um valor alto de tensão e que sugeria esse tipo de falha no teste, confirmado no experimento. Essa verificação mostra uma boa correlação entre modelo e comportamento real.

FIGURA 3.171 – Detalhe local da instabilidade.

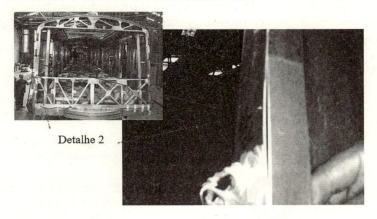

ANÁLISE DINÂMICA DE UM ÔNIBUS INTERURBANO

Nesta seção, apresenta-se o procedimento adotado para a realização de uma mudança projetual com o objetivo de amenizar os efeitos vibratórios transmitidos para a poltrona do passageiro de um ônibus do tipo intermunicipal, utilizando um modelo numérico da carroceria em conjunto com a poltrona rodoviária (WALBER, 2010).

MODELO BÁSICO UTILIZADO

Um sistema veicular é constituído de infinitos graus de liberdade, e suas equações representativas são não lineares. Conforme se vai reduzindo o número de graus de liberdade na análise, os aspectos a serem estudados tornam-se limitados; ao contrário, conforme se aumenta o número de graus de liberdade na análise, mais complexo será o estudo. Para entender como são os efeitos vibratórios transmitidos para a carroceria, pode-se visualizá-lo como um modelo de meio veículo com quatro graus de liberdade, sendo:

- Translação vertical do eixo dianteiro.
- Translação vertical do eixo traseiro.
- Translação vertical da carroceria.
- Rotação em torno do centro de gravidade da carroceria no sentido longitudinal.

O deslocamento de um veículo em uma estrada pode ser estudado por meio do sistema linear de 1 grau de liberdade (Figura 3.172), contendo massa, dissipação de energia e rigidez. Na figura 3.172, aparecem também as forças atuantes no sistema. Em Alves Filho (2008), é resolvido um exercício que mostra em detalhes a aplicação da Leis de Newton para o problema do chamado "movimento de base", ou "enforced motion", primeiro passo para abordar a presente questão, que introduz variáveis adicionais.

FIGURA 3.172 – Representação do deslocamento de um veículo.

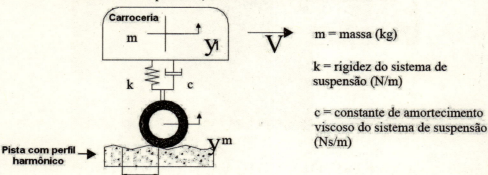

Nesse caso, podem-se identificar três forças que controlam seu comportamento dinâmico:

- Força inercial devido à aceleração sofrida pela carroceria.
- Força de amortecimento devido à velocidade da carroceria e à constante de amortecimento do sistema de suspensão.
- Força da mola devido ao comportamento do corpo e à constante de rigidez da mola.

Para entender como se realizará a análise numérica, pode-se visualizar a carroceria por meio de um modelo de meio veículo (Figura 3.173), no qual são considerados os movimentos de translação da suspensão dianteira e traseira na direção vertical, e o movimento em direções translacionais e rotacionais nos três eixos para a massa da estrutura da carroceria.

FIGURA 3.173 – Representação do modelo de meio veículo.

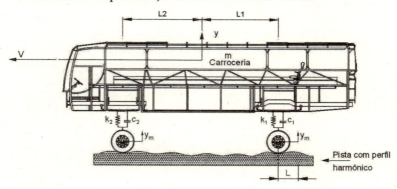

Alguns dos aspectos importantes a considerar neste modelo são:

- Massa da carroceria, passageiros e bagagens.
- Sinal representativo do perfil da estrada.
- Peso e excitação do motor.
- Materiais e espessuras dos tubos e componentes da carroceria e do chassi.
- Coeficiente de amortecimento do amortecedor.
- Rigidez e amortecimento dos pneus.

Em veículos, a transmissão da vibração ocorre de forma passiva e a massa da estrutura está montada sobre uma estrutura que vibra, no caso, o chassi; assim, as vibrações transmitidas devem ser reduzidas a níveis aceitáveis caso sejam muito grandes. No caso da suspensão do veículo, a transmissibilidade pode ser definida como a relação entre a vibração transmitida à carroceria e a vibração nas rodas do veículo. Verifica-se, então, que o movimento vertical da carroceria está sujeito aos efeitos adversos provenientes da estrada; o restante dos movimentos vibratórios forçados é decorrente de transmissão passiva (MOURA, 2003).

PROPRIEDADES DOS MATERIAIS

Com relação aos materiais utilizados no chassi, adotou-se o aço SAE 1045 com tensão de escoamento de 350MPa, E= 2,09x10^5 Mpa, ν = 0,3 e γ = 7,84x10^{-6} Kg/mm^3. As espessuras adotadas para as longarinas do chassi são de 6,3mm. Para os tubos que compõem o casulo da carroceria, considerou-se que são feitos de aço ASTM-A36, com tensão de escoamento de 250 MPa, E= 2,09x10^5 Mpa, ν = 0,3 e γ = 7,84x10^{-6} Kg/mm^3. Para os tubos da estrutura do teto, foram adotadas espessuras de 2,6mm, e para os demais tubos e perfis do casulo, espessuras de 1,9mm.

APLICAÇÃO DAS CARGAS E MASSAS CONCENTRADAS NO MODELO

Com dados fornecidos por uma empresa fabricante de carrocerias de ônibus, foi adotado um peso de 5.330kg para um chassi Mercedes-Benz, sendo 1.030kg na parte dianteira, e 4.300kg na parte traseira da carroceria. Para a carroceria acoplada, foi adotado um peso total de 11.540kg, considerando o ônibus com 44 lugares (12m), com ar-condicionado e banheiro; também estão computados os pesos das fibras externas, portas, portinholas e janelas. Esse peso considera a carroceria sem passageiros e bagagens (descarregada), sendo 4.120kg localizados no eixo dianteiro, e 7.420kg, no eixo traseiro. O peso do chassi inclui o motor na parte traseira, caixa de mudança de marchas, tanque de combustível, suspensão com feixe de molas e pneus com rodas.

Adotando para o veículo uma carga máxima de 3.080kg, correspondendo ao peso de 44 passageiros (com peso médio de 70kg por pessoa) mais 1.000kg de bagagem, mais 1.540kg correspondente a 44 poltronas (cada poltrona tem massa de 35 kg) e mais 130kg do banheiro, tem-se para a carroceria um peso total carregado de 17.290kg.

O peso dos passageiros e poltronas (4.620kg) foi distribuído entre os nós da estrutura da base da carroceria na posição aproximada das poltronas. O peso do chassi (5.330 kg) foi distribuído sobre as longarinas e travessas nas partes frontal e traseira. O peso das bagagens (1.000kg) foi distribuído entre os nós da estrutura do bagageiro, na parte central da carroceria. Descontando o peso do casulo, que é de 2.900kg, resta distribuir uma massa de 3.440kg na carroceria. Essa massa foi distribuída de modo uniforme entre os nós que pertencem ao teto, às laterais, à base, à estrutura dianteira e à estrutura traseira.

MODELO TEÓRICO DA SUSPENSÃO

O modelo teórico da suspensão tem a configuração mostrada na Figura 3.174. A suspensão utilizada foi do tipo feixe de molas, com a calibração do modelo numérico realizada com resultados experimentais. Os pneus serão considerados por meio de elementos de mola e amortecedor, com valores de k e c fornecidos pelo fabricante. O sinal das irregularidades do pavimento será aplicado diretamente nos pneus, conforme ilustra a figura.

FIGURA 3.174 – Modelo para representação da suspensão.

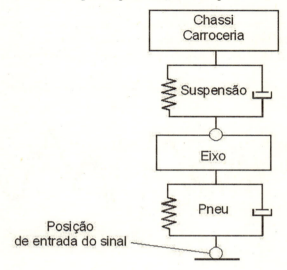

DETERMINAÇÃO E DESCRIÇÃO DAS IRREGULARIDADES DO PAVIMENTO

Para a avaliar a vida útil de um veículo, é necessário conhecer o pavimento em que ele trafega. Veículos trafegando a velocidades relativamente altas estão submetidos a um largo espectro de vibrações, as quais, consequentemente, chegam aos passageiros. Gillespie (2002) afirma que os movimentos vibratórios em veículos correspondem ao intervalo de frequência de 0 a 25Hz. As vibrações aleatórias nos veículos quando em movimento são causadas pela excitação oriunda da rugosidade do pavimento em que transitam. Gillespie (2002) afirma que a rugosidade dos pavimentos pode ser descrita como um sinal aleatório ergódico, de forma que os perfis destes podem ser decompostos em uma soma de ondas senoidais com amplitudes, frequências e fases variadas. Um sinal é dito como ergódico quando se utiliza a análise estatística de um intervalo do trecho de uma estrada, por exemplo, para representar o trecho completo da estrada.

Nardello (2005) realizou um estudo relativo à caracterização das pistas de um campo de provas, realizando medições do perfil de rugosidade de diversos tipos de pavimentos em diferentes velocidades. Para cada pavimento ensaiado, foi gerado um espectro de frequência via densidade espectral de potência para representação estatística do sinal.

Para obter as amplitudes do pavimento no domínio do tempo, é preciso dividir os deslocamentos em frequência espacial (m/m) pela velocidade de tráfego do veículo (m/s); assim, é possível obter um perfil de pista (amplitude) no domínio do tempo para cada velocidade do veículo (PERES, 2006).

Para excitar o modelo numérico do presente trabalho, foram usados os dados obtidos por Nardello (2005) em frequência espacial passando para o domínio do tempo, estes caracterizados como sinais ergódicos, ajustando com as mesmas velocidades de tráfego realizadas nos ensaios anteriores. A Figura 3.175 mostra o perfil de rugosidade de um asfalto em bom estado em frequência espacial.

FIGURA 3.175 – Perfil de rugosidade de asfalto em bom estado.

Foram utilizados os perfis, obtidos por Nardello (2005), de asfalto em bom estado, equivalente para asfalto em bom estado ensaiado neste trabalho e de asfalto ruim equivalente ao asfalto irregular. Para o asfalto em bom estado, serão utilizadas velocidades de tráfego de 80km/h e, para o asfalto irregular, velocidade de 40km/h. A Figura 3.176 mostra o perfil de rugosidade de asfalto em bom estado ao longo do tempo para uma velocidade de 80km/h. A Figura 3.177 mostra o perfil de rugosidade de asfalto irregular para uma velocidade de 40km/h.

FIGURA 3.176 – Perfil de rugosidade de asfalto em bom estado – 80km/h.

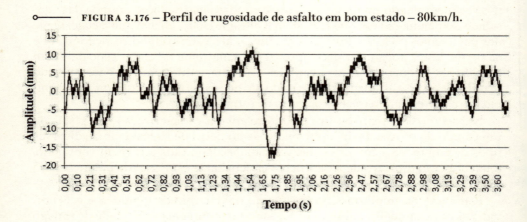

FIGURA 3.177 – Perfil de rugosidade de asfalto em irregular – 40km/h.

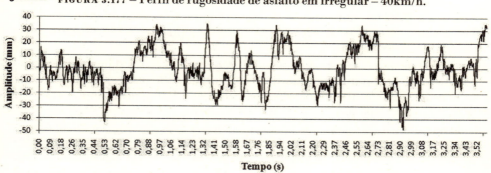

Os perfis gerados foram introduzidos no modelo numérico como uma função no domínio do tempo em cada ponto de contato com o pavimento, em duas velocidades (80 e 40km/h), aplicado em cada rodado do veículo respeitando a defasagem de cada eixo ao longo do seu comprimento. A carroceria tem distância entre eixos de 7 metros.

SIMULAÇÃO DINÂMICA

Para gerar o modelo numérico, foi importado o modelo tridimensional da carroceria completa para o *software* de elementos finitos. A Figura 3.178 mostra o arquivo de geometria da carroceria com casulo, poltrona e chassi no *software* de elementos finitos.

FIGURA 3.178 – Estrutura da carroceria no *software* de elementos finitos.

O modelo discretizado apresenta 3.418.337 nós e 1.695.930 elementos sólidos e de casca, para um tamanho de malha de 15mm. Com essa quantidade de nós e elementos, fica muito difícil realizar a análise numérica, pois o custo computacional é muito elevado.

Para facilitar e reduzir o tempo de processamento dos dados numéricos e obter a resposta em unidades do sistema internacional, optou-se por utilizar na simulação dinâmica um modelo com elementos de barra, atribuindo para todos os elementos seções conforme as diferentes partes da carroceria. Para isso, toda a carroceria, chassi e poltrona foram modelados novamente com elementos de viga (*beam element*), a fim de diminuir a quantidade de elementos e nós e, consequentemente, tornar o modelo mais "leve", facilitando o processamento dos cálculos, já que um modelo de casca utiliza milhares de nós e exige tempo de processamento e recurso computacional elevados. O modelo utilizado tem aproximadamente 5.500 nós e 2.500 elementos com opção de formulação Hughes-Liu, com integração da seção transversal. A Figura 3.179 mostra o modelo da carroceria com elementos de viga.

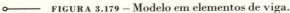

FIGURA 3.179 – Modelo em elementos de viga.

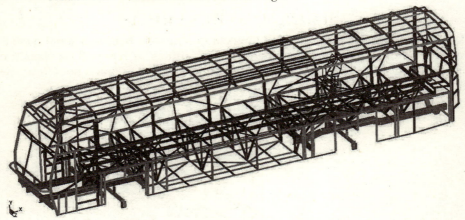

Para a suspensão, utilizou-se a validação numérica desenvolvida por Peres (2006), que apresentou um procedimento experimental e numérico para validação de uma suspensão de feixes de molas trapezoidais. No estudo, foram realizadas medições no feixe de molas variando a magnitude da carga e a velocidade de aplicação. A rigidez da mola é obtida por meio da função que representa a curva de carga; o amortecimento é obtido pela diferença entre as curvas de carga e descarga, ou seja, pela histerese do sistema. A Figura 3.180 mostra os valores de carga e descarga para o ensaio realizado, que representa a histerese da suspensão.

FIGURA 3.180 – Força aplicada em função do deslocamento.

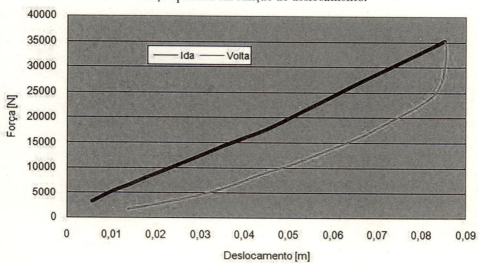

A suspensão da carroceria estudada tem quatro feixes de molas; assim, o modelo numérico deve contemplar o comportamento desses feixes quanto à aplicação de cargas no sentido vertical. Para representar o feixe de molas numericamente, optou-se por elaborar um modelo simplificado, de fácil construção, que representasse o comportamento complexo desse tipo de suspensão.

Para modelagem numérica da suspensão, utilizou-se a metodologia baseada em sistemas multicorpos. Segundo Ambrósio (2001), um sistema multicorpo é uma coleção de corpos rígidos ou flexíveis conectados por juntas cinemáticas (esféricas, translacionais). Estruturas podem comportar-se como sistemas multicorpo devido a grandes rotações ou porque desenvolvem mecanismos de deformação definidos. A metodologia montada por Ambrósio (2001) propõe-se a montar elementos rígidos unidos por meio de juntas, conforme mostra a Figura 3.181.

Dias de Meira (2010) desenvolveu uma metodologia para a utilização de um modelo simplificado de uma estrutura real formado por barras flexíveis e/ou rígidas unidas por meio de juntas esféricas e translacionais não lineares, com o objetivo de otimizar a estrutura em um tempo computacional reduzido. As juntas translacionais utilizadas são apresentadas na Figura 3.182, disponíveis no sistema Ls-Dyna (1999), comandos "constrained_joint_cilindrical"e "constrained_joint_stiffness_translational".

FIGURA 3.181 – Rótulas plásticas: (a) flexão; (b) flexão com dois eixos; (c) torção; (d) axial. *(Fonte: Ambrósio, 2001)*

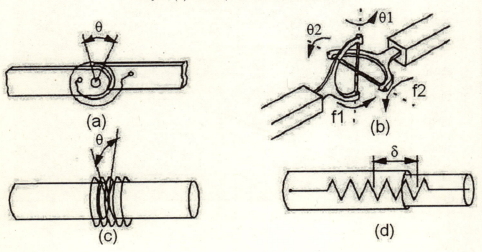

FIGURA 3.182 – Junta translacional. *(Fonte: Ls-Dyna, 1999)*

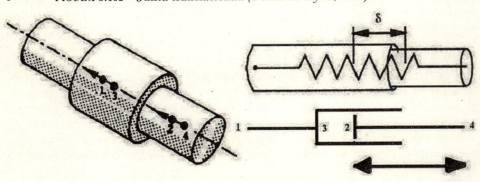

Um exemplo de como são utilizadas as juntas translacionais é apresentado na Figura 3.183. Utilizando elementos de vigas do tipo Hughes-Liu (LS-Dyna, 1999), a viga é dividida em quatro elementos. O elemento de número 1 impacta contra a parede e é feito de material elástico. Os elementos número 2 e 3 são feitos de material rígido, e o número 4 é feito de material elástico. Os elementos 2 e 3 representam a junta translacional, podendo um elemento passar sobre o outro de forma semelhante ao que acontece em um elemento do tipo amortecedor (Figura 3.183). A parede rígida avança contra o tubo com uma velocidade V (DIAS DE MEIRA, 2010).

FIGURA 3.183 – Exemplo de junta translacional: (a) estrutura indeformada; (b) esquema; (c) estrutura deformada.

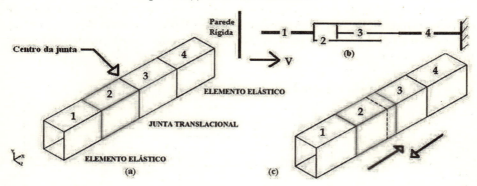

O modelo numérico da suspensão é mostrado na Figura 3.184. Consiste em uma junta translacional representando cada feixe de molas, aplicado em cada feixe a curva do ensaio experimental da suspensão, representando, assim, a rigidez e o amortecimento do conjunto. A curva de deslocamentos por força utilizada na junta translacional vai até 85mm, e os deslocamentos produzidos pela estrada na pior condição ficam na ordem de 45mm, desse modo, o limite da junta translacional não poderá ser ultrapassado, gerando erro durante a análise.

A junta translacional consiste em quatro elementos; os elementos rígidos da junta são os dois elementos centrais, os dois elementos das pontas são flexíveis e interligados no eixo da carroceria e chassi, respectivamente, tal qual o exemplo demonstrado anteriormente. Assim, os efeitos originados pelo deslocamento dos pavimentos passarão pelos pneus, sendo transferidos para o eixo, e depois, amortecidos pelas juntas e transmitidos para a estrutura do casulo e poltrona.

FIGURA 3.184 – Representação numérica da suspensão e pneus.

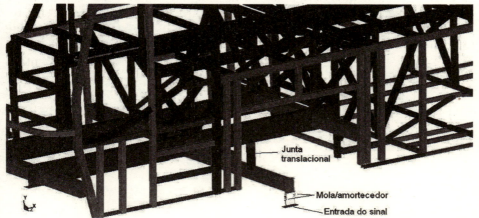

A rigidez média e o amortecimento dos pneus utilizados na análise dinâmica foram fornecidos pelo fabricante e são de 1.110N/m e 1.400N.s/m, respectivamente. Esse valor de amortecimento representa de 4% a 7% de índice de amortecimento. A Figura 3.185 demonstra o resultado do ensaio de carga versus a deformação do modelo de pneu utilizado no estudo dinâmico realizado pelo fabricante do pneu.

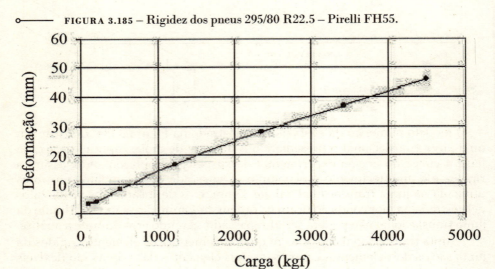

FIGURA 3.185 – Rigidez dos pneus 295/80 R22.5 – Pirelli FH55.

Para o eixo traseiro, que tem dois pneus em cada lado, cada mola utilizada no modelo numérico tinha rigidez e amortecimento igual ao dobro de cada pneu.

As figuras 3.186 e 3.187 mostram os dois primeiros modos naturais de vibração do modelo de barra utilizado na análise dinâmica, considerando todos os principais elementos de montagem do conjunto, tendo como condições de contorno a fixação em quatro pontos nas longarinas do chassi, situados na região das rodas da carroceria. As figuras mostram os modos em perspectiva e também em vista frontal, para melhor compreensão das deformadas.

ABORDAGENS DE PROBLEMAS ESTRUTURAIS **271**

FIGURA 3.186 – Primeiro modo de vibrar carroceria elementos de barra – f = 6,16 Hz.

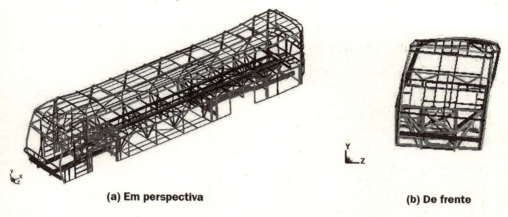

(a) Em perspectiva (b) De frente

FIGURA 3.187 – Segundo modo de vibrar carroceria elementos de barra – f = 7,90 Hz.

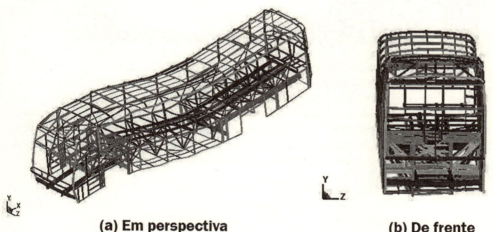

(a) Em perspectiva (b) De frente

VALIDAÇÃO DO MODELO NUMÉRICO

Com o objetivo de validar o modelo numérico proposto, foi realizado um ensaio experimental com a carroceria de ônibus em movimento para obter as frequências da estrutura por meio da medição das acelerações nas direções longitudinal (x), transversal (z) e vertical (y), para comparar com os modos naturais de vibração do modelo numérico. Para a realização do ensaio, foram instalados microacelerômetros na lateral da parte traseira da carroceria. Foi escolhido esse local pelo fato de os modos naturais obtidos numericamente apresentarem maior tendência ao movimento nesse local. A Figura 3.188 mostra o local de instalação dos acelerômetros na parte traseira da carroceria e também os eixos de referência das medições realizadas.

FIGURA 3.188 – Local de fixação dos microacelerômetros.

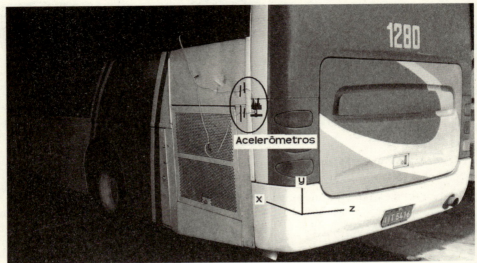

Foram fixados dois microacelerômetros posicionados com os eixos na direção vertical (y), transversal (z) e longitudinal (x) da carroceria, com o objetivo de captar as acelerações nas três direções, conforme os movimentos dos modos naturais de vibração da carroceria. Os acelerômetros foram fixados na fibra externa da carroceria com fita isolante. A taxa de aquisição do sinal foi de 1.000Hz, e o tempo de aquisição foi de 3 segundos, gerando 3.000 pontos durante o ensaio. Com a carroceria em movimento, foram avaliadas três situações:

- Passando por um quebra-molas com o ônibus de frente.
- Passando por um quebra-molas com o ônibus inclinado em relação ao quebra-molas.
- Em uma situação de frenagem brusca.

A situação que apresentou os melhores resultados, ou seja, movimentou mais a carroceria excitando os modos de vibração, foi passando por um quebra-molas de lado (em ângulo). As Figuras de 3.189 a 3.191 mostram, respectivamente, as magnitudes das acelerações no domínio do tempo.

FIGURA 3.189 – Aceleração na direção y (vertical).

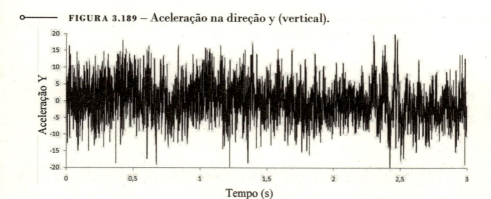

FIGURA 3.190 – Aceleração na direção z (transversal).

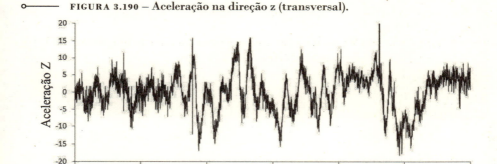

FIGURA 3.191 – Aceleração na direção x (longitudinal).

As Figuras 3.192, 3.194 e 3.196 mostram as magnitudes das acelerações no domínio da frequência para as direções vertical, transversal e longitudinal, mostrando as faixas de frequência de até 500Hz. As Figuras 3.193, 3.195 e 3.197 apresentam as faixas de frequências de até 20Hz.

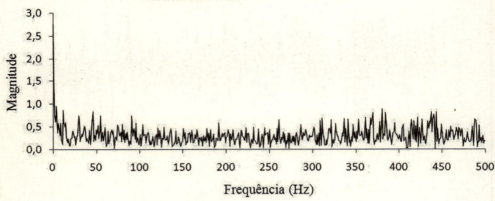

FIGURA 3.192 – Magnitudes das acelerações no domínio da frequência (FFT) – vertical até 500Hz.

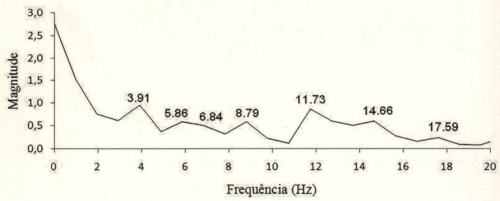

FIGURA 3.193 – Magnitudes das acelerações no domínio da frequência (FFT) – vertical até 20Hz.

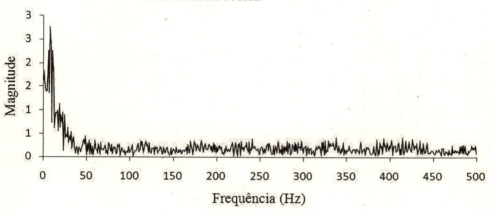

FIGURA 3.194 – Magnitudes das acelerações no domínio da frequência (FFT) – transversal até 500Hz.

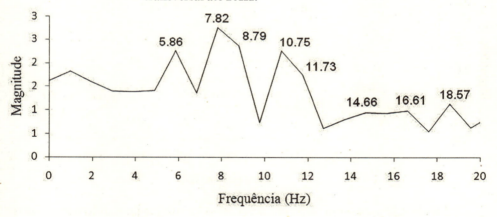

FIGURA 3.195 – Magnitudes das acelerações no domínio da frequência (FFT) – transversal até 20Hz.

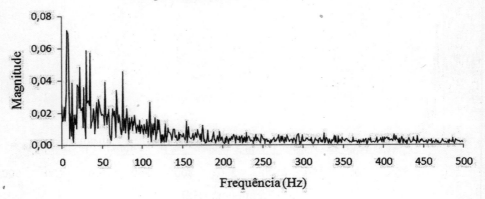

FIGURA 3.196 – Magnitudes das acelerações no domínio da frequência (FFT) – longitudinal até 500Hz.

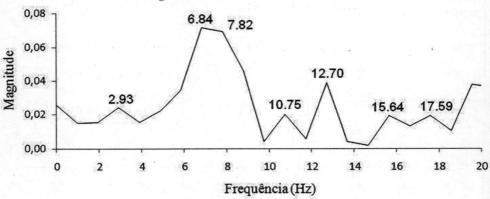

FIGURA 3.197 – Magnitudes das acelerações no domínio da frequência (FFT) – longitudinal até 20Hz.

A Tabela 3.37 apresenta as frequências até o quinto modo obtido nos ensaios para cada direção e também as frequências naturais do modelo numérico. As frequências foram colocadas em ordem crescente apresentadas na coluna com o título de "ordenação". As duas frequências mais baixas (2,9Hz e 3,91 Hz) foram desprezadas, considerando que os acelerômetros foram fixados sobre uma peça de fibra de vidro pouco rígida que é utilizada como revestimento dos tubos da carroceria e é suscetível aos efeitos vibratórios do motor e do terreno, que não é utilizada no modelo numérico, e também devido a limitação do equipamento utilizado nas medições.

TABELA 3.37 – Comparação de frequências entre o modelo numérico e o ensaio experimental

Modo	MEF Frequências naturais (Hz)	Direção longitudinal x (Hz)	Experimental Direção transversal z (Hz)	Direção vertical y (Hz)	Ordenação (Hz)
1	6,1	2,93	5,86	3,91	5,86
2	7,9	6,84	7,82	5,86	6,84
3	8,4	7,82	8,79	6,84	7,82
4	9,3	10,75	10,75	8,79	8,79
5	10,4	12,70	11,73	11,73	10,75

A Figura 3.198 mostra graficamente a comparação entre os resultados experimentais e os modos naturais de vibração do modelo numérico para os cinco primeiros modos.

FIGURA 3.198 – Comparação entre resultados experimentais e numéricos.

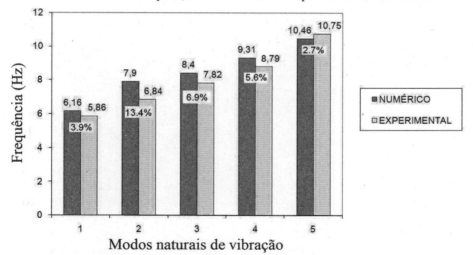

Os resultados demonstram boa concordância entre as medições realizadas, comparando com os modos naturais de vibração do modelo numérico. As diferenças percentuais entre os resultados são pequenas, assim, essas comparações demonstram que o modelo numérico representa com boa precisão o veículo real, podendo ser utilizado nas simulações dinâmicas.

ANÁLISE DINÂMICA

Na análise dinâmica, foi usado o método de integração implícita de Newmark, no qual a matriz de rigidez é invertida e aplicada aos nós para se obter um incremento de deslocamento. A grande vantagem em utilizar esse método é que o passo de tempo pode ser selecionado pelo usuário de acordo com sua necessidade; a desvantagem é o grande recurso computacional necessário para formar e inverter a matriz de rigidez nos cálculos numéricos.

O tempo utilizado para a análise foi de 3,2 segundos, mesmo tempo dos perfis de pista aplicados ao modelo. O passo de tempo configurado foi de 1×10^{-6} segundos, e a taxa de frequência dos resultados foi de 100 Hz. O perfil de rugosidade no domínio do tempo foi introduzido no eixo dianteiro e no eixo traseiro como um movimento de translação na direção vertical (eixo Y). Na análise, os eixos dianteiro e traseiro, os pneus e parte das juntas translacionais foram considerados como elementos rígidos.

A avaliação dos resultados foi feita verificando-se as acelerações verticais produzidas em um ponto na estrutura da poltrona. Inicialmente, a análise foi realizada no modelo da carroceria "original", e depois, foram realizadas propostas de modificação. A Figura 3.199 mostra o local de saída dos resultados da análise dinâmica.

FIGURA 3.199 – Local de saída de dados na análise dinâmica.

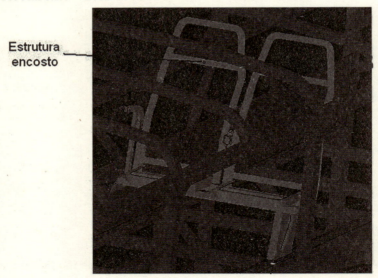

A Figura 3.200 mostra as acelerações do modelo numérico obtidas no domínio do tempo; a Figura 3.201, no domínio da frequência, tendo como deslocamento aplicado asfalto em bom estado com velocidade de 80km/h.

FIGURA 3.200 – Aceleração vertical estrutura poltrona, asfalto em bom estado.

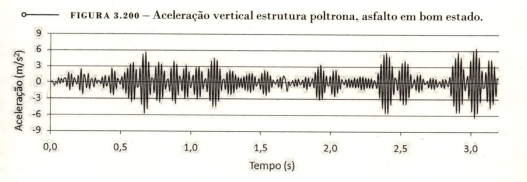

FIGURA 3.201 – Aceleração domínio frequência estrutura poltrona, asfalto em bom estado.

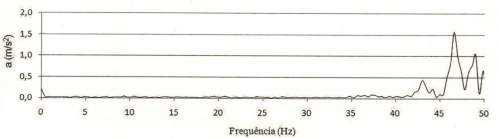

A Figura 3.202 mostra as acelerações do modelo numérico obtidas no domínio do tempo; a Figura 3.203, no domínio da frequência, tendo como deslocamento aplicado asfalto irregular com velocidade de 40km/h.

FIGURA 3.202 – Aceleração vertical estrutura poltrona, asfalto irregular.

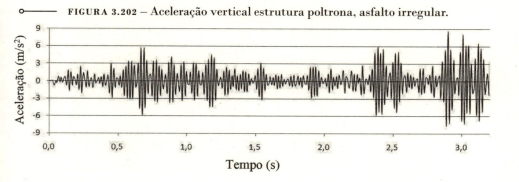

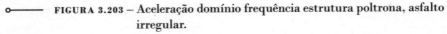

FIGURA 3.203 – Aceleração domínio frequência estrutura poltrona, asfalto irregular.

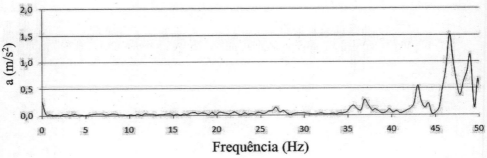

MODIFICAÇÃO PROJETUAL

A proposta de modificação projetual consiste, basicamente, em acrescer ao modelo numérico um material isolador de vibração, de baixa espessura, entre os elementos de contato da poltrona com a carroceria, ou seja, entre o apoio lateral da estrutura da poltrona e a chapa longitudinal lateral e também entre a peça inferior do pé da poltrona e o trilho de fixação. A Tabela 3.38 mostra os quatro diferentes materiais testados no modelo com suas respectivas propriedades mecânicas. A Figura 3.204 mostra os locais onde os materiais foram acrescidos.

TABELA 3.38 – Propriedades materiais isolantes de vibração

Material	Módulo de elasticidade (N/m^2)	Poisson	Densidade (N/m^3)
Borracha	6,1x10^6	0,49	1,05x10^3
Borracha sintética	6,1x10^6	0,49	0,93x10^3
ABS	2,0x10^9	0,39	1,02x10^3
PVC rígido	2,41x10^9	0,38	1,03x10^3

FIGURA 3.204 – Elementos isoladores de vibração.

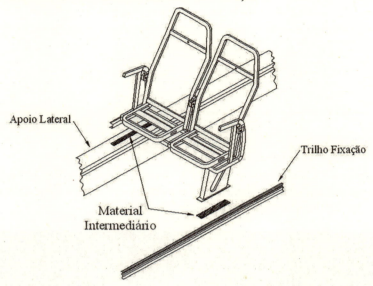

A Figura 3.205 mostra as acelerações do modelo numérico obtidas no domínio do tempo; a Figura 3.206, no domínio da frequência, tendo como deslocamento aplicado asfalto em bom estado com velocidade de 80km/h. Ambas as figuras são para o material intermediário utilizado de borracha.

FIGURA 3.205 – Aceleração vertical estrutura poltrona, asfalto em bom estado, projeto modificado com borracha.

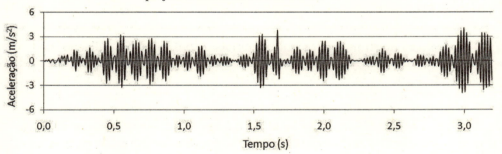

FIGURA 3.206 – Aceleração domínio frequência estrutura poltrona, asfalto em bom estado, projeto modificado com borracha.

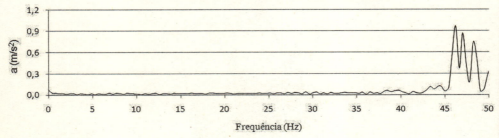

Na Tabela 3.39, são apresentadas as acelerações médias obtidas na estrutura da poltrona para a carroceria original e para os diferentes materiais isolantes aplicados no modelo numérico.

TABELA 3.39 – Resultados análise dinâmica

Local	Asfalto em bom estado	Redução (%)	Asfalto irregular	Redução (%)
Carroceria original	1,7716	---	2,0087	---
Material borracha	1,0917	38,37	1,3169	34,44
Material borracha sintética	1,0909	38,42	1,3170	34,43
Material ABS	2,4309	---	2,60	---
Material PVC rígido	2,3764	---	2,5492	---

Aceleração média (m/s²)

Os valores mostram que os dois materiais de borracha aplicados no modelo modificado atenuam satisfatoriamente os efeitos vibratórios na estrutura da poltrona, em torno de 35% em relação à estrutura sem modificações. Os materiais mais rígidos não obtêm um bom comportamento, inclusive aumentam as acelerações produzidas sob a estrutura da poltrona, portanto, não são recomendados.

A proposta de modificação pode ser implementada na montagem da estrutura da poltrona na carroceria, colocando o elemento de borracha entre o apoio lateral da estrutura da poltrona e a chapa de apoio lateral da estrutura lateral do casulo, e entre o pé da estrutura da poltrona e o trilho de fixação da base da carroceria, conforme mostra a Figura 3.204. O modelo numérico apresentou as maiores magnitudes de acelerações em faixas de frequência mais altas, entre 40Hz e 50Hz, por ser simplificado e não contemplar todos os materiais empregados no modelo físico real da carroceria de ônibus.

A construção do modelo de elementos de barra utilizado na análise dinâmica foi realizada desprezando vários materiais que constituem uma carroceria de ônibus, como revestimentos internos de fibra de vidro, peças de acabamento, divisórias, chapeamento lateral externo, madeira do assoalho, fibras externas do teto, frente e traseira, janelas, vidros entre outros. Todos os elementos citados conferem alguma rigidez para a estrutura do ônibus. A não consideração desses elementos pode afetar a precisão dos resultados, mas por outro lado, considerar todos esses materiais traria ao modelo um grau de complexidade que impossibilitaria a realização da análise dinâmica.

As uniões do modelo numérico foram consideradas todas como rígidas, mesmo as uniões reais dos componentes soldados e aparafusados sendo semirrígidas, isso também pode afetar a precisão dos resultados obtidos, mas não de forma significativa.

Também não é possível determinar com precisão se a transferência dos efeitos vibratórios aplicados no modelo numérico ocorre conforme acontece no modelo real. Para conclusões mais precisas, seriam necessárias investigações mais profundas, considerando um maior número de testes semelhantes a este, avaliando também outros tipos de pavimento.

QUADRO DE REVISÃO 3.3: COMPLEMENTANDO AS INFORMAÇÕES SOBRE OS MATERIAIS

O objetivo desta seção é descrever o comportamento de um material ideal linearmente elástico sob carga de impacto e relacionar seu comportamento com materiais reais. São casos mais detalhados como o material anteriormente apresentado e em análises mais "sofisticadas".

Segundo apresentado por Macaulay (1987), a deformação ε é um parâmetro adimensional que descreve a quantidade de deformação que ocorre em um material quando ele é carregado. A razão pela qual a deformação ocorre sob carregamento de impacto é expressa como a taxa de deformação $\dot{\varepsilon}$, que é geralmente dada em unidades de deformação por segundo (s^{-1}).

Para uma dada deformação total, existe um inter-relacionamento entre taxa de deformação e a duração do processo de deformação; altas taxas de deformação ocorrem sob uma escala de tempo pequena, e vice-versa. Geralmente somente a ordem de magnitude da taxa de deformação é importante, e pequenas mudanças podem ser ignoradas. Algumas taxas de deformação importantes são mostradas na figura a seguir. Para altas taxas de deformação, a tensão de escoamento pode ser duas ou três vezes o valor estático. O aumento tende a ser maior para materiais com baixos valores de tensão de escoamento (MACAULAY, 1987).

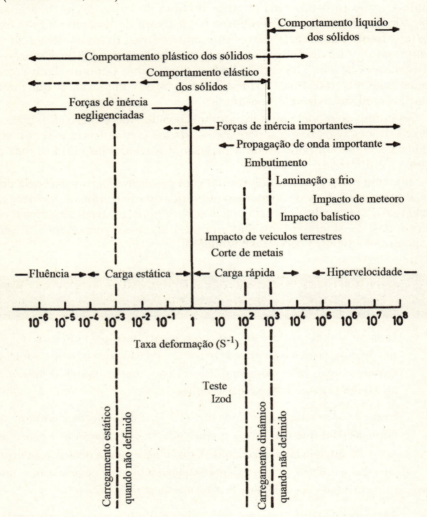

ESTRUTURAS COM NÃO LINEARIDADES MATERIAIS

Não linearidades materiais ocorrem devido ao relacionamento não linear entre tensão e deformação, isto é, a tensão é uma função não linear da deformação (ANSYS, 1984). O relacionamento é também dependente da trajetória (exceto para o caso de elasticidade não linear e hiperelasticidade), de forma que a tensão depende também da história das deformações, bem como da própria deformação. Existem muitos tipos de não linearidades materiais, tais como:

a) Plasticidade independente de taxa de deformação é caracterizada pela deformação instantânea e irreversível que ocorre no material.

b) Plasticidade dependente da taxa de deformação e permite que deformações plásticas se desenvolvam sobre um intervalo de tempo. Isso é também chamado viscoplasticidade.

c) Deformação (creep) é também uma deformação irreversível que ocorre no material e é dependente da taxa de deformação, de tal forma que a deformação se desenvolve sobre o tempo. O intervalo de tempo para *creep* é usualmente muito maior do que para plasticidade com dependência de taxa de deformação.

d) Elasticidade não linear permite um relacionamento não linear entre tensão e deformação que pode ser especificado. Toda a deformação é reversível.

e) Hiperelasticidade é definida pelo potencial de densidade de energia de deformação que caracteriza elastômeros e materiais tipo espuma. Toda deformação é reversível.

f) Viscoelasticidade é a caracterização de um material dependente de taxa de deformação que inclui a contribuição viscosa da deformação elástica.

g) Materiais concretos incluem capacidades de progressão de trinca e amassamento.

PLASTICIDADE INDEPENDENTE DA TAXA DE DEFORMAÇÃO

Plasticidade independente da taxa de deformação é caracterizada pela deformação irreversível que ocorre no material uma vez que certo nível de tensões é atingido. As deformações plásticas são desenvolvidas instantaneamente, isto é, independentes do tempo. Podem ser encontrados diferentes tipos de comportamento do material, tais como: material com endurecimento isotrópico bilinear, material com endurecimento isotrópico multilinear, material com endurecimento isotrópico não linear, material com endurecimento cinemático bilinear clássico, material com endurecimento cinemático multilinear, material com endurecimento cinemático não linear, material anisotrópico e material de Drucker-Prager. A figura a seguir representa o comportamento tensão-deformação para cada uma dessas opções. Este tema é desenvolvido em Alves Filho (2012), para quem tem interesse em se aprofundar nesses tipos de análises.

A teoria da plasticidade define um relacionamento matemático que caracteriza a resposta elastoplástica dos materiais. Existem três ingredientes na teoria da plasticidade independente da taxa de deformação: o critério do escoamento, regra de endurecimento e fluxo plástico (ANSYS, 1984).

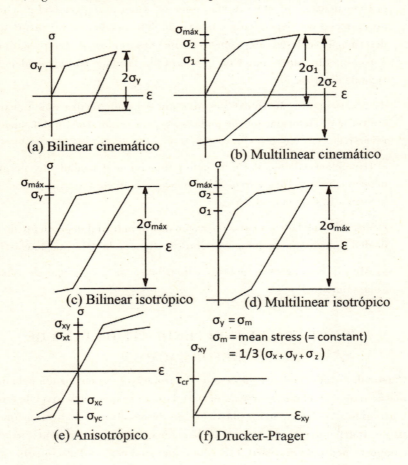

CRITÉRIO DE ESCOAMENTO

O critério do escoamento determina o nível de tensões para o qual o escoamento é iniciado. Para tensões com múltiplos componentes, ele é representado como uma função de componentes individuais, f({σ}), e pode ser interpretado como uma tensão equivalente σ_e:

$$\sigma_e = f(\{\sigma\}) \qquad (3.9)$$

onde {σ} é o tensor das tensões. Quando a tensão equivalente é igual ao parâmetro de escoamento do material σ_y,

$$f(\{\sigma\}) = \sigma_y \qquad (3.10)$$

o material desenvolverá deformações plásticas. Se σ_e é menor do que σ_y, o material é elástico e as tensões se desenvolverão de acordo com as relações tensão-deformação elásticas. Note que a tensão equivalente (von Mises) nunca deve exceder o limite de escoamento do material, uma vez que isso causa deformações plásticas que se desenvolverão instantaneamente, deste modo reduzindo a tensão para a tensão de escoamento do material. A equação 10 pode ser plotada no espaço das tensões para algumas das opções de plasticidade (ANSYS, 1984). As superfícies na figura a seguir são conhecidas como superfícies de escoamento, e qualquer estado de tensões dentro da superfície é elástico, isto é, não causam deformações plásticas (ALVES FILHO, 2012).

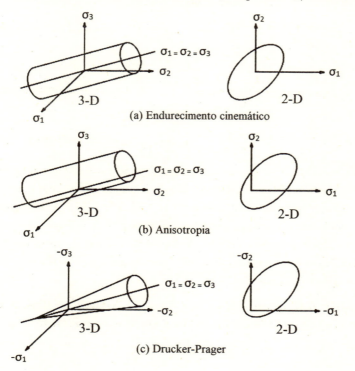

REGRA DE ENDURECIMENTO

A regra de endurecimento descreve a mudança na superfície de escoamento com o progressivo escoamento, de forma tal que as condições (estado de tensões) para um escoamento subsequente possam ser estabelecidas. As regras de endurecimento podem ser do tipo de endurecimento isotrópico e de endurecimento cinemático (ANSYS, 1984). No endurecimento isotrópico, a superfície de escoamento permanece centrada em torno de sua posição inicial e se expande em tamanho à medida que a deformação plástica ocorre. Para materiais com comportamento plástico isotrópico, isso é denominado endurecimento isotrópico e é mostrado na figura a seguir (a). Endurecimento cinemático assume que a superfície de escoamento permanece constante em tamanho, e a superfície sofre translação no espaço de tensões com o progressivo escoamento, como mostrado na figura (b).

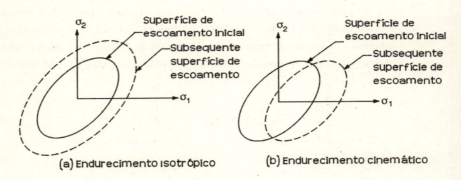

FLUXO PLÁSTICO

A deformação inelástica de um sólido dúctil pode variar com a distribuição de tensões, história de carregamento prévio e temperatura, bem como com a deformação e a taxa de deformação (MACAULAY, 1987). Adicionalmente, para um dado carregamento global e deformações, a deformação pode ser distribuída uniformemente ou não. Assim, duas formas de aproximação são necessárias: uma que se utiliza das deformações médias, e outra com concentrações locais de deformações.

O processo de deformação inelástico é chamado de fluxo plástico. A tensão para a qual o fluxo plástico ocorre é chamada de tensão de fluxo. Em alguns materiais, as tensões de fluxo, para baixas taxas de deformação, permanecem substancialmente constantes, apesar da deformação, mas em outros, encruamentos por deformação ocorrem e a tensão de fluxo aumenta com o aumento da deformação. Modelos utilizados de materiais plásticos ideais incorporam cinco suposições básicas (MACAULAY, 1987):

○ O escoamento ocorre acentuadamente, e assim, o surgimento do fluxo plástico é claramente definido.

○ Tensão e compressão são idênticas, a não ser pela mudança de sinal.

○ O material é isotrópico, com idênticas propriedades em todas as direções.

○ A curva tensão-deformação pode ser aproximada por poucas linhas retas.

○ O material é incompressível.

A última dessas considerações simplifica consideravelmente a análise em três dimensões, e, exceto em taxas de deformação ou pressões muito altas, a incompressibilidade do sólido é tão pequena, que ela pode ser negligenciada. Disto segue que a deformação plástica pode usualmente ser considerada como sendo inteiramente deviatórica, e, consequentemente, a deformação volumétrica pode ser ignorada.

Os metais podem ser divididos em materiais elastoplástico perfeitos, que não sofrem endurecimento após o escoamento, e materiais elastoplásticos endurecíveis (podendo apresentar endurecimento linear e não linear). Segundo Jones (2001), em muitos sistemas de absorção de energia e problemas de *"crashworthiness"*, a energia externa de impacto é absorvida pelo comportamento inelástico de um material dúctil. Entretanto, nessas condições extremas de interesse, as deformações inelásticas são grandes e dominam o comportamento elástico. Assim, a idealização de um material rígido e perfeitamente plástico pode ser utilizada por métodos teóricos e numéricos de análise com pouco sacrifício de tornar a análise menos acurada. A metodologia que utiliza esse tipo de material se denomina método rígido perfeitamente plástico. A figura a seguir mostra curvas tensão-deformação típicas de materiais elastoplásticos.

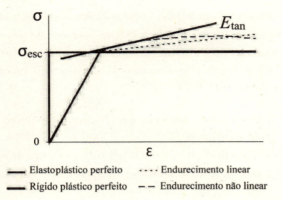

— Elastoplástico perfeito ···· Endurecimento linear
— Rígido plástico perfeito – – Endurecimento não linear

O critério de deformação, que governa o fluxo plástico, para alguns materiais é sensível à razão de deformação ($\dot{\varepsilon}$). Esse fenômeno é conhecido como razão de sensibilidade à deformação do material ou viscoplasticidade (JONES, 2001b). O aço com baixo teor de carbono é altamente sensível à razão de deformação. A influência da taxa de razão de deformação manifesta-se na forma de um efeito de aumento de resistência na estrutura. Isso talvez sugira que esse fenômeno é benéfico, uma vez que fornece um fator de segurança adicional para a estrutura. Entretanto, em sistemas absorvedores de impacto para veículos, podem se originar esforços inaceitáveis para o corpo humano em função desse aumento de resistência do material que não ocorreriam para um material que não fosse dependente da taxa de deformação. A sensibilidade à taxa de deformação é um efeito do material e é independente da geometria da estrutura.

Muitas equações constitutivas diferentes para a sensibilidade à taxa de deformação do comportamento dos materiais têm sido propostas na literatura. Cuidadosos trabalhos experimentais são requeridos para gerar os vários coeficientes presentes nessas equações constitutivas. Vários autores têm trazido esclarecimentos sobre as características das equações constitutivas, indispensáveis para auxiliar os programas de testes experimentais. Entretanto, existe ainda considerável incerteza sobre o comportamento dos materiais. Ainda mais, dados insuficientes estão disponíveis para materiais sob cargas dinâmicas biaxiais e sob influência de tensões generalizadas, como, por exemplo, momentos fletores, forças de membranas e interação entre estes (JONES, 2001a, b, c). Cowper e Symonds (1957) *apud* Jones (2001c) sugerem a equação constitutiva:

$$\dot{\varepsilon} = D\left(\frac{\sigma'_0}{\sigma_0} - 1\right)^q, \sigma'_0 \geq \sigma_0, \qquad (3.11)$$

onde σ_0' é a tensão de fluxo dinâmico para uma taxa de deformação plástica $\dot{\varepsilon}$, σ_0 é a tensão de fluxo estático associada e D, e q são constantes para um material particular. A equação 3.11 pode ser reescrita como:

$$\frac{\sigma_0'}{\sigma_0} = 1 + \left(\frac{\dot{\varepsilon}}{D}\right)^{1/q} \quad (3.12)$$

a qual, com D = 40.4 s^{-1} e q = 5, produz uma razoável concordância com os dados experimentais para aço doce (JONES, 2001d).

As equações 3.11 e 3.12 apresentam, sob o ponto de vista de engenharia, uma razoável estimativa da sensibilidade à razão de deformação para o comportamento uniaxial do aço doce (JONES, 2001d).

Segundo Ls-Dyna (1999), a taxa de deformação pode ser levada em conta utilizando o modelo de Cowper e Symonds que escalona a tensão de escoamento utilizando o fator $1 + \left(\frac{\dot{\varepsilon}}{C}\right)^{\frac{1}{\rho}}$, onde $\dot{\varepsilon}$ é a taxa de deformação, C = D e ρ = q. A figura a seguir ilustra o comportamento elastoplástico do material empregado. Na figura, l_0 e l são os comprimentos indeformado e deformado de um corpo de prova em tração. E e E_t são as inclinações da curva de tensões bilinear.

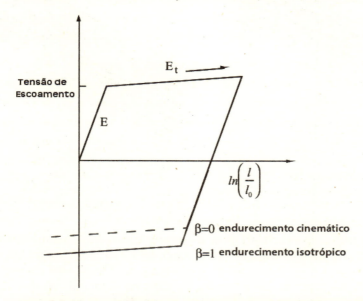

IMPACTO EM CARROCERIAS DE ÔNIBUS INTERURBANO

Nesta seção, se apresenta a avaliação de uma estrutura de ônibus interurbano sujeita a um evento de impacto frontal contra uma parede rígida, conforme apresentado por Dias de Meira Junior (2010). Em continuação, se apresentam simulações de eventos de impactos reais ocorridos em estradas brasileiras para condição de impacto frontal e em ângulo (efeito abridor de latas). Por último, apresenta-se uma comparação dos resultados obtidos para força de reação do impacto contra uma parede rígida utilizando-se o modelo de elementos finitos da carroceria do ônibus e o Método de Riera (1980).

MODELO DE ELEMENTOS FINITOS DA ESTRUTURA DA CARROCERIA

Foram construídos dois modelos de elementos finitos para a carroceria do ônibus, um em casca e outro em barras. A Figura 3.207 mostra os modelos construídos.

FIGURA 3.207 – Modelos da carroceria do ônibus (a) modelo de casca; (b) modelo de barra.

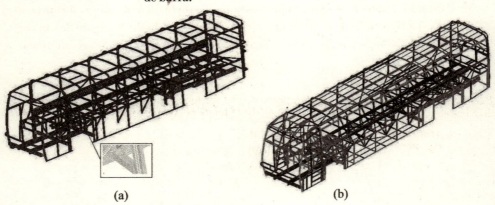

O modelo de barra tem 5.502 nós e 2.566 elementos com formulação opção Hughes-Liu com integração da seção transversal. O modelo de casca tem 203.371 nós e 205.933 elementos com formulação opção Belytschko-Tsay (LS-DYNA, 1999).

O material utilizado no chassi e na carroceria é o aço estrutural com tensão de fluxo de 240MPa, módulo de elasticidade longitudinal E = 210 GPa, coeficiente de Poisson υ = 0,3 e densidade γ = 7.850kg/m³. O material é assumido como elastoplástico perfeito. A espessura adotada para as longarinas do chassi é

6,3mm. Para os tubos que compõem a estrutura do teto, foi adotada a espessura de 2,6mm, e para os demais tubos e perfis do casulo, espessura de 2mm.

Com dados fornecidos por uma empresa encarroçadora, foi adotado um peso de 5.330kg para um chassi Scania, sendo 1.030kg na parte dianteira e 4.300kg na parte traseira. Para a carroceria acoplada, foi adotado um peso total de 13.020kg, considerando o ônibus com 44 lugares (12m), com ar-condicionado e banheiro. Também estão computados os pesos das fibras externas, portas e portinholas e janelas. Esse peso considera a carroceria sem passageiros e bagagens (descarregado), sendo 4.520kg localizados no eixo dianteiro e 8.720kg no eixo traseiro. Considerando o veículo com carga máxima de 3.080kg, o que corresponde ao peso de 44 passageiros (com peso médio de 70kgf por pessoa) mais 1.000kgf, tem-se para a carroceria um peso total carregado de 17.100kgf.

Utilizou-se métodos explícitos (método das diferenças centrais) para solução do problema de impacto. O termo explícito refere-se aos algoritmos de integração no tempo. No método explícito, forças internas e externas são somadas para cada ponto nodal, e a aceleração nodal é calculada pela divisão pela massa nodal. A solução é alcançada pela integração dessa aceleração no tempo. O máximo tamanho de passo de tempo é limitado pela condição de Courant (LS-DYNA, 1999), produzindo um algoritmo que tipicamente requer muitos relativamente não demorados passos de tempo. A análise explícita é adequada para simulações dinâmicas como impacto e *crash*, mas torna-se proibitiva e demorada para eventos de longa duração. Mais informações podem ser obtidas em Dias de Meira Junior (2010).

ANÁLISE QUALITATIVA DE IMPACTO DE CARROCERIA DE ÔNIBUS INTERURBANO

Nesta seção, se faz uma avaliação a nível qualitativo do comportamento da estrutura do ônibus quando sob impacto. A estrutura do ônibus é impactada contra uma parede rígida com uma velocidade de 50km/h, como mostrado na Figura 3.208. O material utilizado na análise é o aço com tensão de fluxo de 240MPa e comportamento elastoplástico perfeito. Essa avaliação não está levando em conta efeitos de encruamento devido à taxa de deformação, uma vez que se deseja que se apresentem de forma maximizada os deslocamentos e efeitos locais de deformação com o objetivo de identificar pontos de absorção de energia e potenciais locais de colocação de absorvedores de impacto.

A seguir será avaliado o modo de deformação da estrutura com objetivo de determinar os pontos mais solicitados da estrutura em um evento de impacto e identificar possibilidades de mudanças na geometria da estrutura de forma a alterar seu modo de deformação por meio da colocação de elementos estruturais com finalidade específica de absorver energia de impacto.

FIGURA 3.208 – Condições de impacto.

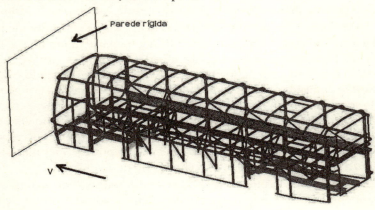

A Figura 3.209 mostra uma comparação das deformadas, após o impacto frontal contra a parede rígida, entre a estrutura de casca e a estrutura de barras. As deformadas apresentam formas semelhantes na região frontal do ônibus. No entanto, o custo computacional para a obtenção da deformada do modelo de casca é muito alto. Dessa forma, opta-se por utilizar o modelo com estrutura de vigas. Pode-se observar que a região mais solicitada da estrutura é o montante localizado entre o eixo do rodado central e o início do bagageiro, ou seja, o montante em que são ancoradas as longarinas do chassi. Esse montante é solicitado por flexão, sofrendo uma grande deformação.

FIGURA 3.209 – Deformação após impacto frontal contra parede rígida.

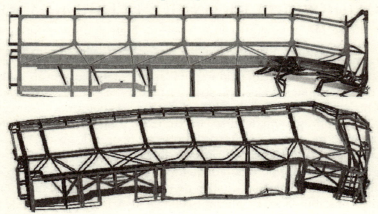

A Figura 3.210 mostra a união entre a parte frontal do chassi e a parte traseira deste por meio do bagageiro. Por sua vez, o bagageiro é sustentado por estruturas transversais denominadas montantes.

Devido à menor rigidez da região do bagageiro, a região da união do chassi dianteiro e traseiro, por meio das estruturas de montante com a estrutura do bagageiro, pode ser utilizada como mecanismo de deformação para a absorção de energia de impacto, uma vez que a estrutura esteja adequada a ter esse tipo de comportamento.

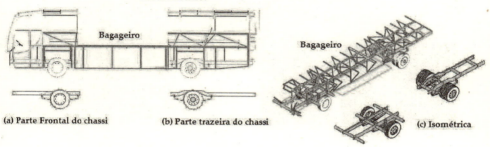

FIGURA 3.210 – Estrutura de chassi, carroceria e bagageiro de ônibus interurbano.

(a) Parte Frontal do chassi   (b) Parte trazeira do chassi   (c) Isométrica

A Figura 3.211 apresenta as possíveis regiões onde podem ser colocados mecanismos de absorção de impacto na estrutura em estudo. O mecanismo 1 atuaria de forma semelhante a um para-choque frontal, trabalhando por flexão. O mecanismo 2 atuaria na forma da ação de esforços combinados de flexão e compressão da longarina do chassi. O mecanismo 3 atuaria aproveitando a flexão do primeiro montante de forma controlada atuando quando solicitações maiores de impacto ocorrerem. O mecanismo 4 atuaria também por flexão do montante e somente em caso de grandes impactos.

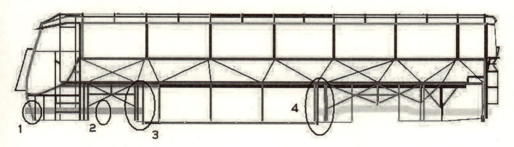

FIGURA 3.211 – Localização mecanismos absorvedores de impacto.

ANÁLISE QUANTITATIVA DO EFEITO DO IMPACTO SOBRE A ESTRUTURA EM ESTUDO

Apresenta-se nesta seção uma avaliação do efeito produzido pelo impacto na estrutura da carroceria de ônibus atualmente em circulação pelas estradas do Brasil. A Figura 3.212 apresenta a deformada resultante do impacto em um tempo de 0,3s, tempo este necessário para que a velocidade chegue a zero e para que toda a energia cinética seja absorvida pela estrutura.

FIGURA 3.212 – Vista lateral e frontal após 0,3 segundo.

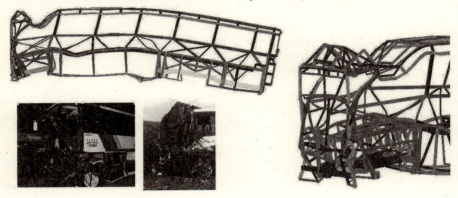

O material utilizado na análise é o aço NBR 7008 ZAR 230 com limite de escoamento de 230Mpa, limite de resistência à tração de 310MPa, módulo tangente de 730MPa, e os coeficientes de Cowper-Symonds são $D = 40.4$ e $q = 5$. Pode-se observar na figura que a frente do ônibus interurbano sofreu deformação acentuada, comprometendo a segurança do motorista. Também pode-se observar fotos de acidentes reais em que o modo de deformação é semelhante ao obtido por meio do modelo simulado numérico de impacto. O deslocamento da frente do ônibus pode ser visto na Figura 3.213.

FIGURA 3.213 – Deslocamento da parte dianteira do veículo.

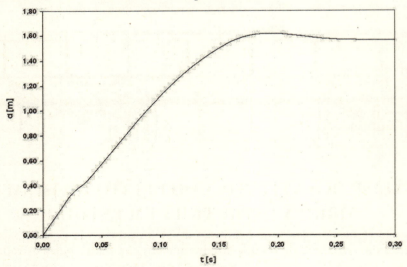

Pode-se observar que a parte dianteira da estrutura sofreu um deslocamento em torno de 1,6 metro. A Figura 3.214 apresenta a desaceleração sofrida pelo veículo em um tempo de 0,3 segundo.

FIGURA 3.214 — Desaceleração da estrutura.

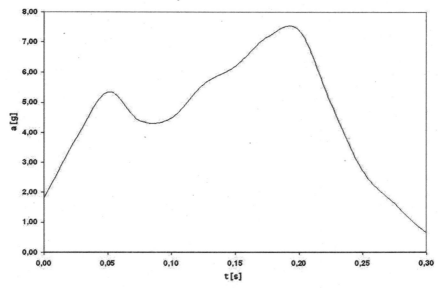

Observa-se na figura que o valor de pico da desaceleração é baixo, em torno de 7g. A equação 3.13 mostra o cálculo do valor da aceleração média.

$$a_m = \frac{v^2}{2g\Delta L} \quad (3.13)$$

Onde v é a velocidade de translação do ônibus, g a aceleração da gravidade, e ΛL é o deslocamento. Para o problema em estudo, a velocidade é de 50km/h, e utilizando um deslocamento de 1,6 metro, chega-se a um valor de desaceleração média de 6.15g, coerente com o gráfico apresentado na Figura 3.214. Segundo Huang *et al.* (2005), um pulso é considerado baixo quando estiver em torno de 18g, e considerado alto para valores em torno de 87g.

A Figura 3.215 apresenta a variação da energia cinética com o tempo. Pode-se observar que se faz necessário um tempo de 0,3 segundo para absorver toda a energia cinética do veículo.

FIGURA 3.215 – Energia cinética absorvida.

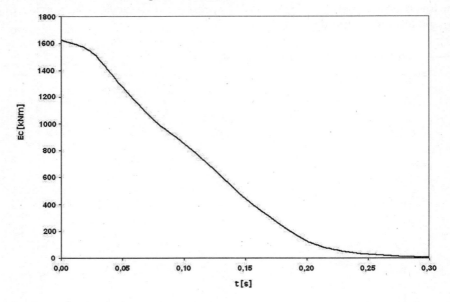

Em uma avaliação dos dados apresentados relativos à absorção da energia cinética, a desaceleração e o deslocamento verificado durante o evento de impacto, juntamente com a deformada, conclui-se que a estrutura está subdimensionada quanto ao critério de absorção de energia de impacto e proteção do motorista. Nesse caso, ocorre a invasão da área ocupada pelo motorista e também da primeira fila do lugar ocupado pelos passageiros.

SIMULAÇÃO DE ACIDENTE DE IMPACTO FRONTAL ENTRE DOIS ÔNIBUS INTERURBANOS

Nesta seção, será feita uma simulação numérica do acidente real, uma das maiores tragédias rodoviárias do Brasil. Os dois veículos colidiram frontalmente, acidente em que vieram a óbito 32 pessoas e 21 ficaram feridas. O choque foi tão violento, que um dos ônibus entrou até a metade do outro veículo. Todos os passageiros que estavam na primeira metade do ônibus vieram a óbito.

A seguir se apresenta uma simulação de impacto frontal utilizando o modelo de barras. O objetivo da realização dessa simulação é demonstrar a capacidade do modelo de barras de representar um evento de natureza semelhante.

O material utilizado para as carrocerias e chassi dos dois ônibus é o aço NBR 7008 ZAR-230 com limite de escoamento de 230MPa e tensão de ruptura de 310MPa, com módulo tangente de 730MPa, e os coeficientes de Cowper-Symonds são D = 40,4 e q = 5, um aço comumente utilizado pela indústria de construção de carrocerias de ônibus.

A Figura 3.216 apresenta os resultados obtidos para velocidades iguais entre 50km/h e 120km/h para cada ônibus. Como as velocidades se somam em virtude de os veículos estarem indo um contra o outro, a avaliação que está sendo realizada é da ordem de velocidades de impacto de 100km/h até 240km/h.

FIGURA 3.216 – Simulação de impacto a diferentes velocidades.

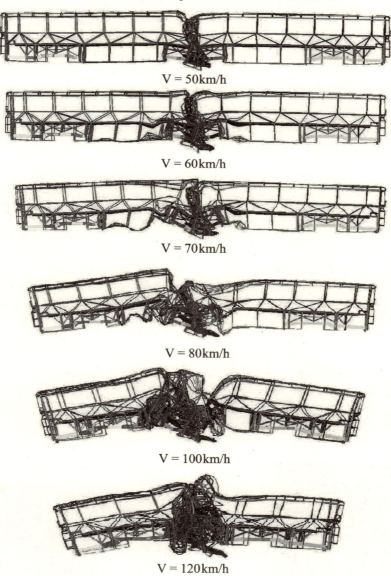

A Figura 3.217 apresenta a curva de velocidade versus deslocamento medido a partir da região frontal do ônibus até o ponto final de deformação em 0,5 segundo. O deslocamento produzido pelo choque indica que um dos ônibus pode entrar até a metade do outro veículo, dependendo da velocidade do impacto.

FIGURA 3.217 – Curva velocidade versus deslocamento.

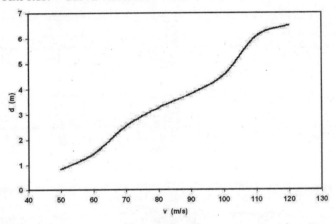

A Figura 3.218 apresenta outra situação de impacto frontal, com velocidades diferentes. Um dos ônibus está a 90km/h, e o outro a 130km/h. Nessa situação, um dos ônibus penetra até a metade do outro, em torno de 6,95m, em um tempo de 0,5 segundo. Apresentam-se também as fotos do acidente real. Observa-se que o modelo representa com boa aproximação o evento real de impacto.

FIGURA 3.218 – Impacto frontal - simulação acidente real.

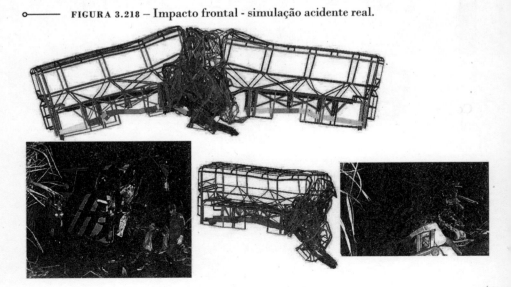

Pela avaliação das Figuras 3.216, 3.217 e 3.218, conclui-se que o modelo de barras em estudo está apto a representar eventos de impacto frontal como esse apresentado. O modelo de barras sofre um deslocamento devido ao impacto até aproximadamente a metade. A ordem de grandeza das velocidades dos dois ônibus foi estimada, e foram testadas várias hipóteses. Apesar de a geometria e dos materiais serem apenas semelhantes, os resultados obtidos são muito próximos aos que realmente ocorreram nesse acidente.

SIMULAÇÃO DO "EFEITO ABRIDOR DE LATAS"

Nesta seção, se apresenta uma simulação numérica de um evento de impacto em que ocorre o chamado "efeito abridor de latas", onde a estrutura do ônibus tem removida parte de sua lateral em decorrência do evento de impacto com outro veículo. É comum a ocorrência desse tipo de situação nas estradas brasileiras, uma vez que a maioria das estradas é de pista simples. Na Figura 3.219, se apresentam situações de evento de impacto em que ocorre esse efeito.

FIGURA 3.219 – Acidente com efeito "abridor de latas".

Com o objetivo de avaliar o comportamento do modelo de barras em um evento de impacto semelhante, apresenta-se na Figura 3.220 uma simulação de impacto entre dois ônibus. Um dos ônibus tem o dobro da rigidez do outro (para simular uma rigidez maior semelhante à de um caminhão) e velocidade de 120km/h. O outro ônibus tem velocidade de 90km/h com inclinação de um grau, em uma tentativa de evitar a colisão, e 0,25m mais baixo do que o outro. O material utilizado para os dois ônibus é o aço NBR 7008 ZAR 380, com limite de escoamento de 380MPa, limite de resistência a tração de 460MPa, deformação específica final de 18% e módulo tangente de 444MPa, e os coeficientes de Cowper-Symonds são D = 40,4 e q = 5.

302 DESENVOLVIMENTO DE PRODUTOS UTILIZANDO SIMULAÇÃO VIRTUAL

o———— **FIGURA 3.220** – Esquema simulação de impacto entre dois ônibus.

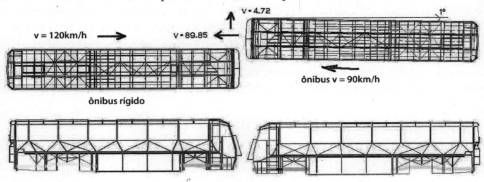

A Figura 3.221 apresenta a deformada do modelo de barras e a deformada do ônibus 456 do acidente da rodovia BR 386.

o———— **FIGURA 3.221** – Efeito "abridor de latas" – comparação.

A Figura 3.222 apresenta uma sequência de imagens em diferentes tempos do evento até 0,7 segundo. Percebe-se a tendência de rotação do ônibus e também a tendência de tombamento do ônibus menos rígido em decorrência do impacto.

A Figura 3.223 apresenta uma comparação do corte realizado em um ônibus real (ônibus 456) e o que pode ser conseguido no modelo de barras. Os resultados obtidos e apresentados nas figuras 3.220, 3.221 e 3.222 demonstram a capacidade do modelo de barras de simular uma situação de impacto que leve ao "efeito abridor de altas".

ABORDAGENS DE PROBLEMAS ESTRUTURAIS **303**

FIGURA 3.222 – Sequência do evento de impacto.

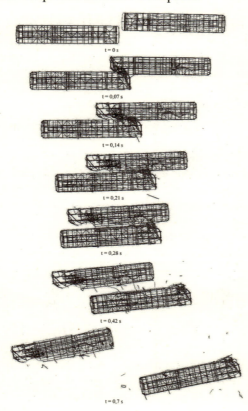

FIGURA 3.223 – Efeito abridor de latas.

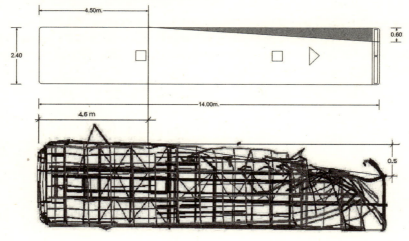

AVALIAÇÃO QUANTITATIVA UTILIZANDO O MÉTODO DE RIERA (1980)

Riera (1980) apresenta uma metodologia simplificada que permite a determinação da força de reação F_x (t) devido ao impacto de um projétil unidimensional contra um alvo rígido. Nesse método, a estrutura é discretizada em massas e molas em série e foi obtida por meio de métodos energéticos. Essa metodologia consiste em integrar a equação 3.14, que é dada por:

$$F_x(t) = P_c[x(t)] + \mu_x(t)V^2(t) \qquad (3.14)$$

Onde $\mu_x(t)$ é a massa do projétil por unidade de comprimento, $x(t)$ é a distância a partir da frente do projétil, V (t) é a velocidade do projétil que atinge a parede rígida que se comporta como um corpo rígido, e $P_c[x(t)]$ é a força de colapso da porção de estrutura que está colidindo (Figura 3.224).

FIGURA 3.224 – Método de Riera (1980)

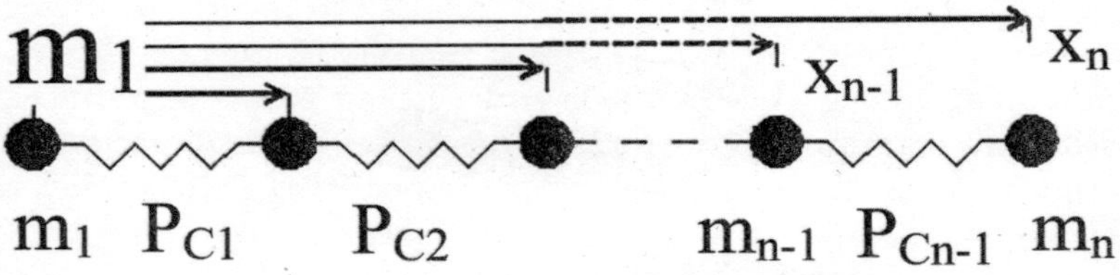

A força de colapso P_C é a força necessária para comprimir até o colapso a estrutura estudada, que pode ser determinada experimentalmente ou numericamente. Essa força de colapso pode ser determinada para estruturas como a caverna de uma carroceria de ônibus interurbano, a fuselagem de um avião ou para um perfil simples comprimido. Ela é resultante da interação entre formas de colapso como o colapso plástico e flambagem local, distorcional ou global (TECH *et al.*, 2005).

Pode-se determinar a força P_C utilizando-se as expressões fornecidas pela NBR 14762 (2001) de chapa dobrada e o Método da Resistência Direta (Schafer e Peköz (1998); Hancock, Kwon e Bernard (1994)). As equações que determinam P_C são:

$$P_P = \sigma_1 A \qquad (3.15) \qquad\qquad \lambda_0 = \sqrt{P_P / P_{FG}} \qquad (3.16)$$

$$P_{PFG} = \rho P_P \qquad (3.17) \qquad P_{CL}\left(\frac{P_{FL}}{P_{PFG}}\right)^{0.4}\left[1 - 0.15\left(\frac{P_{FL}}{P_{PFG}}\right)^{0.4}\right]P_{PFG} \qquad (3.18)$$

$$P_{CD} = \left(\frac{P_{FD}}{P_P}\right)^{0.6}\left[1 - 0.25\left(\frac{P_{FD}}{P_P}\right)^{0.6}\right]P_P \qquad (3.19)$$

$$P_C = Min(P_{PFG}, P_{CL}, P_{CD}) \quad (3.20)$$

Onde P_P é a força de colapso plástico, σ_1 é a tensão de escoamento do material, A é a área da seção transversal do perfil, λ_0 é o índice de esbeltez reduzido para barras comprimidas, P_{FG} é a força de flambagem elástica global, P_{PFG} é a força resultante da interação entre a força de flambagem elástica global e a força de colapso plástico, ρ é o fator de redução associado a flambagem global (NBR 14762, 2001), P_{FL} e P_{FD} representam a força de flambagem elástica local e distorcional respectivamente, P_{CL} e P_{CD} são as forças de colapso devido à interação entre flambagem global e local e entre flambagem distorcional e plastificação respectivamente, e P_C é a força de colapso do elemento analisado, que será a mínima das três cargas de colapso encontradas. Na utilização do método da resistência direta, é preciso calcular previamente as cargas de flambagem elástica do elemento estudado. Isso pode ser feito por meio do programa CU-FSM desenvolvido por Schafer (2001) baseado no Método das Faixas Finitas (Cheung, 1988).

O programa desenvolvido por Riera (1980) pode ser encontrado em Dias de Meira Junior (2010), no Anexo H.

Nesta seção, apresenta-se uma avaliação quantitativa da estrutura do ônibus em estudo aplicando-se a metodologia simplificada proposta por Riera (1980) que possibilita a determinação da força de reação devido ao impacto contra uma parede rígida. A metodologia como proposta por Riera (1980) aplica-se a um projétil unidimensional (míssil), mas também já foi aplicada com sucesso por Tech *et al.* (2005) para estruturas de ônibus. Isso é possível devido à natureza dessa estrutura, que se apresenta no formato de uma caverna, formando uma estrutura composta.

A Figura 3.225 apresenta a distribuição de massas utilizada, bem como a discretização da estrutura empregada, as distancias e as forças de amassamento.

FIGURA 3.225 – Distribuição de massas e discretização.

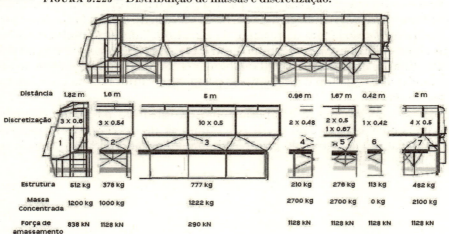

A modelagem utilizando o método de Riera (1980) utilizou uma discretização de 26 conjuntos massa mola. A massa das bagagens não foi considerada na análise em função de a mesma estar solta, sem vinculação com a estrutura. A determinação da força de colapso para cada trecho da estrutura discretizada pode ser feita numericamente por meio da compressão da estrutura do ônibus em análise por meio de uma parede rígida, ou analiticamente mediante a utilização do Método da Resistência Direta (Schafer e Peköz, 1998; Schafer, 2001).

A Figura 3.226 apresenta as forças de colapso obtidas numericamente, bem como o modo de deformação da estrutura em estudo em cada trecho.

FIGURA 3.226 – Forças de Colapso e modos de deformação.

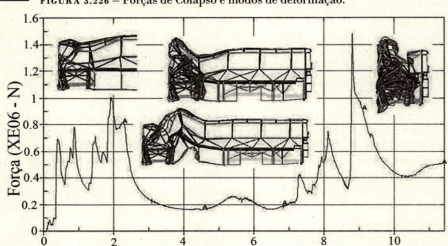

Pode-se observar na Figura 3.227 que a falha na região dianteira da estrutura do ônibus ocorre por flambagem do perfil "C" do chassi. Após a falha desse perfil, ocorre o colapso súbito do restante da estrutura. Também observa-se nessa figura que a falha na região central da estrutura do ônibus ocorre na longarina longitudinal de maior seção (perfil retangular 60 x 100 x 2mm), e também ocorre por flambagem. Quando da falha desse perfil, a estrutura flamba globalmente na região central.

Pode-se concluir que o comportamento da estrutura na região dianteira do ônibus é controlado pelo perfil "C" e que, na região central, o comportamento estrutural é controlado pelo perfil retangular medindo 60 x 100 x 2mm (WALBER *et al*, 2015).

FIGURA 3.227 – Modos de falha.

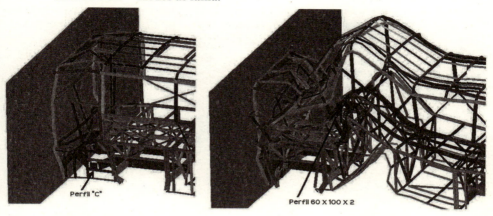

As figuras 3.228 e 3.229 apresentam os resultados fornecidos pelo programa CU-FSM (SCHAFER, 2001), que, utilizando o Método das Faixas Finitas (CHEUNG e TAM, 1988), calcula o valor das cargas de flambagem elástica para diferentes comprimentos de flambagem para os perfis tipo "C" 80 x 200 x 6mm e tipo retangular 60 x 100 x 2mm.

Utilizando o Método da Resistência Direta, obtém-se para o perfil "C" 80 x 200 x 6mm com força de resistência ao amassamento de Fc = 419kN, e para o tubo retangular 60 x 100 x 2mm, uma força de resistência ao amassamento de Fc = 145kN.

FIGURA 3.228 – Resultados CU-FSM perfil "C" 80 x 200 x 6mm.

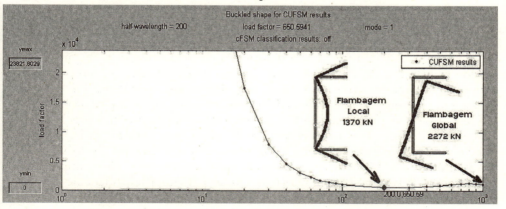

FIGURA 3.229 – Resultados CU-FSM perfil retangular 60 x 100 x 2mm.

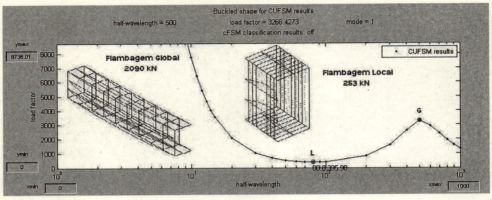

Considerando que, na região dianteira do ônibus (1) visto na Figura 3.227, a resistência oferecida ao amassamento é devida principalmente aos dois perfis "C", a força total de amassamento é de Fc = 838kN nessa região. Na região imediatamente seguinte (2), a resistência ao amassamento é de Fc = 1.128kN, considerando a presença de dois perfis em "C" 80 x 200 x 6mm e de dois perfis retangulares 60 x 100 x 2mm. Na região central (3), a força de amassamento é de 290kN, considerando a presença de dois perfis 60 x 100 x 2mm. Nas regiões da parte traseira (4,5,6 e 7), adotou-se Fc = 1.128kN (dois perfis "C" 80 x 200 x 6mm e dois perfis retangulares 60 x 100 x 2mm). Optou-se por utilizar os valores calculados pelo Método da Resistência Direta, uma vez que os valores são aproximados aos obtidos numericamente e deseja-se utilizar esses resultados no Método de Riera (1980), uma metodologia simplificada.

A seguir apresenta-se, na Figura 3.230a, um evento de impacto da estrutura em estudo em uma velocidade de 66,67m/s (240km/h) contra uma parede rígida. Na Figura 3.230b, apresenta-se a deformada de uma situação real com velocidade de impacto desconhecida com objetivo de mostra que o evento proposto pode ocorrer em situações reais. O modelo proposto por Riera (1980) tem se mostrado eficiente na modelagem de problemas nos quais a rigidez da estrutura é responsável por não mais de 20% da força total reativa produzida pelo míssil durante o impacto. Isso acontece quando a parcela de quantidade de movimento envolvida no processo simulado é importante, ou seja, quando a velocidade do míssil é elevada. Isso justifica fazer a comparação entre o modelo simplificado de Riera (1980) e o modelo numérico do ônibus para uma velocidade de impacto muito elevada (240km/h). O tempo de simulação do evento é de 0,12 segundo, o suficiente para produzir o amassamento da parte central da carroceria (região dos bagageiros).

FIGURA 3.230 – (a) Modelo de barras; (b) Acidente na Raposo Tavares em 2006.

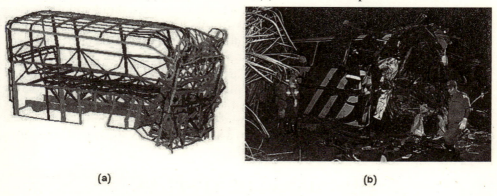

(a)   (b)

Por simplicidade, utilizou-se um único material na estrutura da carroceria e chassi do ônibus. Foi utilizado o aço NBR 7008 ZAR-230 com limite de escoamento de 230MPa e tensão de ruptura de 310MPa, com módulo tangente de 730MPa, e os coeficientes de *Cowper-Symonds* são D = 40.4 e q = 5, um aço comumente utilizado pela indústria de construção de carrocerias de ônibus.

FIGURA 3.231 – Força de reação na parede rígida.

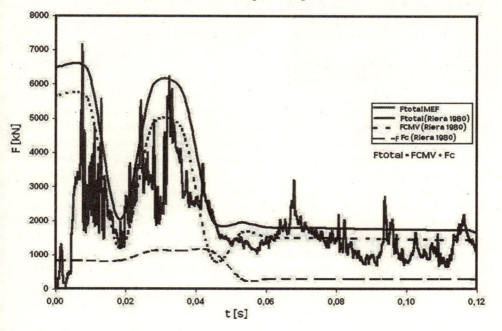

A partir do modelo de barras de MEF, se retira a força de reação da parede rígida. Esse resultado é comparado com o obtido por meio da metodologia de Riera (1980). A Figura 3.231 apresenta os resultados obtidos. Observa-se uma boa concordância entre os resultados obtidos por MEF e os obtidos utilizando-se a metodologia de Riera (1980).

Como conclusão desta seção, pode-se afirmar que a comparação entre o modelo numérico de elementos finitos e o modelo utilizando o método de Riera (1980) mostrou resultados coerentes e muito semelhantes. A utilização de métodos numéricos baseados em teorias diferentes e de nível de complexidade distintos permitem, por meio do cruzamento de informações, validar parcialmente o fenômeno físico que está sendo estudado.

AVALIAÇÃO DE TESTE DE IMPACTO (*CRASH TEST*)

A Figura 3.232 apresenta uma comparação entre um teste de impacto real (a) e a simulação (b) com o modelo de barras utilizado neste trabalho.

FIGURA 3.232 – Teste de impacto (a) crash test; (b) modelo de barras.

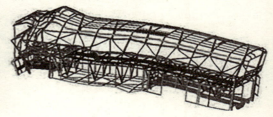

A Figura 3.233 apresenta uma comparativo das deformadas no tempo de 180ms. Observa-se que o comportamento do modelo de barras é semelhante ao comportamento da estrutura do ônibus real. O deslocamento no modelo de barras foi de 1,481m, enquanto o medido para o modelo real foi de 1,457m, uma diferença de 1,64%.

A Figura 3.234 apresenta a curva deslocamento versus tempo para o nó 3380 do modelo de barras e do modelo real. Observa-se uma aproximação boa entre as curvas. O material utilizado para as carrocerias e chassi do modelo de barras é o aço NBR 7008 ZAR-230 com limite de escoamento de 230MPa e tensão de ruptura de 310MPa, com módulo tangente de 730MPa, e os coeficientes de Cowper-Symonds são D = 40,4 e q = 5. No caso do modelo de barras, a velocidade de impacto é de 50km/h.

FIGURA 3.233 – Comparação de deslocamentos para o tempo de 180ms.

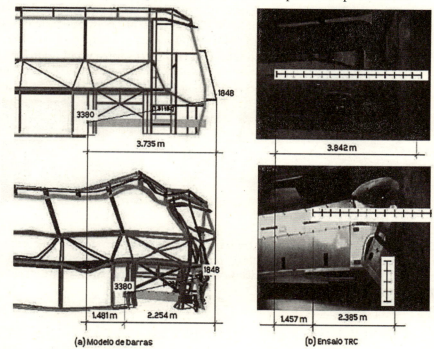

FIGURA 3.234 – Deslocamento versus tempo – comparação *crash test* versus MEF.

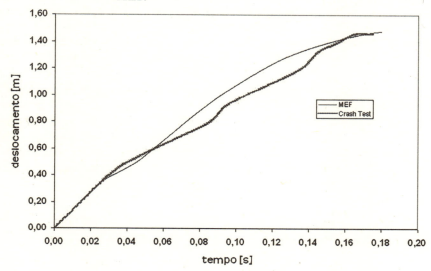

Uma avaliação do deslocamento vertical no tempo de 180ms pode ser visualizada na Figura 3.235. Observa-se que, no ensaio de *crash test* real, o deslocamento vertical foi de aproximadamente 0,530m, enquanto no modelo de barras, esse deslocamento foi de 0,471m, um valor semelhante em escala de grandeza. A diferença entre o modelo real e o modelo de barras foi de aproximadamente 11%.

FIGURA 3.235 – Deslocamento vertical – comparação.

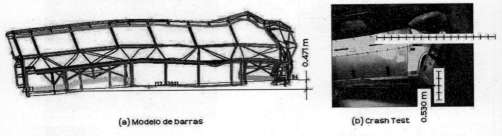

Conclui-se, pela comparação entre o modelo de barras e o ensaio de *crash test* real, que os deslocamentos ao longo do tempo são da mesma ordem de grandeza, o que evidencia a capacidade do modelo em representar um evento real de impacto.

CONCLUSÃO DO PRESENTE CAPÍTULO

No presente capítulo, verificamos a importância da metodologia do desenvolvimento de um produto com vários casos reais de engenharia associados às técnicas de simulação estrutural. Com isso, apresentamos uma visão geral de toda a metodologia de uma maneira prática, de sorte que os engenheiros possam se orientar no desenvolvimento de seus produtos.

4

APLICAÇÃO DO MODELO DE
DESENVOLVIMENTO

Este capítulo apresenta a aplicação do método proposto em um caso de desenvolvimento de produtos. O caso proposto é o desenvolvimento de uma carreta graneleira agrícola, sendo este um produto fictício, com dimensões arbitradas e similares às de um produto comercial, que possibilita a aplicação de diferentes tipos de simulação estrutural.

Os autores observam que o objetivo deste capítulo é apresentar na prática o desenvolvimento de um produto, visando a aplicação dos passos propostos pelo método e, também, discutir e apresentar critérios importantes a observar nas simulações numéricas. Assim, como o grande foco é a apresentação do modelo, foram efetuadas algumas simplificações geométricas no desenho do produto, de sorte a não se perder o passo a passo das atividades-chave usadas na aplicação do modelo de desenvolvimento de produtos proposto.

Seguindo o modelo, o produto será desenvolvido a partir das quatro fases propostas, que são: planejamento do projeto (1ª fase), concepção (2ª fase), projeto do produto (3ª fase) e detalhamento (4ª fase).

PRIMEIRA FASE: PLANEJAMENTO DO PROJETO

Esta fase tem como objetivo principal a determinação dos requisitos de projeto que nortearão o desenvolvimento do produto. A Figura 4.1 mostra as duas etapas propostas na primeira fase, com as respectivas atividades principais.

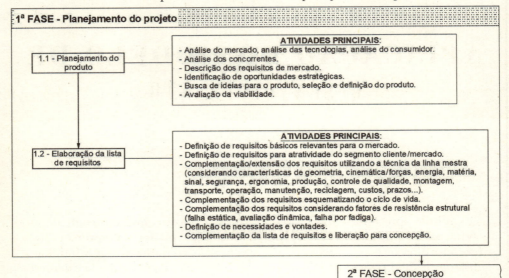

FIGURA 4.1 – Etapas e atividades da fase de planejamento do produto.

Após a etapa do planejamento do produto, são definidos os requisitos de projeto. Para esta especificação, foram determinadas treze características específicas para o desenvolvimento desse produto. O Quadro 4.1 mostra os requisitos para o projeto da carreta graneleira agrícola. A característica de resistência estrutural tem muita importância e está diretamente ligada a característica de segurança.

QUADRO 4.1 – Requisitos para o projeto da carreta graneleira

DATA: -----   LISTA DE REQUISITOS – Projeto Carreta Graneleira Agrícola   Pág.: 1/1

Características	REQUISITOS DE PROJETO	Classificação: O = Obrigatório D = Desejável	Resp.
Geometria	1- Volume aproximado de 4.000 litros.	O	---
	2- Comprimento e largura não superior a 2.000mm.	O	---
Cinemática	1- Deverá trafegar em terrenos acidentados.	O	---
Forças	1- Deverá suportar um peso de 4.000kg.	O	---
Energia	1- Deverá ter um sistema de suspensão para absorção das irregularidades do terreno.	O	---
Matéria	1- Utilizar materiais resistentes a corrosão.	D	---

APLICAÇÃO DO MODELO DE DESENVOLVIMENTO **315**

QUADRO 4.1 – Requisitos para o projeto da carreta graneleira

DATA: -----	LISTA DE REQUISITOS – Projeto Carreta Graneleira Agrícola		Pág.: 1/1
Características	REQUISITOS DE PROJETO	Classificação: O = Obrigatório D = Desejável	Resp.
Segurança	1- Evitar partes cortantes/cantos vivos.	O	---
	2- Utilizar sistema de segurança direto.	D	---
Resistência estrutural	1- Realizar avaliação quanto à falha estática.	O	---
	2- Realizar avaliação dinâmica.	O	---
	3- Realizar avaliação quanto à falha por fadiga.	O	---
Ergonomia	1- Fácil manipulação pelo usuário.	D	---
Produção	1- Componentes devem ter formas simples.	D	---
	2- Utilizar estrutura do produto adequada à produção.	O	---
Montagem	1- Utilizar no desenvolvimento conceitos de DFMA (Design for Manufacturing and Assembly).	O	---
Transporte	1- O transporte deverá prover acoplamento em trator.	O	---
Operação	1- Fácil operação pelo usuário.	D	---
Manutenção	1- Deverá ter uma fácil manutenção do sistema de suspensão e demais componentes.	O	---

SEGUNDA FASE: CONCEPÇÃO

Tem como objetivo principal desenvolver o conceito que servirá de referência para a realização do projeto definitivo do produto.

Esta fase é dividida em três etapas, que são:

- ❍ **ETAPA 1:** Estabelecimento do conceito.
- ❍ **ETAPA 2:** Pré-avaliação estrutural.
- ❍ **ETAPA 3:** Avaliação da solução.

A primeira etapa visa o estabelecimento do conceito. Recomenda-se a leitura do procedimento de concepção apresentado pelos autores Pahl *et al.* (2005), para o estabelecimento da estrutura funcional, da especificação e combinação de soluções, concretização de variantes e avaliação da solução. A segunda etapa realiza uma pré-avaliação estrutural para verificar se o conceito precisa uma atenção específica em relação a sua resistência estrutural. Por fim, a terceira etapa avalia o conceito em relação a critérios de desempenho, segurança e resistência estrutural. A Figura 4.2 mostra as etapas previstas na fase de concepção.

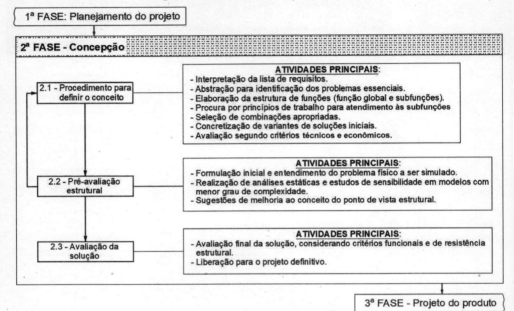

FIGURA 4.2 – Etapas e atividades da fase de concepção.

1ª ETAPA: DEFINIÇÃO DO CONCEITO

O conceito para a carreta graneleira agrícola foi elaborado seguindo o procedimento de criação estabelecido pelos autores Pahl *et al.* (2005). A Figura 4.3 mostra a imagem da variante de solução escolhida como conceito para o projeto da carreta graneleira.

O conceito é composto de um chassi tubular, um cabeçalho para engate em trator, de uma suspensão, um rodado e de chapas para contenção dos produtos armazenados. Os materiais utilizados na estrutura do chassi são tubos de aço SAE 1020 com espessura de 2,65mm. A estrutura do cabeçalho é composta de perfis de aço SAE 1020 com espessura de 4,75mm, e para as chapas de contenção foi estabelecido como material inicial aço SAE 1020 com espessura de 1,95mm.

As dimensões foram especificadas de acordo com os requisitos de projeto, ficando a área de armazenamento de produtos com 2.000mm de comprimento, 2.000mm de largura e 1.000mm de altura, para atender ao volume de 4.000 litros estabelecido como requisito geométrico.

FIGURA 4.3 – Conceito para carreta graneleira.

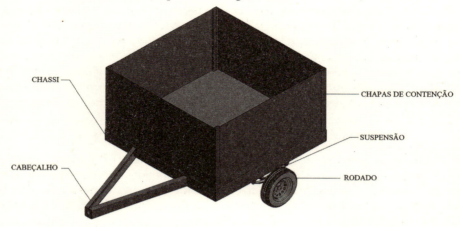

A Figura 4.4 mostra uma vista explodida do conceito, demostrando suas partes principais.

FIGURA 4.4 – Vista explodida do conceito.

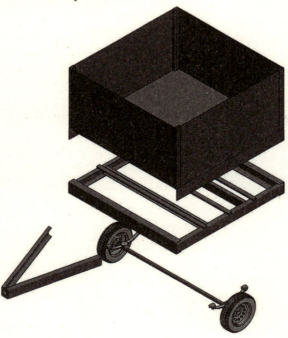

O modelo CAD do conceito será utilizado para a realização da segunda etapa da fase de concepção, que é a realização de uma pré-avaliação estrutural.

OBSERVAÇÃO: Embora estejamos nos referindo a um produto de aplicação "automotiva", é interessante não perder de vista os conceitos herdados das engenharias "sistêmicas", nas quais vários conceitos interagem. Vale lembrar que, no início desta obra, falamos da chamada "espiral de projeto" utilizado na Engenharia Naval, e na ocasião mencionamos a figura no "Navio Semelhante", que constituía uma busca de sistemas semelhantes àquele que objetivamos desenvolver, e valores numéricos de referência que podem, em uma primeira instância, nos dar uma direção quanto à definição de um "Baseline" de Projeto.

2ª ETAPA: PRÉ-AVALIAÇÃO ESTRUTURAL

Esta etapa tem como objetivo realizar uma pré-avaliação estrutural usando como modelo o conceito de projeto estabelecido na etapa anterior. Por meio de um estudo numérico de sensibilidade com menor grau de complexidade, o conceito poderá ser compreendido em termos de comportamento estrutural, verificando possíveis limitações e provendo ao conceito sugestões para melhoria.

Inicialmente, o problema precisa ser entendido para a realização da simulação estrutural. O conceito deste projeto é uma estrutura em forma de caixa, que deverá acondicionar um volume de 4.000 litros e um peso de 4.000kgf. Para esta análise, a fim de determinar a tensão admissível, será estabelecido um coeficiente de segurança igual a 1,5. Assim, será realizada uma análise numérica do tipo estática linear.

O objetivo desta análise é verificar como se comportam sob aplicação de carregamento as chapas laterais os tubos de sustentação do assoalho e o feixe de molas da suspensão, para verificar se há alguma parte do equipamento que necessita de uma maior atenção no momento da realização do projeto estrutural definitivo. Esta análise simplificada seguiu os passos apresentados no Quadro 4.2.

QUADRO 4.2 – Atividades realizadas na análise do conceito	
Atividade	**Ação executada**
1) Preparação e simplificação da geometria.	O desenho CAD do conceito foi simplificado removendo-se itens que não são objetos da análise.
2) Geração da malha de elementos finitos/ materiais.	Os materiais utilizados no conjunto são Aço SAE 1020 para os tubos e chapas e Aço SAE 1060. Aço SAE 1020: $\sigma e = 210$ MPa. Aço SAE 1060: $\sigma e = 400$ MPa.

APLICAÇÃO DO MODELO DE DESENVOLVIMENTO **319**

QUADRO 4.2 – Atividades realizadas na análise do conceito

Atividade	Ação executada
3) Geração da malha de elementos finitos.	O modelo foi discretizado usando elementos do tipo: elementos de casca retangulares lineares, que consideram os efeitos simultâneos de estado plano de tensões, "plane stress", que representam os movimentos dos pontos da chapa no seu próprio plano , em ação simultânea com o comportamento de placa, "plate behavior", que representa o movimento dos pontos das chapas perpendicular ao seu plano, devido à ação de cargas laterais. O elemento de estado plano de tensões apresenta dois graus de liberdade por nó, e o elemento de placa, três graus de liberdade por nó, duas rotações e uma translação perpendicular ao plano da chapa. O sexto grau de liberdade, que seria uma rotação no estado plano, é colocado para evitar a presença de singularidades, tendo rigidez muito pequena, como é explicado na teoria desse tipo de elemento (ALVES FILHO, 2015).
4 e 5) Estabelecimento das condições de contorno/comportamento.	Foi utilizado como carregamento no modelo de elementos finitos o peso de 4.000kgf. Como condição de contorno de fixação, os rodados e a parte frontal do cabeçalho foram restringidos em todas as direções e rotações.
6) Configuração dos dados de saída.	Foram definidas como saída (outputs) na análise, a plotagem das tensões de von Mises e também os deslocamentos.
7) Avaliação dos dados obtidos.	Foram avaliadas as tensões nos locais em que a tensão admissível foi ultrapassada ou próxima de ser ultrapassada.

A Figura 4.5 mostra a distribuição de tensões de von Mises para os componentes do conceito da carreta graneleira, apontando os locais que ultrapassam a tensão admissível.

Foi considerado nas análises um coeficiente de segurança no valor de 1,5, tendo em vista que o equipamento será fabricado com materiais que não são considerados estruturais. Também levou-se em conta que a estrutura é soldada, o que reduz sua resistência, principalmente sob tensões cíclicas.

Para essa condição de análise, o conceito do equipamento apresentou alguns locais com presença de tensões que ultrapassaram o coeficiente de segurança estabelecido. As maiores tensões se localizam na região das chapas laterais de sustentação e, também, nos tubos do chassi. Para essas regiões, recomenda-se uma atenção especial ao realizar o projeto definitivo da carreta graneleira.

FIGURA 4.5 – Distribuição de tensões da simulação do conceito.

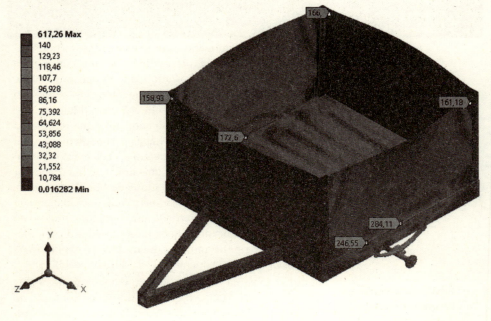

OBSERVAÇÃO: Vale ressaltar que a utilização das tensões de von Mises nesta etapa fornece uma informação relevante. Se em uma primeira análise a estrutura não atende nem à condição de escoamento balizada por um coeficiente de segurança, não teria sentido partir para uma análise dinâmica ou de fadiga. Se eventuais correções forem efetuadas nessa etapa, as modificações subsequentes para atender a um critério, por exemplo, como fadiga, seriam menos drásticas, sem grandes mudanças de conceitos. Vale citar um caso no qual podemos efetuar uma avaliação preliminar de um projeto, como, por exemplo, os suportes de um conjunto motor-carcaça de embreagem — carcaça de transmissão do conhecido *"power train"* de um veículo. Vamos, como exemplo apenas, supor que esse conjunto tenha uma massa de 600kg, e, como citado anteriormente, tenhamos uma aceleração vertical de 7g. Em função da posição do CG do conjunto, poderíamos, como uma verificação preliminar, estimar quanto de carga vai para cada suporte. Se fizermos uma avaliação preliminar isolada, supondo que a carga total é de 4.200kgf, e que cada suporte receba 1.050kgf (um quarto da carga), e ao analisarmos o suporte isoladamente as tensões de von Mises atinjam valores acima do escoamento, antes de qualquer ação, devemos modificar o suporte, pois em uma futura reunião (o famoso "design review"), se o projeto já tiver definido arranjos e espaços, a mudança da geometria pode ser um "desastre". Em uma fase adiantada, deve-se admitir no cálculo do conjunto apenas pequenas mudanças, devido ao alto custo envolvido para alterações.

APLICAÇÃO DO MODELO DE DESENVOLVIMENTO **321**

Conforme já mencionado, normalmente se empregam as seguintes modificações nos projetos, com vistas ao aumento de resistência estrutural:

- Aumento da espessura dos componentes.
- Modificação da geometria (forma) dos componentes.
- Adição de reforços na estrutura analisada.
- Modificação do material, utilizando materiais com maior resistência estrutural.

O Quadro 4.3 mostra algumas sugestões e pontos de atenção para modificações do conceito a serem incorporadas no projeto definitivo a partir da simulação realizada.

QUADRO 4.3 – Sugestão para modificação do conceito

	MODIFICAÇÃO PRELIMINAR DO CONCEITO	
DATA: ----	Projeto: Carreta Graneleira Agrícola	Pág.: 1/1
	Descrição da modificação	Resp.
1	Modificar a forma das chapas laterais e frontal e traseira, com objetivo de aumentar sua resistência.	----
2	Avaliar para prover um aumento de espessura das chapas laterais, frontal e traseira.	----
3	Aumentar espessura e bitola dos tubos da estrutura do chassi.	----
4	Incluir reforços adicionais na estrutura do chassi e cabeçalho.	----

OBSERVAÇÕES IMPORTANTES: Algumas observações são merecedoras de destaque. Na primeira tentativa de se definir a concepção estrutural e valores de dimensões em termos de espessuras e reforços, algumas considerações podem ser efetuadas já em caráter preliminar. Apenas como cenário, nos socorreremos mais uma vez nos conceitos de uma engenharia sistêmica, que é a Engenharia Naval.

Do ponto de vista primário, o navio é uma imensa viga que está flutuando. Essa "viga-navio" tem um comprimento muito maior que a sua altura da seção e sua largura. É, a rigor, uma imensa viga-caixa com algumas aberturas nos compartimentos de carga. Portanto, em se tratando de uma viga, ela tem um momento de inércia, e essa viga está sujeita às cargas devido aos equipamentos instalados, às cargas transportadas e às cargas distribuídas devido à flutuação. E, portanto, podemos calcular, tal como em uma viga, o seu momento fletor e as forças cortantes, e usar a teoria de vigas para conhecer as tensões normais e de cisalhamento atuantes nessa "viga-caixa". São as chamadas tensões primárias. Isso ocorre também com um vagão de minério que está apoiado nos truques, onde estão os eixos das rodas.

Adicionalmente, as pressões das cargas localizadas nas diversas regiões dessas "caixas estruturais" fazem com que essas chapas sofram flexões localizadas, apresentando ao longo da espessura regiões de tração e compressão, e a teoria de placas pode ser usada para essas variações preliminares de definição de espessuras, antes até de se elaborar os modelos em elementos finitos. É interessante observar que as tensões de flexão em placas são dadas, como indica Alves Filho (2015), por:

$$\sigma = k \cdot \frac{p}{2} \cdot (\frac{b}{t})^2 \quad (4.1)$$

Na Equação 4.1, b representa a distância entre os reforços que são colocados na chapa, t é a espessura, p é a pressão uniforme, e a constante k está associada à razão de aspecto da chapa e à condição de contorno. É interessante observar que, no âmbito da avaliação preliminar, podemos gerar algumas alternativas com diferentes distâncias entre esses reforços. Como a tensão na chapa varia com o quadrado dessa distância, se adotarmos maiores vãos, teremos maiores espessuras de chapas, e a configuração inicial do baseline de projeto pode ser "mais pesada". Uma análise de sensibilidade dessa definição inicial de espessuras com cálculo manual pode ser efetuada antes de processar a análise por elementos finitos.

A Figura 4.6 mostra essa ideia. Por intermédio do cálculo analítico, é possível, em função dos espaçamentos de reforços, obter-se diferentes espessuras de chapa. Aquela espessura que no cálculo analítico permite ter uma primeira avaliação de peso mínimo é eleita para o cálculo de elementos finitos, para se obter uma estrutura otimizada. Dessa forma, não se corre o risco de tentar otimizar a estrutura mais pesada.

FIGURA 4.6 – Avaliação da alternativa de mínimo peso.

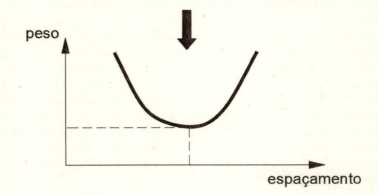

Esse tipo de abordagem visa alguns resultados a se atingir. A saber:

○ Economia de peso no chapeamento lateral.
○ Redução de espessura e peso no chapeamento do fundo.
○ Redução de peso em outros componentes estruturais, reforços etc.
○ Otimização de espessuras com busca de largura ótima dos painéis decorrente do melhor espaçamento de enrijecedores longitudinais e transversais, considerando estrutura primária, secundária e terciária, de uma caixa estrutural de forma geral, vagão, navio etc.

3ª ETAPA: AVALIAÇÃO DO CONCEITO

Esta etapa tem como objetivo realizar uma avaliação do conceito, seguindo critérios estabelecidos relacionados com o projeto desenvolvido. O Quadro 4.4 mostra a valoração atribuída para o conceito trabalhado neste exemplo. Como aqui se apresenta o desenvolvimento de uma variante de um conceito apenas, serão apresentadas as pontuações somente para um conceito. Caso houvesse uma segunda opção, as duas deveriam ser analisadas e avaliadas.

Foram atribuídas pontuações de 0 a 4 para cada critério estabelecido. Observa-se que nenhum critério teve nota inferior a 2. Desse modo, o conceito apresentado está apto a seguir para a terceira fase, de projeto do produto.

QUADRO 4.4 – Avaliação do conceito

Nº	Critério	Data:	Projeto: Carreta Graneleira Agrícola	
			Concepções geradas	
			Conceito 1	Conceito 2
1	Desempenho de função		3	----
2	Resistência estrutural		3	----
3	Segurança/confiabilidade		3	----
4	Inovação		2	----
5	Viabilidade econômica		3	----
6	Fácil uso		3	----
7	Fácil manutenção		3	----
8	Boa aparência		2	----
9	Fácil transporte/armazenagem		3	----
10	Meio ambiente/ciclo de vida		3	----
Pontuação total			29	----
Conceito escolhido		Conceito 1		

4.3 TERCEIRA FASE: PROJETO DO PRODUTO

Esta fase tem como objetivo a idealização do conceito desenvolvido na fase anterior em um projeto 3D totalmente compatível, apresentando de forma completa toda a estrutura de funcionamento do produto, segundo critérios técnicos, econômicos e de resistência estrutural. O conceito produzido deverá ser utilizado como referência, sendo evoluído até a realização do projeto definitivo.

Esta fase é dividida em três etapas, que são:

- **ETAPA 1:** Projeto do desenho global preliminar.
- **ETAPA 2:** Análise estrutural por elementos finitos.
- **ETAPA 3:** Projeto do desenho global definitivo.

A Figura 4.7 mostra as três etapas propostas para a fase de projeto do produto. Esta fase é a mais extensa e importante do método proposto, pois tem como resultado o projeto certificado, apto para realização do detalhamento e produção.

FIGURA 4.7 – Etapas e atividades da fase de projeto do produto.

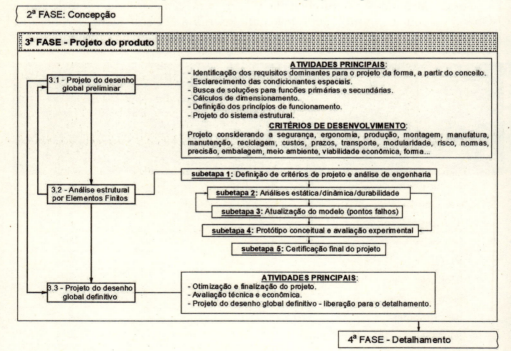

PRIMEIRA ETAPA:
PROJETO DO DESENHO GLOBAL PRELIMINAR

Na primeira etapa, o conceito é evoluído para um projeto 3D totalmente compatível, que será utilizado na etapa posterior, de simulação numérica. Na segunda etapa, são realizadas diferentes simulações, de acordo com os critérios de projeto estabelecidos para o projeto em questão, até que o produto esteja apto à construção do protótipo físico, também chamado de protótipo conceitual. Neste momento, o projeto é certificado e passa para a terceira etapa, que realiza o projeto definitivo e libera para a fase de detalhamento.

A Figura 4.8 mostra o projeto desenvolvido para a carreta graneleira agrícola, realizado a partir do conceito apresentado na fase 2 deste método.

FIGURA 4.8 – Projeto mecânico da carreta graneleira agrícola.

O projeto apresentado na Figura 4.8 foi elaborado a partir do conceito estabelecido na fase anterior. Sua elaboração considerou critérios de "clareza, simplicidade e segurança", buscando o atendimento da função técnica, viabilidade econômica e segurança para as pessoas e meio ambiente. O projeto foi definido em função da natureza do problema, que é acondicionar de 4.000 a 5.000 quilogramas. Partindo do conceito preestabelecido e das recomendações do ponto de vista de resistência que foram recomendadas, e demais critérios estabelecidos como requisitos de projeto, chegou-se ao projeto definitivo do produto.

Ainda, para verificar se as características desejadas para o projeto foram atendidas, utilizou-se a lista de verificação apresentada no Capítulo 2, em relação às características de função, princípio de trabalho, dimensionamento, segurança, ergonomia, produção, montagem, operação, manutenção, reciclagem e custos.

O projeto definitivo da carreta foi elaborado a partir dos mesmos componentes definidos no conceito da fase anterior, sendo composto por um chassi tubular, um cabeçalho para engate em trator, de uma suspensão, um rodado e de chapas para contenção dos produtos armazenados. A Figura 4.9 mostra uma vista explodida do conjunto completo do produto desenvolvido.

FIGURA 4.9 – Vista explodida do projeto mecânico da carreta graneleira.

A Figura 4.10 mostra os componentes do chassi e da estrutura de sustentação. O chassi é composto por tubos retangulares e perfis dobrados de aço SAE 1020. A estrutura de sustentação é composta de chapas de aço SAE 1020, com dobras enrijecedoras.

FIGURA 4.10 – Vista explodida da estrutura do chassi, do cabeçalho e dos perfis de sustentação.

A Figura 4.11 mostra uma vista explodida dos componentes do rodado, composto por eixo, cubo, roda/pneu, amortecedor, feixe de molas e elementos de fixação. O material estabelecido para o feixe de molas é o aço SAE 1060, e para o cubo, é o aço SAE 1045.

FIGURA 4.11 – Vista explodida dos componentes do rodado.

A Figura 4.12 mostra as vistas frontal, lateral esquerda e superior do projeto desenvolvido, com suas dimensões principais.

FIGURA 4.12 – Vistas do projeto com dimensões principais.

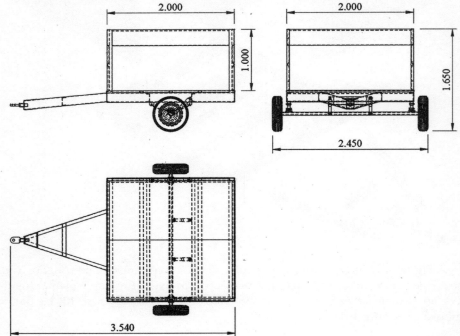

SEGUNDA ETAPA: ANÁLISE ESTRUTURAL POR ELEMENTOS FINITOS

Nesta etapa, são realizadas as simulações estruturais, que permitem o desenvolvimento e a construção de protótipos virtuais que são avaliados antes da criação do protótipo conceitual. Para isso, a segunda etapa é subdividida em cinco subetapas, que estruturam esse processo:

- ○ **SUBETAPA 1:** Definição de critérios de projeto e análise de engenharia.
- ○ **SUBETAPA 2:** Análises estática/dinâmica/de durabilidade.
- ○ **SUBETAPA 3:** Atuação do modelo (pontos falhos, se necessário).
- ○ **SUBETAPA 4:** Protótipo conceitual e avaliação experimental.
- ○ **SUBETAPA 5:** Certificação final do projeto.

Na sequência, cada subetapa será desenvolvida, apresentando ao leitor informações importantes que devem ser observadas no processo da simulação e também a aplicação no projeto da carreta graneleira, utilizado como exemplo nesta obra.

SUBETAPA 1: DEFINIÇÃO DE CRITÉRIOS DE PROJETO E ANÁLISE DE ENGENHARIA

Esta subetapa, considerada como uma das mais importantes, tem como objetivo estabelecer e compreender a formulação conceitual do problema, gerando subsídios para serem observados nas análises numéricas, determinando uma linha de base para a realização das análises e também indicando o tipo de análise que deverá ser realizada para o projeto em questão. O resultado desta subetapa é um planejamento completo das análises registrando as informações mais importantes que deverão ser consideradas nesse processo.

O quadro de revisão a seguir apresenta informações gerais sobre situações de projeto e sua abordagem, para estabelecimento de critérios, sendo informações imprescindíveis que devem ser avaliadas previamente à realização de uma simulação estrutural pelo método dos elementos finitos.

QUADRO DE REVISÃO 4.1: CRITÉRIOS DE PROJETO

A IMPORTÂNCIA DO ESTABELECIMENTO DOS CRITÉRIOS DE PROJETO E ANÁLISE DE ENGENHARIA

Quase todo projeto envolve restrições, que são colocadas em termos de condições ou requisitos que devem ser satisfeitos visando ao atendimento das condições de operação de um dado produto de forma satisfatória. Em projetos estruturais, as restrições mais importantes são as de resistência, aquelas que estão relacionadas a garantir adequada segurança e utilização.

De sorte a se aplicar um critério de projeto para avaliação estrutural do componente objeto de análise, procura-se inicialmente levantar informações quanto às solicitações sofridas por esse tipo de componente em operação, de modo a constituir referência a partir de dados históricos analíticos quanto ao desempenho estrutural de componentes semelhantes já fabricados pelo cliente ou em literatura normalmente utilizada para esse tipo de avaliação.

A partir do conhecimento dos carregamentos atuantes, pode-se avaliar o panorama de tensões com o auxílio do método dos elementos finitos, considerando as condições de concentração de tensões para a geometria específica de cada problema em estudo, não disponível na literatura e que cobre apenas alguns casos de geometrias particulares.

Dessa forma, o comportamento estrutural de cada componente analisado pode ser avaliado por procedimento analítico, resultando em maior rapidez na obtenção de informações a respeito do seu comportamento.

A previsão da vida de um produto é efetuada por procedimentos experimentais ou analíticos. O projeto experimental fornece respostas para aplicações e geometrias específicas. Por outro lado, o projeto em base analítica pode gerar soluções para uma ampla faixa de geometrias e aplicações, fornecendo resultados para estudos de sensibilidade. Estudos de sensibilidade em geometria, material e carregamento, associados a confiança adquirida por intermédio de experiência, resultam em base sólida para um projeto bem-sucedido. Os diagramas apresentados nas figuras a seguir ilustram os dois procedimentos em base analítica e em base experimental.

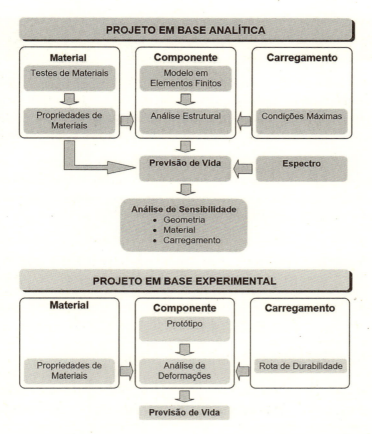

Nas aplicações práticas, muitas vezes são utilizadas normas aplicáveis a um determinado tipo de produto, que é resultado de estudos já desenvolvidos anteriormente e que foram consolidados para essas aplicações específicas.

Por exemplo, em estruturas metálicas, existem normas que regulam o desenvolvimento dos projetos, que podem ser utilizadas juntamente com formulações analíticas para dimensionamento dos itens da estrutura, ou definição de cargas normativas para aplicação nos modelos em elementos finitos mais detalhados, nos quais, além do comportamento global representado por tensões nominais nos elementos de viga, são construídos modelos em elementos de casca, que representam concentradores de tensões, bem como os comportamentos locais por intermédio das tensões reais atuantes.

Um outro exemplo, de um caso que se aplica à área naval: o projeto de navios pode ser base para diversos tipos de navios com regras das chamadas sociedades classificadoras, que estabelecem regulamentos de projeto e construção para aplicações específicas. Essas regras definem também cargas de projeto que podem ser aplicadas aos modelos em elementos finitos, para avaliação em detalhes dos níveis de solicitações em sua estrutura.

Outro caso, mencionado anteriormente, é referente ao projeto de uma torre eólica, na qual são aplicados os carregamentos obtidos de medições a partir dos ventos atuantes na torre, que podem gerar carregamentos dinâmicos. Nesse caso, é a pura aplicação dos conceitos de dinâmica no âmbito do projeto estrutural.

Em todos os casos, fica clara a importância de se conhecer as solicitações que garantam pelo cálculo a integridade da estrutura em condições normais de operação e condições extremas de solicitação.

ALGUMAS QUESTÕES QUE PODEM OCORRER EM PROJETOS ESTRUTURAIS E A SUA ABORDAGEM

A figura a seguir representa algumas situações envolvidas nos projetos estruturais e que fazem parte do dia a dia do analista estrutural. Uma das questões-chave está relacionada às aplicações que envolvem a decisão de realizar uma análise linear, dinâmica, não linear ou de fadiga.

| ANÁLISE ESTÁTICA | ANÁLISE DINÂMICA | ANÁLISE NÃO LINEAR | ANÁLISE DE FADIGA |

ANÁLISE ESTÁTICA

Muitas vezes, menciona-se que a adoção de uma análise estática deve ser desenvolvida quando o carregamento não varia com o tempo, ou seja, o carregamento é considerado constante e "imutável". Esse conceito precisa ser tratado com um pouco mais de cuidado.

Em muitos casos práticos, adota-se um carregamento estático e desenvolve-se a correspondente análise estática, em função de históricos de medições e de valores máximos de cargas, que são frutos de experimentos ou de registros de casos reais já analisados anteriormente. Sob certas circunstâncias, a adoção de uma carga mais conservadora, que "envelopa" as piores condições de solicitação, é suficiente para se obter um projeto no qual as solicitações adotadas no produto permitem um projeto seguro do ponto de vista estrutural.

APLICAÇÃO DO MODELO DE DESENVOLVIMENTO 333

Dentro desse conceito, muitas normas estabelecem os carregamentos de projeto que são considerados como carregamentos estáticos, e por intermédio da definição de valores limites de deslocamentos e tensões, desenvolvem-se os procedimentos de análise. Para cada tipo de estrutura, tais requisitos são definidos, e os procedimentos normativos adotados em função de históricos anteriores garantem a integridade do projeto.

Mas algumas observações merecem ser citadas, pois nem todas as análises podem ser tratadas dessa forma, por exemplo, no projeto de uma torre eólica, em uma peneira vibratória que processa minério, em aplicações de motores nos quais há vários componentes presentes sujeitos a vibrações. Nesses casos, a análise estática por si só não quantifica adequadamente como as tensões e deslocamentos se manifestam em uma estrutura. Assim, uma tratativa dinâmica do problema se faz necessária. E como tratar essa questão?

Em alguns casos, a abordagem vai além da análise estática e justifica um tratamento verdadeiramente dinâmico. Para introduzirmos essa questão, vamos nos "socorrer no velho conceito", já estudado na física, que é o conceito de frequência.

A diferença fundamental entre o tratamento estático e o tratamento dinâmico de um problema está na presença ou não das chamadas forças de inércia. Quando carregamos uma estrutura, sob ação de uma carga, ela se deforma. Alves Filho (2015) apresenta esse assunto detalhadamente, e basicamente o centro da discussão é que a energia introduzida na estrutura é transformada em energia de deformação. Do ponto de vista matemático, temos uma equação do tipo $\{F\} = [K].\{U\}$. Em última instância, estamos aplicando a Lei de Hooke.

O que caracteriza um problema dinâmico é o fato de as forças de inércia estarem presentes. São contabilizadas por intermédio da conhecida equação do princípio fundamental da dinâmica, ou seja, a segunda lei de Newton, do tipo $\{F\} = [M].\{a\}$. As forças de inércia estão presentes desde que tenhamos movimentos rápidos, que geram acelerações, e isso justifica a adoção de uma tratativa dinâmica do problema. Mas o que é rápido? Como considerar essa questão?

Vamos então nos "socorrer" no velho conceito de frequência da física básica. A frequência de um movimento vibratório representa o número de ocorrência de um dado fenômeno na unidade de tempo. Por exemplo, em um movimento oscilatório, uma frequência de 100Hz indica que em 1 segundo ocorrem 100 vibrações completas. É, portanto, um indicativo da rapidez com que o fenômeno se repete. E sabemos que é o inverso do período, que é a duração de um ciclo completo. Fenômenos que têm frequência baixa apresentam um período alto. Fenômenos que têm período alto duram um tempo "longo" e, portanto, são lentos. Fenômenos lentos não apresentam acelerações significativas, e, portanto, nestes, não há a presença de forças de inércia. Apesar de o fenômeno variar com o tempo, não merece um tratamento dinâmico.

Apresentamos a seguir um importante exemplo prático. A figura mostra um teste de fadiga de um componente mecânico da indústria ferroviária.

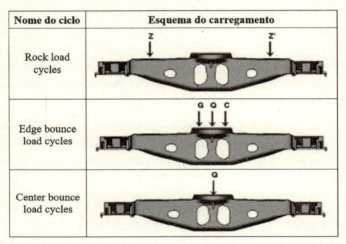

A frequência natural desse componente está acima de 100Hz. Durante o teste de fadiga, as cargas atuam com frequência de 3Hz por um longo número de ciclos. Em alguns casos, 3 milhões de ciclos. Normalmente, antes do teste experimental, com a finalidade de certificar o componente, efetua-se a análise por elementos finitos, de modo que o teste prático apenas confirme as previsões do modelo virtual.

O fato de a carga excitadora na estrutura atuar com uma frequência MUITO MENOR do que a frequência natural implica em dizer que o período de atuação da carga é muito maior que o período natural da estrutura, Ou seja, o CARREGAMENTO É LENTO! Se o carregamento é lento, não há a presença de forças de inércia, e o problema pode ser resolvido por intermédio da análise estática. Normalmente, calcula-se a resposta da estrutura para os valores mínimos e máximos do carregamento usando-se a análise estática, verifica-se a variação das tensões, define-se a faixa na qual as tensões variam e procede-se ao estudo de fadiga, como já consagrado.

Em resumo:

> O carregamento varia com o tempo? Sim.
>
> As tensões variam com o tempo? Sim.
>
> O fenômeno de fadiga está presente? Sim.
>
> Esse é um problema DINÂMICO? NÃO.
>
> A análise é tratada de forma ESTÁTICA? SIM.

Dessa forma, a análise estática, nesse caso, permite realizar uma avaliação que traduz fielmente o comportamento físico do componente objeto de teste. O fato de o fenômeno variar com o tempo não invalida a adoção da análise estática.

ANÁLISE DINÂMICA

A partir da discussão do item anterior, no qual caracterizamos a possibilidade de se efetuar uma análise estática, a despeito do carregamento variar com o tempo, considerando os valores extremos do carregamento, efetuando-se os limites do carregamento por intermédio do que podemos chamar de "envelope de cargas", e que já discutimos anteriormente em um exemplo de uma aplicação de uma carcaça de um *"power train"*, surge naturalmente a questão da análise dinâmica, que em uma primeira instância pode ser resumida pela figura apresentada a seguir.

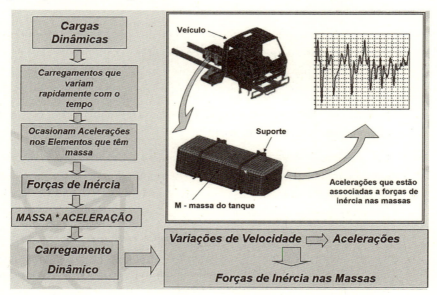

	A ESSÊNCIA DO PROBLEMA DINÂMICO !!!!!	
		RESPOSTA DINÂMICA:
PROBLEMA ESTRUTURAL DINÂMICO DETERMINÍSTICO	**CARACTERÍSTICAS ESSENCIAIS:** • O carregamento varia com o tempo • A presença de forças de inércia, a mais importante característica do problema dinâmico	Como consequência, <u>os deslocamentos, as deformações e as tensões variam com o tempo</u>. Normalmente, ao se equacionar o carregamento atuante para sistemas lineares, é conveniente **separar os componentes estático e dinâmico da carga aplicada**, em função dos seus **diferentes efeitos na estrutura**. A partir da obtenção da resposta de cada um deles, o efeito final na estrutura é obtido pela superposição dos dois efeitos diferentes. **O carregamento estático gera tensões constantes, o carregamento dinâmico gera tensões variáveis com o tempo**. Essa informação é muito importante para o <u>estudo de fadiga</u>.

Algumas etapas envolvidas na tratativa dinâmica de um problema merecem ser discutidas, a saber:

ANÁLISE DE MODOS E FREQUÊNCIAS NATURAIS DE VIBRAÇÃO

O controle de vibração em elementos mecânicos pode ser abordado em termos de análise preventiva com base em um critério de ressonância e, posteriormente, na avaliação da resposta dinâmica para um carregamento dinâmico conhecido.

Ao se proceder a análise de modos e frequências de um componente ou de um sistema constituído de diversos componentes, os resultados obtidos a partir das características próprias da rigidez e inércia permitem estabelecer quais frequências de excitação poderiam ser perigosas na operação do sistema.

Em resumo, deve-se evitar a coincidência entre frequência de excitação e frequência natural do sistema analisado.

Em particular, para um componente objeto de análise, a discretização pelo método dos elementos finitos considera um número bastante grande de graus de liberdade, e são determinadas diversas frequências naturais e os correspondentes modos de vibrar.

Sendo cada uma das alternativas analisadas excitada pela não uniformidade do carregamento e pelas excitações externas em geral, que correspondem a uma excitação de vários harmônicos (em outras palavras, uma soma de senoides de diversas amplitudes e frequências diferentes), como se discute em

Alves Filho (2008), é praticamente impossível evitar que nenhuma frequência natural coincida com nenhuma frequência de excitação.

Entretanto, algumas frequências de excitação em confronto com algumas frequências naturais da estrutura tornam-se problemáticas. Assim, em uma primeira análise, convém ressaltar os seguintes pontos que caracterizam os problemas vibratórios e que serviriam como roteiro para tomada de decisões no processo de análise de resultados a ser desenvolvido posteriormente, discutidos conceitualmente em Alves Filho (2008):

- Excessivas amplitudes de vibração são causas de problemas estruturais.
- As amplitudes de vibração tornam-se excessivas para as frequências de ressonância, ou faixas críticas de frequência. Em adição, deve-se considerar que os harmônicos mais baixos da excitação são os de maiores amplitudes.
- Frequências críticas ou ressonantes são atingidas quando se igualam a uma das frequências naturais da estrutura.
- A capacidade de amortecimento limita a amplitude na faixa de ressonância. Em adição, deve-se considerar que os modos mais altos (de maiores frequências naturais) da estrutura são mais amortecidos.

Em função das observações anteriores, a solução conceitual do problema de vibração considerando inicialmente a abordagem preventiva, dentro apenas do escopo da análise de modos e frequências naturais da estrutura dos componentes ou do conjunto, conduz ao seguinte critério de ressonância:

- As faixas mais perigosas de operação situam-se entre os primeiros modos de vibrar de baixa ordem da estrutura de cada um dos componentes analisados e os harmônicos de mais baixa ordem da excitação, de forma geral. Entretanto, nos casos mais gerais, a necessidade de uma análise dinâmica a partir do conhecimento das excitações pode se tornar fundamental, transcendendo o escopo de uma análise meramente preventiva.
- Em se tratando de modos de deformação elástica, pensando de forma mais geral, deve-se manter a frequência de excitação em valores baixos, ao se comparar com as frequências naturais, ou seja, elevar as frequências naturais de cada um dos componentes, de modo geral. Alves Filho (2008) trata detalhadamente deste tema.

Dessa forma, com base nas colocações anteriores, são estabelecidas as condições para se efetuar a análise pelo método dos elementos finitos, que permitiria efetuar alterações na estrutura de componentes analisados, a partir dos resultados de modos e frequências. Assim, à semelhança do que foi estabelecido para a análise estática, temos:

○ Conhecimento do comportamento estrutural desejado, formulado por intermédio de um critério de projeto. É importante estabelecer neste estágio quais frequências são consideradas críticas para o componente, estabelecidas a partir do conhecimento da sua condição de operação e do sistema ao qual está agregado.
○ Conhecimento das propriedades dos materiais constituintes da estrutura do componente;
○ Características dos elementos finitos envolvidos na análise.

No caso geral, pretende-se avaliar o comportamento da alternativa de projeto analisada, em termos de vibrações naturais, e que deve constituir subsídio para o estudo de vibrações forçadas. A superposição modal em sistemas lineares entra em cena e é discutida detalhadamente por Alves Filho (2008).

ANÁLISE DE VIBRAÇÕES FORÇADAS — RESPOSTA DINÂMICA

A partir dos valores determinados de modos e frequências naturais de vibração do conjunto em estudo, e de posse do espectro de acelerações em função da frequência ou do sinal em função do tempo, medido em testes efetuados em campo, é possível proceder à análise de vibrações forçadas no componente, de modo a se avaliar sua resposta dinâmica e fornecer subsídios para uma avaliação da vida em fadiga do componente em estudo bem como analisar possíveis amplificações dinâmicas.

Utilizando-se os módulos de resposta dinâmica do *software* de elementos finitos, pode-se estabelecer os seguintes procedimentos para a análise de resposta forçada:

○ Definição da excitação no componente objeto da análise.
○ Definição das acelerações impostas nos pontos de fixação da estrutura no domínio da frequência ou no domínio do tempo, ou forças atuantes em pontos da estrutura.
○ Definição do amortecimento presente no sistema para cada modo de vibrar, por intermédio do fator de amortecimento, adotando-se, por exemplo, para todos os modos 0,03 (3%) para o amortecimento estrutural.

○ Avaliação da resposta dinâmica por intermédio das "nodal stresses", de sorte a se levantar o *stress* tensor para os pontos escolhidos para análise dinâmica de tensões, com base no estudo de modos e frequências que fornece a expectativa de pontos mais solicitados para cada modo de vibrar.

○ Definição dos pontos para avaliação da resposta dinâmica (response set).

○ Avaliação dos deslocamentos e tensões para os pontos previamente eleitos.

OBSERVAÇÃO QUANTO AO CRITÉRIO ADOTADO PARA ANÁLISE DE MODOS E FREQUÊNCIAS

O estudo desenvolvido para análise de modos e frequências merece algumas observações em relação às hipóteses admitidas.

A existência de alguma frequência natural na região considerada crítica em termos de operação mereceria um estudo de alteração do componente em termos de sua rigidez, de sorte a atender ao critério de projeto.

Portanto, em uma análise mais conservadora, não seria feita a análise de vibração forçada, mas apenas a alteração no componente, para mudar sua frequência natural para valores fora da faixa de excitação. Os conceitos anteriormente expostos justificam a necessidade da análise dinâmica considerando as excitações medidas em campo.

ANÁLISE NÃO LINEAR

Para o correto entendimento de quando realizar uma análise não linear, primeiramente temos que responder à seguinte questão: o que justifica a adoção de uma análise não linear?

A não linearidade se manifesta decorrente da variação da rigidez da estrutura à medida que o carregamento atua. Surgem então as questões fundamentais.

Primeiramente, por que a rigidez da estrutura varia? E, em segundo lugar, como quantificar a variação da sua rigidez?

A Figura a seguir representa a ideia geral das não linearidades, que é tratada com detalhes em Alves Filho (2012). Recomendamos para o entendimento dessa questão essa leitura.

Em resumo, na análise não linear de estruturas:

- A rigidez varia ao longo do carregamento.
- É necessário saber o porquê de justificar a variação de rigidez, ou seja, quem são os parâmetros relacionados a essa variação.
- É necessário saber quantificar essa variação de rigidez.

ANÁLISE DE FADIGA

O fenômeno de fadiga é caracterizado por um tipo de fratura (ruptura) que pode ocorrer sob tensões bastante inferiores ao limite de ruptura do material, sob carregamento cíclico.

Os componentes mecânicos estão normalmente sujeitos a carregamentos que produzem fadiga; de 80% a 90 % de todas as fraturas que ocorrem são fraturas por fadiga. O motivo é quase óbvio: as estruturas são normalmente projetadas contra a deformação plástica, e não contra fadiga! Além disso, grande parte de falhas por fadiga ocorre em juntas soldadas, e embora alguma consideração tenha sido feita no projeto sob o provável comportamento de vida em fadiga do componente, tais considerações normalmente são feitas com base apenas nas propriedades do material que compõem a estrutura. Porém, quando o componente é soldado, o problema de fadiga envolve outras considerações que vão além da resistência à fadiga do material isento de soldas. A simples consideração apenas da resistência à fadiga do material tal qual em um corpo de prova sem soldas torna-se inadequada, podendo conduzir-nos a resultados "inesperados".

Assim, o projeto contra a fadiga estende-se a todos os estágios do projeto e produção do produto:

- ○ Seleção do material adequado.
- ○ Projeto estrutural adequado (localização de soldas).
- ○ Modelo analítico aceitável.
- ○ Informações corretas a respeito do processo de fabricação e parâmetros de produção.
- ○ Os requisitos atendidos pelo soldador.
- ○ Tratamento superficial (não apenas em termos de aparência!).
- ○ Inspeção e controle de qualidade.

Complementando as observações anteriores, é importante mencionar um aspecto vital na consideração de juntas soldadas:

SOLDA – UM PROBLEMA DE GEOMETRIA!

A geometria da solda na região de transição entre o material original (*metal parent*) e o metal da solda é o fator primário que determina a resistência à fadiga da junta soldada.

A presença dos "stress raisers" — microconcentradores de tensões geométricos na região de transição entre o *"metal parent"* e o metal da solda — gera a iniciação da trinca. A interação entre os amplificadores de tensão macroscópicos e microscópicos determinará, em última análise, a resistência à fadiga da junta soldada. Isso demonstra quem tem grande influência neste processo: "O SOLDADOR."

A figura a seguir mostra um microconcentrador geométrico de tensões. Esse microconcentrador de tensão geométrico é diferente daqueles que são conhecidos na literatura, como, por exemplo, o concentrador de tensão existente ao redor de um furo de uma chapa. É impossível modelar por elementos finitos essa irregularidade geométrica, pois ela está associada à qualidade de fabricação e do tipo de junta. Daí o fato de, ao se analisar a fadiga em junta soldada pelos modelos de elementos finitos, uma das abordagens é observar a tensão no primeiro elemento após a solda.

A ideia de se modelar muitas vezes a junta soldada considerando os eventuais aumentos de espessura nos modelos em elementos finitos se deve ao fato de as forças se distribuírem nos locais da estrutura em função da sua rigidez, permitindo assim o cálculo da tensão no elemento vizinho à solda de forma mais acurada.

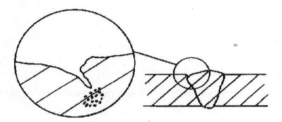

A Figura a seguir mostra alguns casos de falha por fadiga em juntas soldadas.

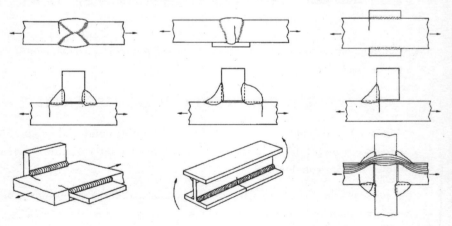

As avaliações de fadiga são efetuadas por intermédio das curvas tensões x números de ciclos (S-N) até a ocorrência da falha, para fadiga de alto ciclo, que ocorre abaixo da tensão de escoamento do material. Mas para juntas soldadas, deve-se conhecer sua curva, que depende do tipo de junta, da qualidade de fabricação e da direção das tensões agindo sobre ela. Na Figura a seguir é apresentada uma curva típica S-N.

APLICAÇÃO DO MODELO DE DESENVOLVIMENTO

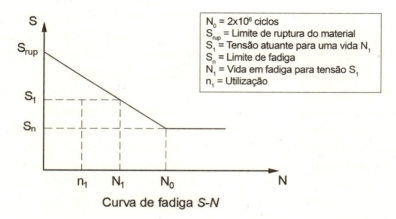

$N_0 = 2 \times 10^6$ ciclos
S_{rup} = Limite de ruptura do material
S_1 = Tensão atuante para uma vida N_1
S_n = Limite de fadiga
N_1 = Vida em fadiga para tensão S_1
n_1 = Utilização

Curva de fadiga S-N

A figura a seguir mostra algumas curvas de fadiga associadas a juntas soldadas, nas quais o limite de fadiga pode variar acentuadamente em função do que foi comentado anteriormente, para o caso de juntas soldadas. As curvas B, C, S, D, E, F F2, G e W representam diferentes qualidades de fabricação, que exercem influência na resistência a fadiga da junta.

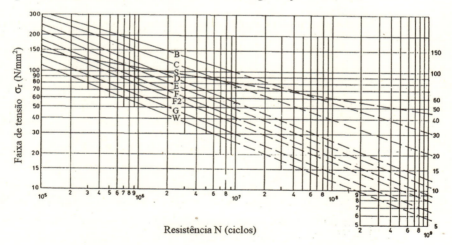

A seguir destacamos algumas informações adicionais sobre critérios de pico, de fadiga e propagação de tricas. Alves Filho (2012) aborda em detalhes os critérios de falha. Para o leitor que desenvolve projetos estruturais, recomendamos a leitura.

Na sequência, apresentaremos alguns comentários gerais, para dar uma direção dos critérios que acompanham todo projeto estrutural considerando fadiga.

CRITÉRIO DE PICO

Durante a vida de um produto, o componente ou sistema pode estar sujeito a carregamentos, que, embora não tenham a característica de serem repetitivos, como mencionado nos comentários sobre fadiga, podem atingir valores extremos que causam escoamento do material e, como consequência, deformações permanentes. Embora em alguns casos não provoque a ruptura, a estrutura fica comprometida em seu uso, e inclusive com riscos na sua operação. Por exemplo, uma carreta que transporta contêineres e trabalha no porto, se apresentar uma deformação permanente, compromete o içamento do contêiner para o navio, pois as flechas obtidas e a deformação excessiva impedem a operação adequada, além obviamente do risco de se trabalhar com tensões altas.

Dessa forma, um dos critérios que sempre acompanha o dimensionamento do sistema é o de que, nas condições extremas de carga, o limite de escoamento não seja ultrapassado, embora esses carregamentos possam ocorrer em eventos isolados, e balizados por um coeficiente de segurança.

O teste de tração permite experimentalmente determinar o valor da tensão de escoamento do material para um ensaio uniaxial. Porém, para uma situação real, em quase a totalidade dos casos, temos a presença de um estado multiaxial de tensões, com três valores de tensões principais no caso mais geral. O fato de uma dessas tensões ser maior que a tensão de escoamento do material não garante que ocorra escoamento. Aliás, de acordo com o famoso experimento realizado para um material dúctil, se tivermos um estado hidrostático de tensão, no qual as três tensões principais são iguais, podemos ter tensões muito elevadas, mas o material não escoa.

Von Mises estudou essa questão e introduziu o conceito de tensão reduzida de comparação, ou seja, a ideia é reduzir o estado multiaxial a uma tensão única, que é um escalar, e esse valor ser comparado ao limite de escoamento do material obtido no ensaio uniaxial. Se o valor obtido das tensões de von Mises for inferior ao limite de escoamento do material ao longo do componente, não ocorrerá escoamento. Ainda, esse valor pode ser balizado por um coeficiente de segurança, estabelecido pelo projetista ou por alguma norma. Esse critério é fundamental em um projeto para verificar a chamada condição de pico.

Esse tema é abordado com detalhes em Alves Filho (2012), e por intermédio do estudo das tensões octaédricas e que remetem às tensões de cisalhamento octaédricas, a existência do escoamento está condicionada à presença de cisalhamento. Vale lembrar que, na condição de tensões hidrostáticas, o círculo de Mohr se transforma em um ponto, e não há cisalhamento, de acordo com a observação experimental. Ou seja, não há a presença de escoamento.

Esse tema deve ser obrigatoriamente consultado pelo projetista da estrutura, pois é uma condição vital na análise da integridade da estrutura.

Para materiais frágeis, temos o critério de Tresca, aplicado, por exemplo, a muitos casos usados em suportes de componentes. Esse critério é também conhecido como o critério do cisalhamento máximo. A rigor, é um caso particular do critério de Mohr Coulomb, que se aplica ao caso mais geral, no qual as tensões limites de tração e compressão do fundido são diferentes. Alguns volantes de motor, suportes de motor, devem atender a este último, pois os valores limites de tração e compressão são diferentes.

CRITÉRIO DE FADIGA

Os critérios de fadiga, em oposição aos critérios de pico, focam sua avaliação em tensões que estão no regime elástico, e devido à sucessão de ciclos, podem dar origens a trincas na estrutura, mesmo sendo os valores de tensão alternada bem abaixo do escoamento do material.

Por analogia, os critérios mais avançados buscam reduzir o estado multiaxial de tensões variáveis com o tempo, em uma tensão alternada equivalente, de sorte a se comparar com as tensões alternadas de fadiga do teste uniaxial. Esse tema deve ser objeto de pesquisa para quem desenvolve projetos mecânicos, como já citado antes.

Vale ressaltar que existe a possibilidade de se estudar, em algumas aplicações, o fenômeno de fadiga com a presença de escoamento do material, envolvendo plasticidade, chamada de fadiga de baixo ciclo. Um exemplo muito simples: ao dobrarmos um clipe, gerando deformações permanentes, após alguns ciclos, ocorre o rompimento. Nas aplicações dos componentes mecânicos, é mais frequente o estudo da fadiga de alto ciclo com tensões elásticas.

CRITÉRIO DE PROPAGAÇÃO DE TRINCAS

Em algumas aplicações, é requisito de projeto estudar como uma determinada trinca se propaga até atingir um dado comprimento crítico e ocorrer um colapso. Esses critérios são bastante utilizados em aeronáutica, aplicações de reservatórios que armazenam componentes em baixa temperatura. Esse tema é estudado na mecânica da fratura.

PARTICULARIZANDO PARA O PROJETO DE EXEMPLO...... ESTABELECIMENTO DOS CRITÉRIOS DE PROJETO

A partir dos conceitos anteriormente estabelecidos e relacionados ao procedimento geral de análise estrutural, explicados até o item anterior, podemos aplicá-los para o projeto objeto de análise apresentado como exemplo, com a finalidade de estudar seu comportamento estrutural. Foram estabelecidos três tipos de análise, que norteiam a verificação estrutural da carreta graneleira e que estão presentes de forma geral ao se estabelecer os critérios de falha para qualquer estrutura objeto de análise, a saber:

- ANÁLISE ESTÁTICA — critério de pico, considerando a possibilidade de análise linear e não linear.
- ANÁLISE DINÂMICA — resposta dinâmica em uma pista conhecida ou carregamento dinâmico de acordo com alguma norma de projeto.
- ANÁLISE DE FADIGA — verificação do comportamento da estrutura para carregamentos variáveis com o tempo e com eventuais amplificações dinâmicas.

Os conceitos de escoamento do material e instabilidade da estrutura são adotados na verificação quanto ao critério de pico. O conceito de iniciação de trinca na estrutura é adotado na verificação quanto ao critério de fadiga. A seguir serão descritos os critérios a serem aplicados no presente estudo.

Critérios para análise estática (critério de pico)

Esse critério tem como base a teoria da máxima energia de distorção (teoria de von Mises-Hencky), que é empregada para definir o início do escoamento do material.

Nesse critério, as tensões de von Mises encontradas no modelo de elementos finitos são comparadas com a tensão de escoamento do material, sendo que a aprovação se dá quando as tensões de von Mises no modelo de elementos finitos são inferiores à tensão de escoamento do material. Ainda, para efeitos de comparação com a tensão de escoamento, será estabelecido um coeficiente de segurança, que determinará a tensão admissível, obtida por meio da divisão da tensão de escoamento pelo coeficiente de segurança adotado.

Desse modo, se a tensão admissível for ultrapassada, o componente avaliado não estará aprovado, necessitando de modificação de projeto.

Muitos fatores influenciam na definição do coeficiente de segurança (CS) a ser empregado na análise de um componente, como já foi discutido antes. Esse coeficiente deverá ser tanto maior quanto maior o número e a intensidade das variáveis não ou mal determinadas que exercem influência no problema. De acordo com a literatura, o coeficiente de segurança estabelecido para o projeto da carreta agrícola será de 1,5.

Critérios para análise dinâmica

A norma ISO 5008 (2015) define como é transmitida a vibração ao corpo do operador de um trator agrícola de rodas ou outra máquina ao trafegar em uma pista padrão. Os sinais de pistas que excitam veículos também são objetos dessas normas. São apresentadas duas pistas de ensaio: uma pista acidentada com 35 metros de percurso com elevações variando de 5mm a 285mm com intervalos de 80mm, e outra pista suave com 100 metros de percurso com elevações variando de 30mm a 165mm com intervalos de 160mm. As pistas são faixas paralelas, um perfil para o lado esquerdo e outro para o lado direito da máquina. Podemos obter também sinais de pistas por intermédio de medições. A Figura 4.13 apresenta um perfil suave de pista considerado nessa norma.

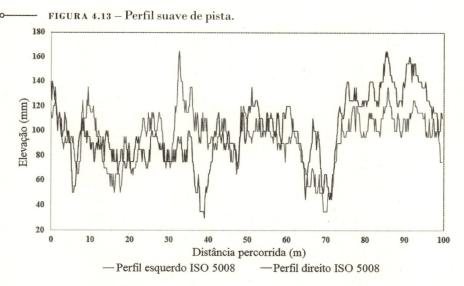

FIGURA 4.13 – Perfil suave de pista.

A norma apresenta o perfil de pista com ordenadas e abscissas em milímetros. Para gerar o deslocamento vertical na unidade do tempo, definimos a velocidade de deslocamento longitudinal da carreta em 5km/h (1,389m/s), velocidade adequada para o deslocamento tracionado por trator agrícola em terreno acidentado de campo ou lavoura agrícola. O espaço incremental entre um ponto e o seguinte, no perfil suave normatizado, é de 160mm. Considerando um deslocamento de 1,389 m/s, é necessário 0,115 segundo para percorrer esse espaço. A distância total percorrida é de 100m.

A curva de deslocamento vertical na unidade de tempo é apresentada na Figura 4.14. A partir do deslocamento médio, gera-se uma curva com deslocamentos positivos e negativos, oscilando em torno do valor de referência do solo que assume o valor zero e mantendo os valores máximos e mínimos de deslocamentos totais de percurso com elevações variando de 30mm a 165mm com intervalos de 160mm. Como o eixo da carreta é único e rígido, aplica-se uma curva de deslocamento perfil direito para o eixo e uma curva de deslocamento perfil esquerdo para a extremidade do cabeçalho. A figura a seguir apresenta o gráfico de elevação x tempo para o perfil esquerdo.

FIGURA 4.14 – Perfil suave de pista.

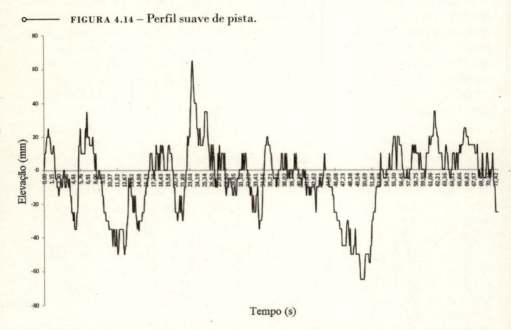

Os critérios para elaboração da análise dinâmica de uma estrutura apresentam as considerações mencionadas a seguir.

Normalmente, em uma estrutura que se movimenta em uma pista, são definidos os pontos para os quais são introduzidos os *"enforced motions"*, que são basicamente, em vez de forças aplicadas variando com o tempo, movimentos forçados introduzidos nos pontos que a estrutura tem contato com a pista. Essas excitações fazem a estrutura se movimentar forçadamente e recebem as excitações dinâmicas.

Alves Filho (2008) apresenta com detalhes esse assunto. O modelo poderia ser aplicado nos pontos de excitação os carregamentos dinâmicos normativos. Alves filho (2012) discute com detalhes alguns métodos, tal como o método implícito, que define o intervalo de tempo de integração para obtenção da resposta dinâmica da estrutura.

Em resumo, nas regiões da suspensão e da união do cabeçalho com o trator, que são pontos que recebem movimentos forçados variáveis com o tempo, deveria se inserir os sinais de deslocamentos aplicados nos pontos da estrutura que se movimentam. A resposta seria a obtenção das tensões variáveis com o tempo, que permitiria uma posterior análise de fadiga com cálculo de dano acumulado, como já foi comentado.

Essa análise mais trabalhosa é conhecida nos procedimentos da análise dinâmica e deveria normalmente ser desenvolvida seguindo os padrões propostos por Alves Filho (2008).

Conforme comentamos anteriormente, a questão da comparação entre as frequências de excitação e as frequências naturais e a possibilidade de amplificações dinâmicas são objeto das análises dinâmicas. Uma forma mais simples de abordar essa matéria no projeto é a questão da definição do envelope de cargas, que já mencionamos em exemplos anteriores. Dependendo do tempo de desenvolvimento, pode ser uma solução segura, mas conservadora.

Muitas vezes, comparando-se as frequências presentes em um sinal irregular de pista com as frequências naturais da estrutura, a possibilidade de ressonância está afastada, como mencionamos anteriormente (essa comparação pode ser efetuada, a partir do entendimento do conteúdo de frequência contido em um sinal, usando a Transformada de Fourier, que é um recurso útil para essa finalidade, e comparando-se com os resultados da análise modal). Mas em certas circunstâncias, a análise no domínio do tempo, apesar da ausência de ressonâncias, pode ser desenvolvida, pois, como o sinal de entrada, ou seja, as excitações irregulares, gera respostas de tensões irregulares, e isso pode ser útil para se desenvolver um estudo de fadiga menos conservador.

De posse do sinal de tensões irregulares, podemos montar um histograma que define as amplitudes de tensões atuantes e o seu número de ocorrência, permitindo, com isso, determinar o dano que essa distribuição de tensões causa na estrutura, e aí estamos falando em cálculo de dano usando a regra de Palmgreen-Miner e não mais o Índice de Falha, que já mencionamos na adoção do envelope de cargas.

No exemplo citado anteriormente da torre eólica, foram efetuadas respostas no domínio do tempo, considerando a análise linear, pela Integral de Duhamel, pelo método modal, e também, pela análise não linear, usando a integração direta com auxílio do algoritmo implícito. Esses temas são estudados por Alves Filho (2012, 2008).

Critérios de fadiga

Os carregamentos atuantes para propósito de estudo de fadiga são definidos conforme a prática ou os requisitos de projeto estabelecidos.

No critério de fadiga, os coeficientes de segurança (ou alternativamente, os Índices de Falha) contra uma falha por fadiga são determinados por meio do diagrama de Goodman, quando não há presença de soldas. Para a aprovação dos componentes, é necessário que os coeficientes de segurança contra uma falha por fadiga sejam superiores a 1. Nesse caso, estamos supondo que essa tratativa considera a condição de vida infinita da estrutura objeto de estudo em suas diversas áreas. Essa condição pode ser conservadora e pressupõe que a estrutura atenda a um envelope de cargas, como já mencionado, e esteja o tempo todo trabalhando entre esses extremos de carga. Utiliza-se o método de Goodman por ser conservador, e não envolver soldas.

A construção do diagrama de fadiga é em função dos valores do limite de fadiga corrigido (σ_f) e do limite de ruptura (σ_r) do material, onde σ_f é o limite de fadiga corrigido por um fator de redução da vida em fadiga k.

Vale ressaltar que, se são conhecidos os carregamentos dinâmicos em uma pista irregular, ou seja, o perfil da pista, ou uma condição de vento irregular como o exemplo da torre eólica, é possível efetuar a análise dinâmica para um carregamento dinâmico geral, que são sinais irregulares, mas a resposta a esse carregamento dinâmico pode ser desenvolvida. Alves Filho (2008) mostra a Integral de Duhamel, para obtenção da resposta dinâmica nesse caso, ou pelo método implícito.

De posse dos resultados das tensões também com histórico irregular, é possível montar um histograma dos diferentes valores de tensões alternadas e o número de ocorrências, de sorte a se calcular o dano presente nos diversos trechos da estrutura, que deve ser menor do que 1, balizado por um coeficiente de segurança, utilizado o Critério de Palmgreen- Miner, que permite o cálculo do dano acumulado. Se a pista de testes tem diferentes eventos, o dano é calculado para cada evento em função do número de vezes que o veículo (por exemplo) passa por ele. Somando-se o dano de todos os eventos, o critério de dano acumulado pode ser aplicado.

Subetapa 2: Análises estática/dinâmica/durabilidade

Após o entendimento claro do problema estrutural para o projeto que está sendo desenvolvido, são realizadas várias atividades para avaliação do projeto, contemplando as três etapas que uma análise por elementos finitos deve ter:

- ○ Pré-processamento.
- ○ Processamento.
- ○ Pós-processamento.

Para isso, são desenvolvidas várias atividades, com o objetivo de desenvolver um **PROTÓTIPO VIRTUAL** que represente o mais fielmente possível a realidade de condições de trabalho a que o produto real será submetido, para obtenção de resultados confiáveis. Na sequência, serão apresentadas de forma detalhada todas as atividades necessárias para o desenvolvimento para cada análise definida na subetapa de critérios de projeto.

A seguir serão apresentados os sete passos principais propostos para a realização de uma simulação estrutural, apresentados em detalhes no Capítulo 2.

Preparação e importação da geometria CAD para o software CAE

O objetivo dessa atividade é definir qual será o objeto de análise e preparar o modelo CAE, a partir do modelo desenvolvido em *software* CAD. Partindo do projeto desenvolvido, primeiramente são eliminados todos os componentes que não são "objeto de análise".

Para a simulação desse projeto, foi considerada como objeto de análise toda a estrutura da carreta composta pelo chassi e das chapas de contenção, o cabeçalho. O eixo e a suspensão de feixe de molas estão no modelo para agregar rigidez, mas não são objeto de estudo. Os seguintes objetos foram retirados do modelo CAD: parafusos, porcas e arruelas, cubos de roda, rodas, pneus e amortecedor.

As figuras de 4.15 a 4.17 mostram o modelo CAD objeto de análise, que será utilizado nas simulações por elementos finitos.

FIGURA 4.15 – Vista isométrica frontal do modelo CAD objeto de análise.

FIGURA 4.16 – Vista isométrica inferior do modelo CAD objeto de análise.

FIGURA 4.17 – Vista isométrica posterior do modelo CAD objeto de análise.

Esse modelo será preparado por completo utilizando elementos de casca, pelo fato de não ter nenhuma geometria complexa. Desse modo, a quantidade de nós e elementos ficará reduzida, obtendo um custo computacional menor, o que facilitará as simulações. Foram extraídas as superfícies médias de todos os componentes, verificando se não existe nenhuma face ou aresta duplicada, e também realizando o mapeamento da geometria.

O mapeamento da geometria tem objetivo de prepará-la para que a malha seja gerada da maneira mais uniforme possível, evitando possíveis erros numéricos. Segundo Alves Filho (2015), é importante mencionar que, na formulação isoparamétrica dos elementos, há a transformação entre os sistemas locais de coordenadas dos elementos e os seus sistemas naturais, que utilizam parâmetros adimensionais. Essa correspondência entre um sistema que tem dimensões (x, y, z) e um sistema adimensional (r, s, t) requer um "tradutor", que é o famoso operador jacobiano que estudamos em cálculo.

Elementos com distorções acentuadas comprometem o cálculo da rigidez, pois este é efetuado por integração numérica. Exatamente por isso, o trabalho de mapeamento é efetuado, para que a malha dos elementos seja a mais regular possível. Em casos extremos de distorções, podemos encontrar os *"fatal errors"* no processamento. Alves Filho (2015) discute esse tema, e os usuários dos *softwares* devem conhecer essas situações mencionadas. Alves Filho (2015) apresenta o procedimento de cálculo da matriz de rigidez dos elementos, a integração numérica e a consequência de malhas com distorções acentuadas, que pode comprometer a qualidade da resposta do modelo. A formulação dos diversos elementos e os comportamentos físicos que representam comprometimento são apresentados por Alves Filho (2015). Quem usa o método precisa obrigatoriamente conhecer esses detalhes.

As figuras de 4.18 a 4.27 mostram o mapeamento completo realizado em *software* CAD para o modelo objeto de análise. Verifica-se nas figuras que as regiões de furos e arredondamentos tiveram uma atenção especial no mapeamento, para evitar uma distorção na malha de elementos finitos.

Ainda, podemos observar que as superfícies médias (*midsurfaces*) nas quais os elementos serão gerados são subdivididas em regiões mais regulares possíveis, de sorte que nos trechos retangulares, uma aresta "enxergue" a aresta oposta, de modo que o número de elementos em arestas opostas seja igual, o mesmo ocorrendo na região dos furos, as regiões curvas que limitam o mapeamento, para que também enxerguem curvas opostas, de modo a manter o mesmo número de elementos. Esse trabalho permite a geração de malhas regulares, e, portanto, sem distorções.

FIGURA 4.18 – Vista isométrica completa do mapeamento da malha.

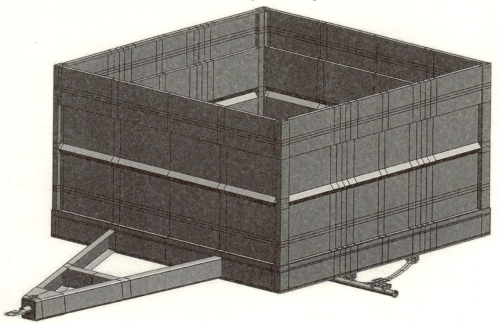

FIGURA 4.19 – Detalhe do mapeamento da malha das chapas de sustentação.

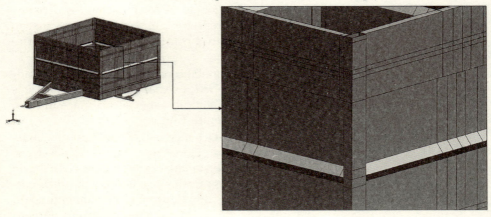

FIGURA 4.20 – Detalhe do mapeamento da malha do cabeçalho.

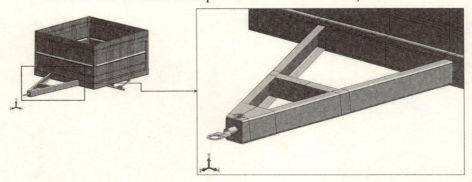

FIGURA 4.21 – Detalhe do mapeamento da malha engate do cabeçalho.

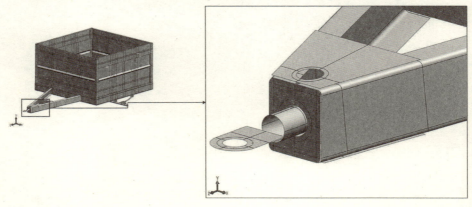

APLICAÇÃO DO MODELO DE DESENVOLVIMENTO   **355**

FIGURA 4.22 – Detalhe do mapeamento da parte frontal das chapas de sustentação.

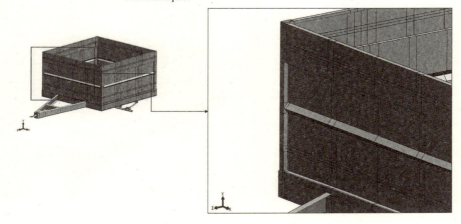

FIGURA 4.23 – Detalhe do mapeamento da parte traseira das chapas de sustentação.

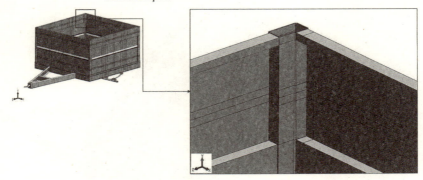

FIGURA 4.24 – Detalhe do mapeamento da suspensão.

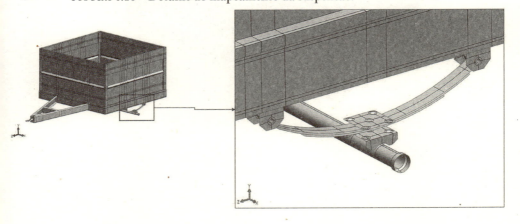

FIGURA 4.25 – Detalhe do mapeamento da fixação do feixe de molas.

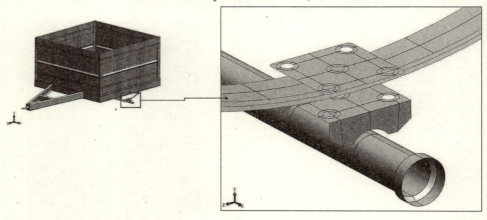

FIGURA 4.26 – Vista isométrica traseira do mapeamento da malha.

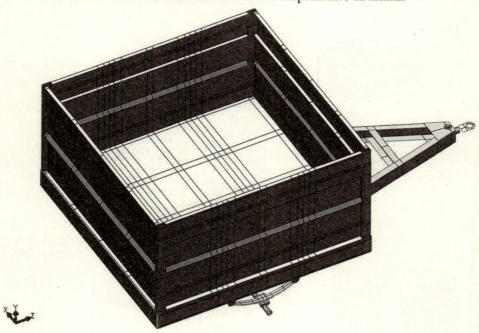

FIGURA 4.27 – Vista isométrica inferior do mapeamento da malha.

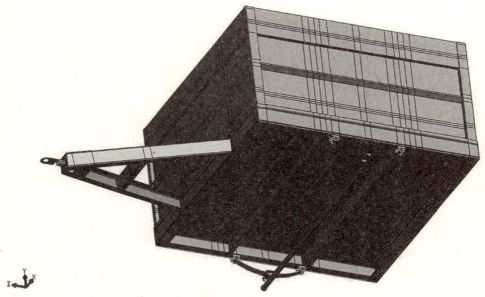

Finalizada a atividade de mapeamento da malha, efetua-se uma revisão completa nos elementos que compõem o modelo, sejam do tipo sólidos, casca ou vigas. Também deve ser verificado se não existem elementos sobrepostos e arestas duplicadas no modelo na geometria CAE.

Após a atividade de preparação do modelo CAE, o mesmo deve ser importado para o *software* de análise numérica, realizando uma verificação de se a geometria foi importada corretamente e se suas dimensões estão compatíveis com o modelo CAD.

Preparação e verificação da malha de elementos finitos

O objetivo desta atividade é preparar o modelo CAE de acordo com os elementos que foram planejados e que serão gerados "em cima" do modelo geométrico importado do *software* CAD, definindo "materials e properties", que são as características dos materiais, espessuras e demais informações referentes aos elementos utilizados. Também serão modelados os demais tipos de elementos, como beam/vigas, spring/molas, contatos, elementos rígidos, entre outros.

Após a atividade de preparação do modelo CAD da geometria, ele deve ser importado para o *software* de análise numérica (CAE), realizando uma verificação se a geometria na qual os elementos serão gerados foi importada corretamente e se as dimensões estão compatíveis com a geração da malha que será efetuada "em cima" do modelo CAD. Alguns *softwares* de análise não necessitam dessa atividade, pois neste, já parte do mesmo o pré-processador, o solver e o pós-processador.

Uma revisão completa nos elementos que compõem o modelo, sejam estes do tipo sólidos, casca ou vigas, deve ser efetuada. Também deve ser verificado se não existem elementos sobrepostos, nós coincidentes e elementos não conectados nos vizinhos (free edges).

As figuras de 4.28 a 4.35 mostram a malha de elementos finitos desenvolvida a partir do modelo CAE elaborado. O mapeamento da geometria realizado permite a geração de malha regular, conforme discutido anteriormente.

FIGURA 4.28 – Vista isométrica completa da malha de elementos finitos.

FIGURA 4.29 – Vista da malha de elementos finitos da região do cabeçalho.

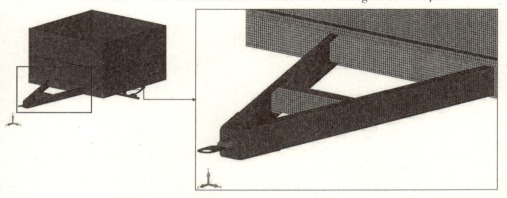

FIGURA 4.30 – Vista isométrica traseira da malha de elementos finitos.

FIGURA 4.31 – Vista isométrica inferior da malha de elementos finitos.

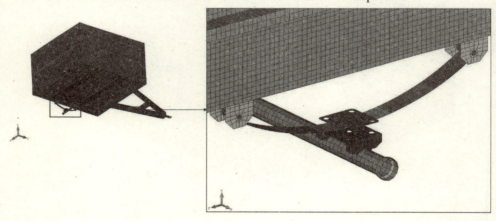

FIGURA 4.32 – Vista da malha de elementos finitos da suspensão.

Nas regiões onde há a conexão por parafusos, uma técnica muito usada é representar o corpo do parafuso por intermédio de elementos de viga, e os nós que representam o centro da cabeça do parafuso são unidos às regiões das arruelas por intermédio de elementos rígidos.

FIGURA 4.33 – Vista da malha de elementos finitos da fixação do feixe de molas.

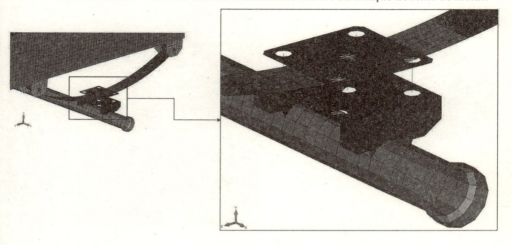

FIGURA 4.34 – Vista da malha de elementos finitos da fixação do feixe de molas.

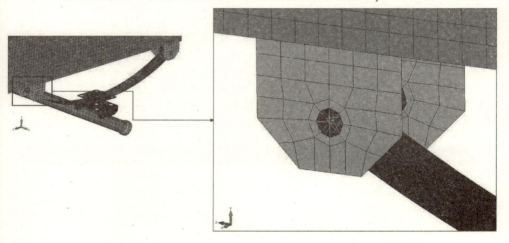

FIGURA 4.35 – Vista da malha de elementos finitos das chapas de contenção.

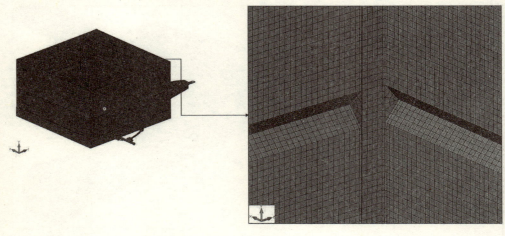

O modelo de elementos finitos foi discretizado com 156.266 nós e 156.652 elementos de casca e 22 elementos de viga. Os elementos têm dimensões médias de 12mm x 12mm. Os recursos computacionais envolvidos são um workstation Intel Core (TM) i7 8th 8750 H CPU 2.2GHz 16.0GB RAM com placa Nvidia Geforce GTX, 12 CPUs, sistema operacional de 64 bits.

O Quadro 4.5 mostra um *check list* para o analista estrutural conferir se os principais passos na elaboração do modelo e malha de elementos finitos foram atendidos. É importante salientar que cada *software*/programa utilizado para a realização de simulações estruturais tem suas particularidades nas configurações dos comandos específicos.

QUADRO 4.5 – *Check list* para conferir mapeamento e geração de malha

1. Preparação de geometria ( ) *Midsurfaces* finalizadas ( ) Conferência das espessuras ( ) Conferência de faces duplicadas, arestas divididas, arestas extras ( ) Mapeamento finalizado	Observações:
2. Importação de geometria ( ) Verificação se toda a geometria foi importada ( ) Verificação de espessuras ( ) Verificação das dimensões	Verificar se os elementos estão "conectados aos elementos vizinhos, os *"free edges"*.

APLICAÇÃO DO MODELO DE DESENVOLVIMENTO **363**

QUADRO 4.5 – *Check list* para conferir mapeamento e geração de malha

3. Modelagem
( ) Criação e verificação dos materiais
( ) Criação e verificação das propriedades
( ) Qualidade do elemento

Checar:
- ○ Elementos coincidentes
- ○ Orientação dos elementos por intermédio das normais aos seus planos de definição
- ○ As "distorções nos elementos"
- ○ Os *"coincident nodes"*

4. Verificação da malha
( ) Verificar qualidade do elemento
( ) Nenhuma propriedade e material sem uso
( ) Elementos rígidos conectados corretamente
( ) Verificar se as soldas estão presentes no modelo

Os diferentes *softwares* de análise têm os seus comandos específicos, mas os conceitos anteriores devem ser obrigatoriamente checados.

5. Análises
( ) Análise modal para verificar peças soltas
( ) Análise estática para verificar *warnings* e *fatal errors*
( ) Verificar unidades
( ) Verificar se o comportamento final é compatível

Alves Filho (2015) aborda a teoria que dá subsídios ao uso desses conceitos.

6. Conclusão
( ) Malha ok

QUADRO DE REVISÃO 4.2: OBSERVAÇÕES COMPLEMENTARES SOBRE MALHA DE ELEMENTOS FINITOS

É muito importante definir em cada modelo a representação do comportamento físico de cada trecho da estrutura. Em se tratando do comportamento de chapas, podemos ter a presença de "estado plano de tensões" e, no mesmo local, o "comportamento de placa", quando ocorre uma flexão local.

Uma chapa pode estar sob ação de cargas que agem exclusivamente no sentido de flexioná-la. Sob ação de cargas de flexão, a chapa apresenta curvatura, os deslocamentos se manifestam perpendiculares ao plano da chapa, e a consequência mais importante desse comportamento é que, ao considerarmos as tensões que se distribuem ao redor de um ponto da chapa, elas são variáveis ao longo da espessura, com mudança de sentido de uma face para outra e sendo nula no plano médio da chapa. Ou seja, se o TOP está sob tração, o BOTTOM está sob compressão e com a mesma intensidade, e na superfície média, a tensão é nula. Isso ocorre dentro dos limites das pequenas deflexões da chapa.

A questão subsequente é a decisão de projeto a ser tomada a partir do conhecimento da tensão de placa ou flexão. O aumento necessário na espessura da chapa para eventual diminuição da intensidade da tensão deve ser na proporção inversa QUADRÁTICA. Ou seja, se aumentarmos a espessura da chapa, dobrando a espessura, a tensão atuante diminui quatro vezes, e se diminuirmos pela metade, a tensão aumenta quatro vezes.

Se há carregamento local perpendicular ao plano da chapa, o comportamento de placa se manifesta. Mas para entender essa questão, o usuário tem de se preocupar com o entendimento do problema físico, ou seja, entender como a estrutura é solicitada em cada trecho. Não há como transferir essa missão para o *software*, pois é o analista que decide essa questão.

Para as diversas regiões da estrutura constituídas pelas chapas desenvolvidas, formando o aglomerado local agregado por soldas, e representadas no modelo de elementos finitos por elementos de casca, os dois comportamentos poderão se manifestar simultaneamente, e uma mudança proposta na espessura local deverá ser feita a partir do entendimento desse comportamento, não apenas qualitativo, mas em termos de número de tensão. É possível, então, em uma primeira instância, modificar as espessuras de sorte a não alterar substancialmente o conceito do projeto estrutural, tomando uma decisão inicial a partir do conhecimento dos valores numéricos de tensão e do fenômeno predominante. Evidentemente, deveria se aplicar em um processamento final essas modificações, porque, embora os resultados de um novo processamento possam confirmar os ganhos previstos no comportamento da estrutura, tênues alterações poderão ocorrer nessas previsões por uma questão conceitual básica: como a rigidez dos elementos na região modificada será alterada devido às mudanças de espessura, ocorrerão algumas alterações nas forças absorvidas pelos elementos (*element forces*), pois mudanças de rigidez alteram a distribuição de esforços internos, e como consequência, as tensões finais serão diferentes das previstas pelo simples raciocínio das mudanças de espessura consideradas pelo comportamento de placa e estado plano.

É interessante, entretanto, que as regiões que estão sob tensões altas de flexão sejam reforçadas localmente, não por simples aumento de espessura, mas pela colocação de reforços locais que recebam a carga atuante no próprio plano dos reforços, de sorte a se evitar flexões locais acentuadas.

A seguir são apresentados, como informação adicional, os dois comportamentos em exemplos numéricos desenvolvidos no *software*, comparando o resultado exato analítico de uma chapa submetida a flexão. A figura a seguir mostra um teste realizado com uma chapa em um modelo com dez subdivisões na malha, em que se verifica uma excelente aproximação entre o cálculo analítico e o simulado por elementos finitos após verificação de sensibilidade na malha de elementos finitos.

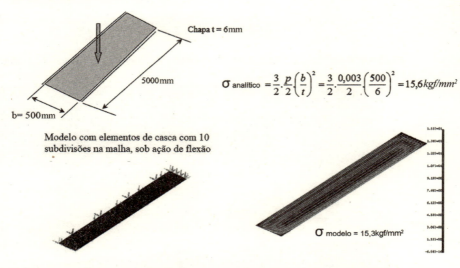

$$\sigma_{analítico} = \frac{3}{2} \cdot \frac{p}{2} \left(\frac{b}{t}\right)^2 = \frac{3}{2} \cdot \frac{0,003}{2} \left(\frac{500}{6}\right)^2 = 15,6 \, kgf/mm^2$$

Modelo com elementos de casca com 10 subdivisões na malha, sob ação de flexão

$\sigma_{modelo} = 15,3 \, kgf/mm^2$

As figuras a seguir mostram um segundo exemplo, em que são testados diferentes elementos e malhas e também se verifica uma ótima concordância entre o cálculo analítico e a simulação por elementos finitos.

TESTES COM DIFERENTES ELEMENTOS E MALHAS

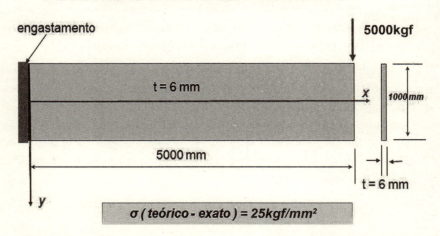

ELEMENTO RETANGULAR LINEAR - TAMANHO = 250 mm - σ_X (software) = 25,2 Kgf / mm²

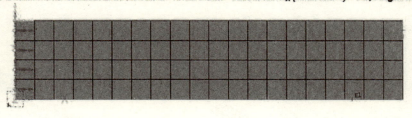

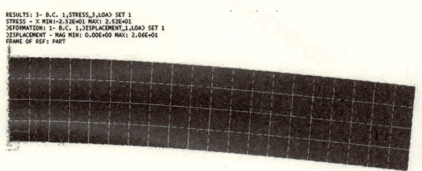

Essa questão é obrigatória para os usuários de CAE e requer que saibam a formulação dos elementos que utilizam. Pode-se dizer sem exageros que realizar essa tarefa sem conhecer a formulação dos elementos constitui uma temeridade. Alves Filho (2015) apresenta essa questão com detalhes.

Condições de contorno e verificação do comportamento do modelo

A Figura 4.36 apresenta as condições de contorno naturais (carregamentos) e as condições de contorno essenciais (restrições). No piso da carreta, é aplicada uma carga de 40.000N (aproximadamente 4.000kgf). Nas paredes laterais de fechamento, são aplicadas cargas de 6.000N (15% da carga vertical) para aproximar o empuxo lateral de carga. Não faz parte do escopo deste trabalho avaliar o comportamento de empuxo lateral de grãos, por isso a utilização de um percentual da carga vertical como carga lateral. Ainda, a carga de tração fornecida pelo trator responsável pelo arraste da carreta não será utilizada, pois seu valor não é significativo em relação às demais cargas. As cargas aplicadas nas faces da caixa foram distribuídas nas suas superfícies, conforme indicada a sua definição na figura.

FIGURA 4.36 – Condições de contorno aplicadas ao modelo (carregamentos e restrições).

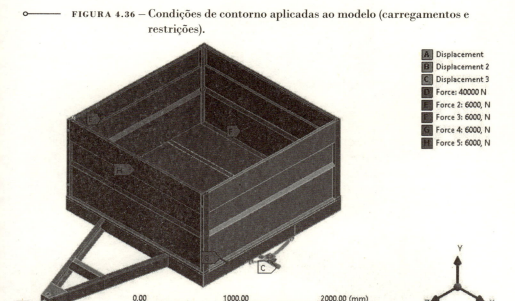

A Figura 4.37 apresenta as vistas frontal, superior e lateral esquerda do modelo, detalhando os locais onde as condições de contorno foram aplicadas.

FIGURA 4.37 – Condições de contorno aplicadas ao modelo – vistas.

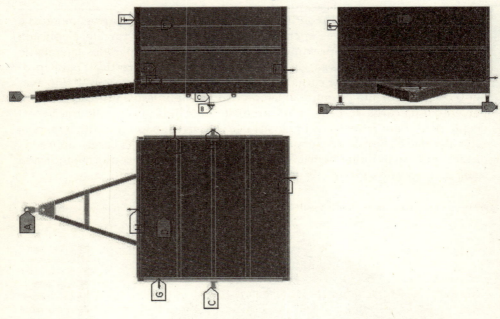

A Figura 4.38 apresenta em detalhes as restrições aplicadas no modelo, na região do cabeçalho e na parte extrema do eixo. Foram prescritos deslocamentos zero no olhal de engate do cabeçalho (e por consequência disso, não se aplica a carga de tração do trator) e nas superfícies extremas do eixo, resultando em um travamento em todas as direções e rotações.

FIGURA 4.38 – Detalhe das restrições aplicadas.

As espessuras das chapas utilizadas são apresentadas na Figura 4.39, variando de 3mm a 30mm. Foram utilizados dois materiais para aços estruturais. Para o feixe de molas, o limite de escoamento é de 370MPa e o limite de resistência à tração é de 680MPa. Para os demais componentes estruturais, a tensão de escoamento é de 250MPa e o limite de resistência à tração é de 460MPa.

APLICAÇÃO DO MODELO DE DESENVOLVIMENTO   **369**

FIGURA 4.39 – Espessuras das chapas do modelo.

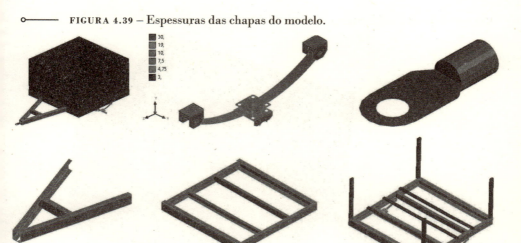

Verificação do comportamento do modelo

Na sequência, é realizada uma análise modal, com o intuito de verificar a existência de peças soltas no modelo. As Figuras de 4.40 a 4.44 apresentam alguns dos modos de deformação da estrutura e demonstram que não existem peças soltas. O primeiro modo de vibração ocorre na frequência de 40,965Hz e é um modo em que predomina flexão da chapa lateral longitudinal.

FIGURA 4.40 – Primeiro modo de vibração – f = 40,965Hz.

FIGURA 4.41 – Segundo modo de vibração – f = 43,058Hz.

O segundo modo de vibração ocorre na frequência de 43,058Hz e é um modo de de flexão da chapa lateral longitudinal.

FIGURA 4.42 – Terceiro modo de vibração – f = 46,125Hz.

No terceiro modo de vibração, predomina a flexão das chapas frontais de fechamento da caixa da carreta. Ocorre com a frequência de 46,125Hz.

FIGURA 4.43 – Quarto modo de vibração – f = 46,582Hz.

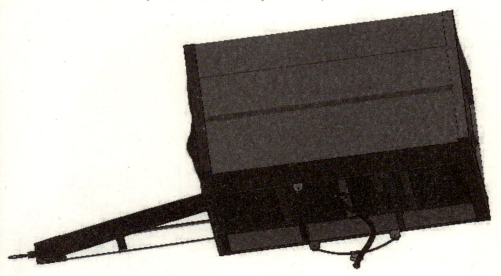

O quarto modo de vibração é predominantemente de flexão do eixo, com alguma flexão da chapa frontal de fechamento da carreta, e ocorre na frequência de 46,582Hz.

FIGURA 4.44 – Quinto modo de vibração – f = 51,219Hz.

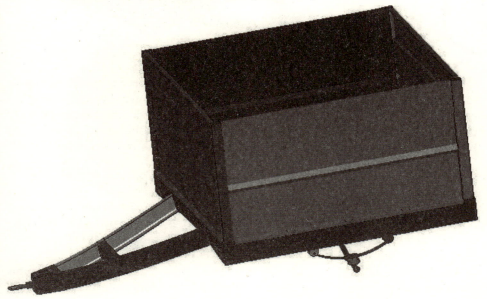

No quinto modo de vibração, ocorre a flexão do cabeçalho com a frequência de 51,219Hz.

Na sequência, é realizada uma análise do tipo estática, para verificar a existência de avisos de erros e erros fatais. Alves Filho (2015) explica os conceitos sobre a ocorrência de *"fatal erros"* no processamento em análises. A Figura 4.45 apresenta a deformada total. Não ocorreram avisos de erros fatais, e o deslocamento máximo verificado ocorre na chapa lateral e de fechamento do piso, com valor de 7,58mm.

FIGURA 4.45 – Deformada, análise estática (ampliação de 58x).

Após as análises modal e estática, verificou-se que o modelo representa da forma esperada à deformada sob as condições de contorno aplicadas (restrições e carregamentos), bem como os modos de vibração de flexão das chapas laterais, do eixo e do cabeçalho representam o comportamento global esperado da estrutura. Desse modo, o modelo está apto para seguir com as análises definitivas.

Configurações dos dados de saída

Os dados de saída para a análise estática são a tensão de Von Mises (*top/bottom*), o fator de segurança e o deslocamento total (mm). A análise utiliza a Teoria da Energia de Distorção (*Max Equivalent Stress*) com a tensão limite tipo (*Stess Limit Type*) sendo a tensão do escoamento do material.

Os dados de saída da análise de fadiga são o fator de segurança contra uma falha por fadiga considerando carga de amplitude constante alternada para análise do tipo vida em tensão. A teoria de falha por fadiga está associada a uma tensão equivalente. Normalmente, na análise de fadiga, fazendo uma analogia com o caso estático, procura-se reduzir o estado multiaxial de tensões a uma tensão alternada equivalente, de sorte a compará-la com o estado uniaxial do teste de fadiga.

Considerações especiais devem ser efetuadas nos casos do carregamento proporcional e não proporcional que fogem ao objetivo deste texto, mas devem ser pesquisados por quem tem interesse em se aprofundar nessa importante questão. A Figura 4.46 mostra o carregamento alternado anteriormente mencionado, e a Figura 4.47, em caráter ilustrativo, mostra algumas das teorias aplicadas à análise de fadiga, que merece um aprofundamento que foge aos objetivos deste texto. Esse tema deve ser aprofundado na literatura específica de fadiga.

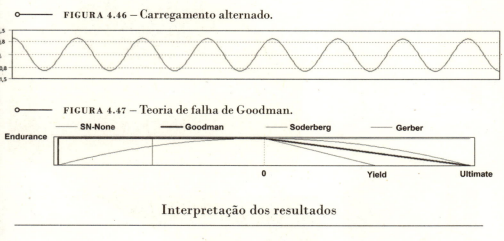

FIGURA 4.46 – Carregamento alternado.

FIGURA 4.47 – Teoria de falha de Goodman.

Interpretação dos resultados

ANÁLISE ESTÁTICA

A Figura 4.48 apresenta as tensões de von Mises Top/Bottom da estrutura da carreta. Observa-se que o valor máximo ocorre na região da suspensão do rodado da carreta. A Figura 4.49 apresenta em detalhes essa região, mostrando os valores no seu entorno.

FIGURA 4.48 – Tensões de von Mises Top/Bottom (MPa).

FIGURA 4.49 – Detalhe de tensões de von Mises Top/Bottom, região suspensão rodado (MPa).

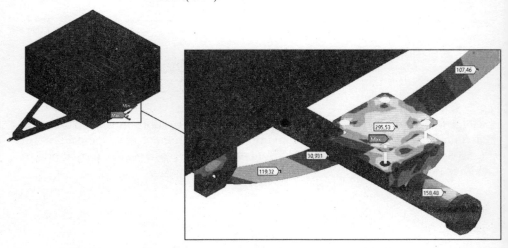

A Figura 4.50 apresenta os valores máximos de tensão de von Mises na região do cabeçalho.

FIGURA 4.50 – Tensões de Von Mises, região cabeçalho Top/Bottom (MPa).

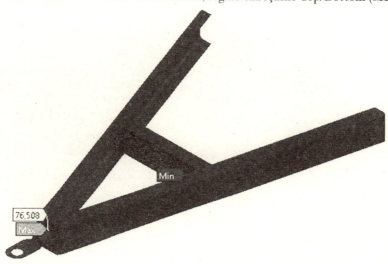

A Figura 4.51 apresenta o detalhe das tensões de von Mises na chapa lateral direita da carreta.

FIGURA 4.51 – Tensões de von Mises Top/Bottom, chapa lateral direita carreta (MPa).

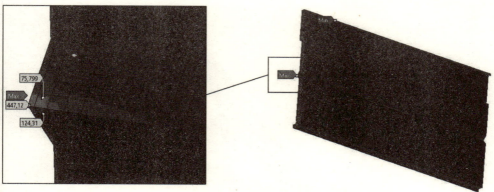

A Figura 4.52 apresenta as tensões de von Mises no piso da carreta.

FIGURA 4.52 – Tensões de von Mises Top/Bottom, piso carreta (MPa).

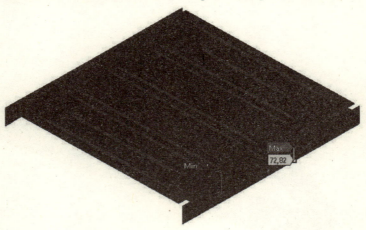

Pode-se concluir, avaliando as figuras de 4.48 a 4.52, que ocorrem falhas nas regiões da suspensão e na chapa lateral direita, com pontos com valores de tensão de von Mises superior à tensão de escoamento do material. As figuras de 4.53 a 4.55 apresentam os fatores de segurança contra uma falha por escoamento aplicando a Teoria da Energia de Distorção (von Mises).

FIGURA 4.53 – Fator de segurança, cabeçalho contra falha estática.

FIGURA 4.54 – Fator de segurança contra falha estática, piso.

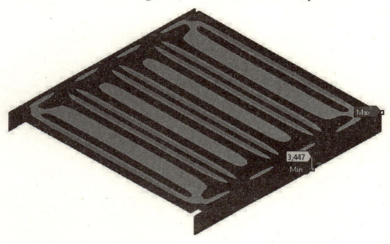

FIGURA 4.55 – Fator de segurança, chapa lateral contra escoamento.

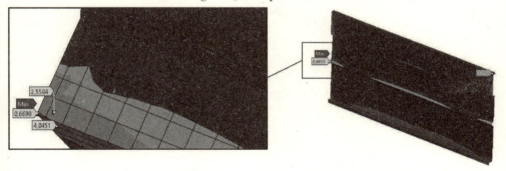

A Figura 4.56 apresenta os deslocamentos máximos ocorridos na carreta sob o carregamento em estudo. Observa-se na figura que o deslocamento total é de aproximadamente 4,3 mm e ocorre no piso e na lateral da caixa da carreta.

FIGURA 4.56 – Deslocamento total (mm).

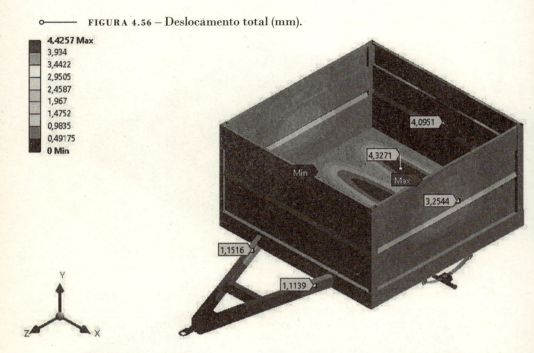

Conclui-se, pelos valores de tensões de von Mises e fatores de segurança contra falha estática por escoamento, que a estrutura da carreta apresenta falhas e precisa ser redimensionada. Deve-se considerar reforçar a região da suspensão. Nas chapas laterais, ocorrem valores superiores à tensão de escoamento em regiões de concentração de tensões.

Essas regiões não necessariamente são regiões de falha, devido ao escoamento local e ao efeito de concentração de tensões. Deve-se observar que, no elemento imediatamente ao lado do pico, as tensões diminuem significativamente (Figura 4.51). No entanto, são pontos que merecem cuidado na avaliação de falha utilizando o critério de fadiga.

ANÁLISE DE FADIGA

A Figura 4.57 apresenta uma visão geral do coeficiente de segurança contra uma falha por fadiga da estrutura da carreta. Observa-se que o ponto de mínimo está na suspensão do rodado.

APLICAÇÃO DO MODELO DE DESENVOLVIMENTO **379**

FIGURA 4.57 – Coeficiente de segurança contra falha por fadiga.

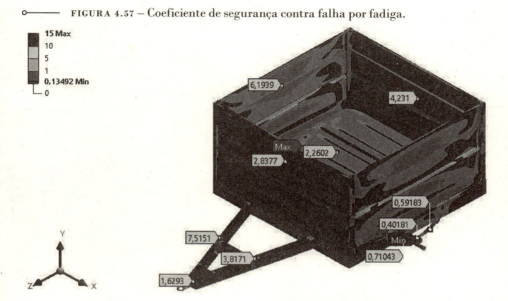

A Figura 4.58 apresenta em detalhe os coeficientes de segurança contra falha por fadiga no cabeçalho da carreta. Os valores dos coeficientes de segurança estão destacados e são maiores do que a unidade, ou seja, não há pontos de falha.

FIGURA 4.58 – Detalhe, coeficiente de segurança contra falha por fadiga cabeçalho.

A Figura 4.59 apresenta os coeficientes de segurança contra uma falha por fadiga na chapa lateral direita de fechamento da caixa da carreta. Observa-se que ocorre a falha na região indicada com a legenda de mínimo e ampliada mostrando em detalhe os valores abaixo da unidade, o que indica a falha.

FIGURA 4.59 – Falha por fadiga na chapa lateral direita.

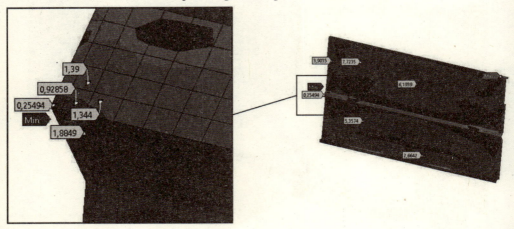

A Figura 4.60 indica os coeficientes de segurança contra uma falha por fadiga no piso da carreta. Os valores são superiores à unidade, o que indica que não ocorre a falha.

FIGURA 4.60 – Coeficientes de segurança contra falha por fadiga no piso.

A Figura 4.61 indica as regiões de falha por fadiga na suspensão do rodado da carreta. Como pode ser observado, ocorrem muitas regiões de falha, o que indica a necessidade de um redimensionamento completo de todos os componentes estruturais da suspensão.

FIGURA 4.61 – Falha por fadiga dos elementos estruturais da suspensão.

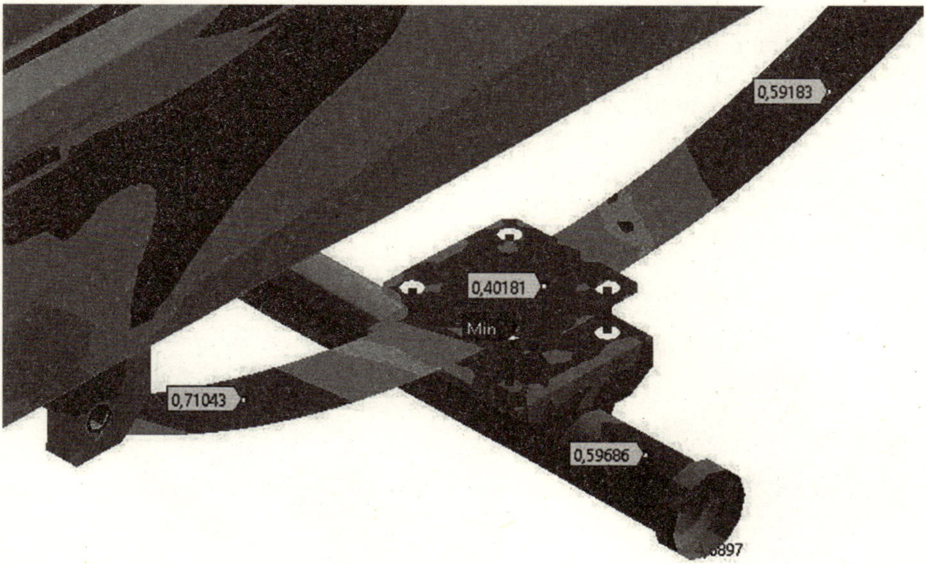

SUBETAPA 3: ATUALIZAÇÃO DO PROJETO

Avaliando os resultados das análises estática e por fadiga, percebe-se a necessidade de um redimensionamento da estrutura da suspensão da carreta, com objetivo de eliminar os pontos de falha estática e por fadiga. Observa-se que, para o cabeçalho, a chapa lateral e o piso da carreta, apesar de os coeficientes de segurança para falha estática e por fadiga estarem menores do que 1 em pontos localizados de concentrações de tensões, no elemento imediatamente ao lado, esse coeficiente é maior do que a unidade, o que indica que não ocorre a falha. Esse tipo de situação normalmente é decorrente de uma singularidade no local, de modo que, ao passar para o elemento vizinho, a tensão sofre uma mudança acentuada e os níveis de tensão aprovam a estrutura. Não há uma mudança gradual de tensões de elemento para elemento.

Em regiões como essa, com alto fator de concentração de tensões, recomenda-se avaliar o elemento imediatamente ao lado, mais distante da concentração de tensões, causadas por singularidades (um caso típico é na região de extremidades de elementos rígidos ao encontrar uma espessura de chapa; nesses locais são comuns manifestações dessas singularidades que devem ser avaliadas com cuidado, pois, afastando-se dessas regiões, os níveis de tensões não são altos).

Dessa forma, considera-se que essas regiões não falham. No entanto, com relação à região da suspensão, não se pode avaliar da mesma forma. Nessa região, é necessário o redimensionamento. Na sequência, apresenta-se uma alteração nas espessuras das chapas componentes da estrutura da suspensão, com o objetivo de eliminar os pontos de falha. Recomenda-se fortemente a leitura dos conceitos apresentados por Alves Filho (2015).

Para resolver os pontos de falha por fadiga nas diversas regiões mencionadas, por escoamento da suspensão da carreta, foram aumentadas as espessuras dessas regiões, por exemplo, como a espessura equivalente da lâmina da mola e de todas as chapas de fixação, mostradas na Figura 4.62.

A espessura equivalente da lâmina que representa o feixe de molas passa de 19mm para 38,1mm. As chapas de fixação da lâmina da mola passam de 4,75mm para 12,7mm. O eixo tubular aumenta sua espessura de 10mm para 12,7mm. As demais espessuras das chapas foram mantidas.

FIGURA 4.62 – Modificação das espessuras da suspensão.

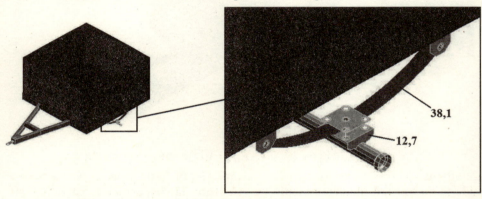

A Figura 4.63 apresenta os valores dos coeficientes de segurança contra uma falha por fadiga da nova estrutura. Observa-se que ainda se mantém um coeficiente de segurança abaixo da unidade, o que indica a falha na região indicada pelo rótulo de mínimo. O detalhe da figura mostra, no entanto, que se trata de um efeito localizado, decorrente da geometria e da concentração de tensões, como citado anteriormente. Para solucionar o problema, seria necessário alterar a geometria do friso utilizado para enrijecer a chapa.

FIGURA 4.63 – Coeficientes de segurança contra uma falha por fadiga.

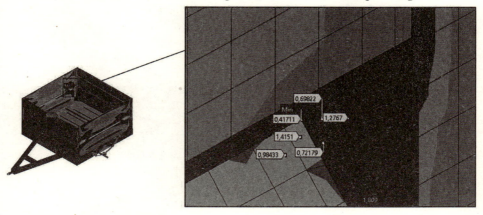

A Figura 4.64 apresenta o detalhe com vista exterior à caixa, mostrando que, nos elementos vizinhos, o coeficiente de segurança é superior à unidade, o que indica que a estrutura não falha.

FIGURA 4.64 – Detalhe, chapa lateral direita. Coeficiente de segurança, falha por fadiga.

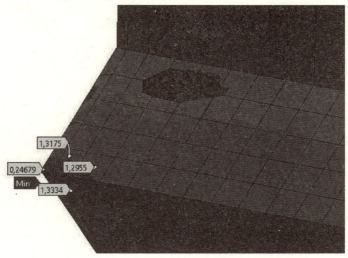

A Figura 4.65 apresenta o coeficiente de segurança contra uma falha por fadiga na suspensão. Observa-se que, com o aumento das espessuras, a suspensão apresenta valores maiores que a unidade. No entanto, o eixo ainda apresenta falha.

FIGURA 4.65 – Coeficiente de segurança contra falha por fadiga da suspensão.

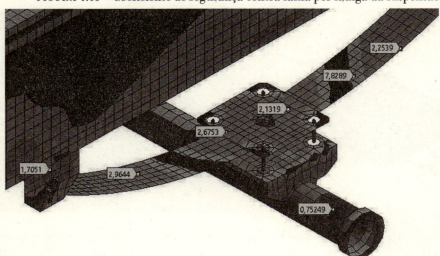

Para a resolução dos problemas de falha por fadiga no eixo e na chapa lateral direita, outras soluções podem ser utilizadas, como mudar a geometria do friso da chapa, e para o caso do eixo, a substituição do material por outro com um limite de resistência a tração maior. Como nosso objetivo neste trabalho é apenas apresentar um exemplo didático, interrompemos a análise por fadiga nessa etapa. Ressaltamos que o objetivo deste exemplo foi consolidar a metodologia de desenvolvimento de produtos com a simulação virtual presente no processo.

Avaliação dinâmica

A avaliação dinâmica será realizada como um estudo adicional, com carregamentos e condições diferentes empregadas nas simulações anteriores. Apresenta-se a simulação dinâmica somente para a estrutura redimensionada, uma vez que a estrutura do projeto inicial apresentava falhas para o critério de escoamento e para o critério de fadiga. Assim, o modelo falhava para uma condição menos exigente. Nessa seção, realiza-se uma análise dinâmica para uma condição de carregamento mais severa do que as simulações anteriores. Dessa forma, a análise dinâmica não foi realizada na subetapa 2 (análise estática/dinâmica/durabilidade) e é apresentada somente na subetapa 3 para a estrutura atualizada.

A geometria, as espessuras de chapas são as mesmas da análise da estrutura redimensionada, desenvolvida na subetapa 3. A Figura 4.66 apresenta o carregamento de deslocamento (elevação x tempo) de saída para o carregamento prescrito elevação x tempo para o eixo e extremidade do cabeçalho. Considera-se um perfil de lavoura classificado como leve pela norma ISO 5008.

Apesar de considerado leves para um terreno de lavoura, os deslocamentos impostos à estrutura atingem valores que variam de 30mm a 165mm, com intervalos de distância de 160mm e uma velocidade de 5km/h em um tempo de 71,76s para simular o percurso de 100m, o que impõe à estrutura condições severas de exigência. Como carregamento de carga na carreta, considerou-se uma massa distribuída no piso da carreta de 5.000kg. O material utilizado na análise é o "plástico cinemático", com tensão de escoamento de 250MPa e módulo tangente de 1.450MPa. Não se considera carregamento lateral contra as chapas de fechamento da carreta.

FIGURA 4.66 – Deslocamentos prescritos para o eixo e a extremidade do cabeçalho.

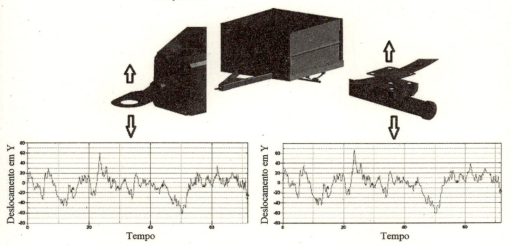

Na análise implícita realizada, o passo de tempo é definido a cada iteração pelo programa, à medida que a rotina de cálculo atinge o equilíbrio. Para que a curva entrada de carregamento seja fielmente reproduzida, deve-se ter o cuidado de definir o limite de passo de tempo máximo do programa como igual ao passo de tempo discreto utilizado para gerar a curva de carregamento.

A Figura 4.67 apresenta a FFT (*Fast Fourier Transform*) do sinal de saída de deslocamentos impostos ao eixo. A faixa de frequências de excitação encontra-se entre 0,35Hz e 1,35Hz com amplitudes que variam entre 1g a 3g. O primeiro modo de frequência natural da estrutura é de 40,965Hz, bem superior ao primeiro modo de vibração considerado da estrutura, que é de 0,365Hz, logo, não se espera efeitos de ressonância. Mas vale relembrar que o estudo no domínio do tempo com os sinais de entradas irregulares permitirá obter saídas de tensões irregulares, e esse é um ponto importante para o cálculo de dano acumulado, como já foi citado anteriormente.

FIGURA 4.67 – FFT do sinal de saída do eixo.

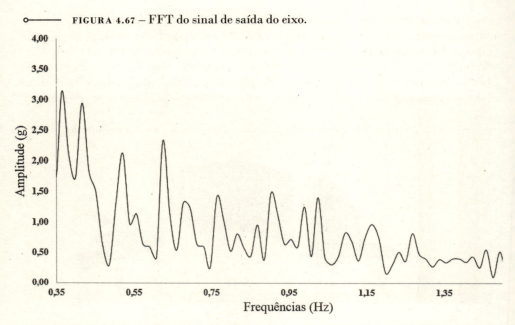

Nessa análise, serão avaliados os principais pontos sujeitos a falha já apresentados nas análises anteriores. A avaliação terá como parâmetro a tensão de von Mises. A Figura 4.68 apresenta as tensões de von Mises com ponto de corte em 250MPa. Observa-se que a chapa lateral atinge valores de tensão iguais ou superiores ao valor da tensão de escoamento do material.

FIGURA 4.68 – Tensões de von Mises.

A Figura 4.69 apresenta a região do encontro do friso da chapa lateral com a coluna vertical, ponto esse de concentração de tensões nas análises estática e de fadiga já apresentadas.

FIGURA 4.69 – Detalhe de concentração de tensões na chapa lateral (MPa).

A Figura 4.70 apresenta a variação da tensão ao longo do tempo de simulação durante os 71,76s para um ponto na singularidade (elemento 193161) e em um ponto ao lado da singularidade (192667 da Figura 4.69). Observa-se que, no ponto ao lado da singularidade, a tensão máxima verificada na simulação atinge o valor em torno de 150MPa. Na singularidade, o valor da tensão de von Mises chega a 300MPa. Recomenda-se, nesse caso, um reestudo da geometria do friso da chapa lateral, uma vez que nesse ponto ainda há o agravante da união por cordão de solda.

FIGURA 4.70 – Tensões de von Mises (MPa).

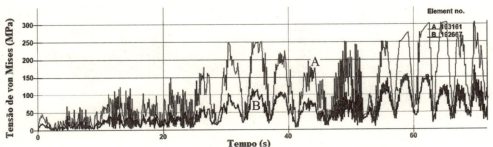

A Figura 4.71 apresenta a distribuição de tensões de von Mises nas chapas e no feixe de molas equivalente, identificando o elemento 118293. A Figura 4.72 apresenta a variação das tensões ao longo do tempo de simulação para esse elemento.

As tensões de von Mises no elemento 118293 atingem valores máximos em torno de 250MPa para o carregamento prescrito de deslocamento, que é um carregamento severo e conservador. Logo, recomenda-se uma reavaliação para toda essa região, apesar de ter passado na avaliação de fadiga da seção anterior, com carregamento menos severo.

FIGURA 4.71 – Tensões de von Mises indicando elemento 118.293 (MPa).

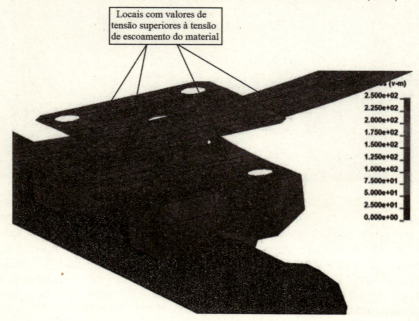

FIGURA 4.72 – Variação das tensões de von Mises, elemento 118.293.

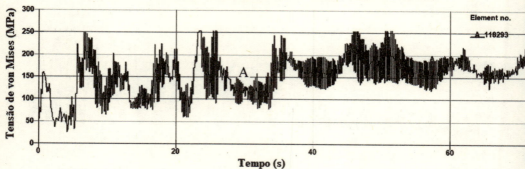

A Figura 4.73 apresenta as tensões de von Mises no piso da carreta para o elemento 93718. A Figura 4.74 apresenta a variação de tensões de von Mises ao longo do tempo de análise para esse elemento. Observa-se que o piso, para a condição de carregamento analisada (5 toneladas sobre o piso com prescrição de deslocamentos no eixo e extremidade do cabeçalho), apresenta valores acima da tensão de escoamento do material, chegando a valores em torno de 400MPa. Isso indica a necessidade de reavaliar a espessura das chapas do piso.

FIGURA 4.73 – Tensões de von Mises, piso elemento 93718 (MPa).

FIGURA 4.74 – Variação da tensão de von Mises elemento 93718 (MPa).

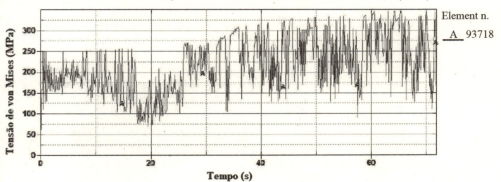

A Figura 4.75 apresenta uma vista superior do piso da carreta em quatro momentos de tempo de análise — 1,5s, 10s, 25s e 65s —mostrando a variação das tensões de pico. Verificou-se que vários locais ultrapassaram a tensão de escoamento do material (indicado na figura). Desse modo, recomenda-se uma reavaliação da espessura da chapa do piso da carreta considerando essa condição de carregamento.

FIGURA 4.75 – Tensões de von Mises no piso da carreta (MPa).

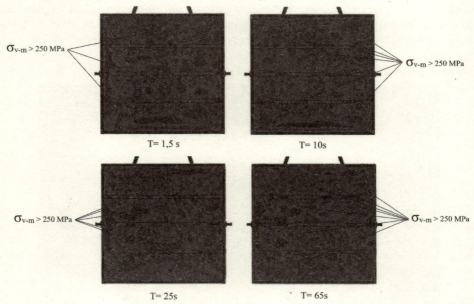

A Figura 4.76 apresenta as tensões de von Mises no cabeçalho, destacando o elemento 10069. A Figura 4.77 apresenta a variação das tensões ao longo do tempo de análise para esse elemento. Observa-se que as tensões de von Mises máximas são em torno de 150MPa. A região próxima ao engate do cabeçalho tem tensões superiores a 250MPa, pois estão na região de aplicação do deslocamento prescrito, o que influencia os valores das tensões, e esses resultados devem ser desconsiderados.

FIGURA 4.76 – Tensões de von Mises, cabeçalho e indicação elemento 10069.

FIGURA 4.77 – Tensões de von Mises (MPa), elemento 10069.

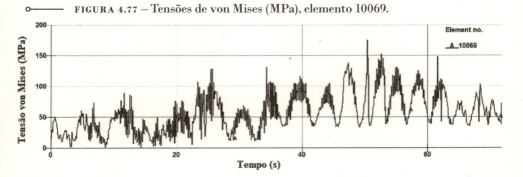

Conclui-se, por meio das análises estática de fadiga e dinâmica, que existe a necessidade de reformulação do projeto nas regiões da suspensão, chapas laterais (friso) e piso da carreta, que apresentam tensões elevadas e podem levar a falha por escoamento ou por fadiga. No caso da chapa do piso, recomenda-se um aumento da espessura de 3mm para 4,75mm e fazer uma nova análise. No caso das chapas laterais, sugere-se uma nova geometria para os frisos, arredondando o canto vivo e, assim, diminuindo o efeito de concentrações de tensões.

Com relação à suspensão, sugere-se o redimensionamento da geometria do feixe de molas, dos comprimentos e curvatura do feixe e elementos de fixação, enrijecendo a suspensão. Em relação à análise realizada para a estrutura redimensionada, as modificações realizadas atenuaram os problemas de falha por fadiga e escoamento da suspensão. No entanto, com a realização da análise dinâmica, fica demonstrado que a suspensão falha e que deve ser reprojetada.

SUBETAPAS 4 E 5: PROTÓTIPO CONCEITUAL E CERTIFICAÇÃO FINAL

Completam as etapas do processo de desenvolvimento proposto as subetapas 4 e 5. A subetapa 4 tem como objetivo a construção do protótipo físico, em que esse protótipo será utilizado para avaliação prática do comportamento estrutural e também para a realização de testes de funcionamento.

Ainda na subetapa 4, caso não se tenham informações concretas sobre os carregamentos reais a que o produto está submetido, que deveriam ser utilizados nas simulações, poderão ser realizadas diferentes medições experimentais, podendo obter tensões e acelerações no produto real, para utilizar como condições de contorno em uma simulação definitiva do produto, com vistas à certificação final do projeto (subetapa 5).

Após o período de testes com o protótipo físico, poderão ser realizadas novas simulações de forma definitiva, seja com novos carregamentos ou com observações realizadas com o comportamento do projeto na prática.

Conclui a fase de projeto de produto a etapa de projeto do desenho global definitivo (etapa 3.3), que, de posse das análises e simulações definitivas, atualiza o projeto CAD do produto, realiza uma avaliação da viabilidade técnica e econômica do projeto e libera para o detalhamento. Essas atividades não serão desenvolvidas nesta obra, pois o exemplo apresentado era de um produto fictício, com o objetivo principal de ilustrar a aplicação da metodologia de desenvolvimento e apresentar informações importantes para projetistas observarem na prática as principais atividades envolvidas em uma simulação estrutural.

Pelo mesmo motivo, não será trabalhada a quarta fase do método de desenvolvimento proposto nesta obra, que é o detalhamento do projeto para produção.

CONCLUSÃO DO CAPÍTULO

Dessa forma, o grande objetivo deste capítulo foi estabelecer o roteiro, a espinha dorsal, que oriente aqueles que trabalham com o desenvolvimento de produtos e que usam nesse processo a simulação estrutural, com a finalidade de obter produtos melhores e consigam fazer previsões de seu comportamento por intermédio de uma metodologia robusta, que une as técnicas que permitem desde o início gerar as alternativas de projeto, juntamente com as poderosas técnicas de simulação virtual, lembrando sempre que o uso do CAE no desenvolvimento de produtos é sinônimo de competitividade.

5

IMPLANTAÇÃO DA
SIMULAÇÃO VIRTUAL

O processo de implantação da tecnologia CAE merece alguns cuidados que são a base para o sucesso na obtenção de resultados e progresso da equipe de engenharia que será responsável pelas análises.

Tivemos vários casos nos quais uma sequência lógica no processo de implantação indicava que a abordagem adequada fazia toda a diferença, mas antes de mostrar essas etapas, citaremos um caso prático em que uma determinada empresa quis *"cortar caminhos e pegar atalhos"*, e tivemos de efetuar uma correção de rota nesse processo para *"salvar"* e não frustrar a metodologia.

Aliás, estamos em uma época na qual as facilidades gráficas levam a acreditar que a forma é mais importante do que a essência, começando pelo manuseio dos *softwares*. Existe uma aparente evolução, já que a execução de tutoriais leva a visualizar rapidamente as figuras coloridas na tela, com a sensação de um progresso gigantesco em pouco tempo. Vale então lançar mão de uma frase-chave que os engenheiros conhecem muito bem. *"O importante não é só o valor da função, mas a sua derivada."*

Vale enfatizar que uma área de desenvolvimento passa por constantes desafios para encontrar a solução de novos problemas ou novos produtos ainda não produzidos pela empresa. E nesse caso, não há tutoriais com exemplos de todos os produtos, nem soluções prontas. Mas a metodologia é sempre a mesma. Até de uma maneira *lúdica*, vivemos isso por diversas vezes, e faz sentido para quem trabalha com cálculo estrutural. É bom lembrar que, na mecânica estrutural, apenas como exemplo de "pano de fundo", só existe um círculo de Mohr, não há círculos de Mohr para submarinos, para aviões, navios, chassis, próteses, suportes mecânicos, etc., pois a mecânica estrutural é uma só.

E levando em conta o contexto do parágrafo anterior, é fundamental para quem quer ter o domínio das aplicações em CAE conhecer os comportamentos físicos da mecânica estrutural, os elementos no *software* que os representam e a competência numérica com que fazem isso. Estamos falando da escolha do elemento adequado para simular cada situação física *(entendimento do comporta-*

DESENVOLVIMENTO DE PRODUTOS UTILIZANDO SIMULAÇÃO VIRTUAL

mento estrutural) e do tamanho dos elementos (*competência numérica em função da formulação do elemento*), buscando obter resultados confiáveis.

Vamos então citar o *exemplo da Empresa A*, para sermos genéricos e contribuir com um exemplo prático que vivemos das inúmeras implantações que fizemos.

EXEMPLO DA EMPRESA A

Quando iniciamos o processo de implantação da tecnologia CAE nessa empresa, toda a metodologia de uso do CAE que explanaremos a seguir estava acertada com a direção da organização. Embora adiante seja detalhada essa metodologia, aqui vale a máxima *"falemos do milagre e depois o nome do Santo"*.

Dentro da filosofia e do trabalho, a implantação é efetuada por módulos, e o alicerce são os conceitos.

Como o diretor da empresa estava fora do Brasil, uma pessoa da gerência nos questionou sobre a *"perda de tempo"* e energia na implantação dos conceitos/teoria. Deveríamos fazer algo mais prático, mais objetivo, ir direto para a *ferramenta/software*. Embora tivéssemos argumentado que isso já havia sido decidido, seguindo uma lógica do uso do CAE, nossa recomendação não foi aceita, e o planejamento inicial foi alterado. Ou seja, começar pela *"prática"*. E segundo a gerência, eles já haviam passado por uma *"base de teoria de dez horas"*, e isso já era o suficiente.

Assim foi feito!

Ao iniciarmos os diversos trabalhos de modelagem pelo método dos elementos finitos, escolhemos diversos *"cases"* de sorte a mostrar as possíveis técnicas de fazer modelos que pudessem, de uma forma geral, servir de alicerce para as diversas aplicações que tinham na empresa, usando os mais diversos elementos disponíveis no software de análise e o uso adequado de cada um deles, bem como suas limitações, o que cada um nos dava de informação e o que não dava, ou o que poderíamos calcular com as informações obtidas em um estágio seguinte.

Ao desenvolver os trabalhos, fizemos um esforço imenso para *"construir o alicerce ao mesmo tempo que levantávamos as paredes da casa"*.

À medida que o trabalho foi avançando, começaram a surgir questões vitais por parte dos participantes, por exemplo:

> *"Por que esse elemento é mais adequado para essa aplicação?"* Resposta: *"Porque na construção da teoria/conceitos estudamos os comportamentos físicos da mecânica estrutural e como escolher o elemento adequado que simule esse comportamento."*

> *"Por que estamos adotando esse tamanho de elemento?"* Resposta: *"Porque na construção da teoria/conceitos estudamos a formulação dos elementos,*

como as deformações são calculadas dentro deles e, como consequência, o tamanho da malha sai dessa análise."

As perguntas então foram se repetindo, e enquanto tentávamos montar o alicerce a casa já estava chegando no telhado, foi aí então que surgiu a pergunta final:

"Por que então não começamos pelos conceitos/teoria, em vez de começar pelo software?" Resposta: "Esse era o plano inicial! O que havia sido proposto, mas foi alterado. Estamos começando pelo fim."

Quando a direção da empresa voltou, fizemos um relatório e uma reunião sobre a implantação da tecnologia CAE em andamento. Imediatamente foi decidido que, apesar da mudança de rumo, deveríamos voltar ao plano inicial, ou seja, terminado o módulo aplicativo, voltaríamos aos conceitos.

À medida que o trabalho foi avançando nos conceitos, começaram a surgir questões vitais por parte dos participantes, por exemplo:

"Ah, então é por causa disso que escolhermos esse tipo de elemento? Ah, é por causa disso que o elemento tem esse tamanho?" Resposta: "Sim, tudo que fazemos no software de análise tem uma base conceitual, e é uma evidente impossibilidade progredir sem essa base."

Daí a importância do MÓDULO CONCEITUAL!

Essa etapa constitui a base para alavancar um crescimento seguro do grupo na aplicação da tecnologia CAE/método dos elementos finitos. Cada observação efetuada na elaboração dos modelos, escolha dos elementos e interpretação dos resultados, no uso do *software* de simulação deve merecer uma análise crítica por parte do engenheiro, e apenas com a base conceitual isso é possível. Somente esse procedimento de trabalho pode gerar crescimento na aplicação da tecnologia CAE, e o pré-requisito para alcançar esse nível é a formação conceitual obrigatória. No exemplo que estamos discutindo como "pano de fundo", essa decisão de oferecer a base/alicerce ao grupo salvou a implantação do CAE na *Empresa A*.

Dessa forma, a partir do caso real que serviu como base dessa discussão, temos adotado um procedimento que tem mostrado um equilíbrio entre os conceitos, o uso da ferramenta computacional e a aplicação final no caso real da corporação, a saber:

A implantação de uma Metodologia de Aplicação do MEF em análise estrutural, introduz *Módulos Fundamentais* que possibilitam a criação da base para o desenvolvimento dos trabalhos em problemas pertinentes ao escopo de atuação das empresas. Temos, assim, os seguintes métodos:

- Módulos de teoria.
- Módulos de aprendizado do manuseio do software à luz da teoria.
- Projetos-pilotos visando aplicações práticas da empresa.

A Figura 5.1 mostra uma visão geral da implantação da tecnologia CAE. Essa metodologia foi aplicada com sucesso em diversas empresas do Brasil.

FIGURA 5.1 – Visão geral para implantação da tecnologia CAE.

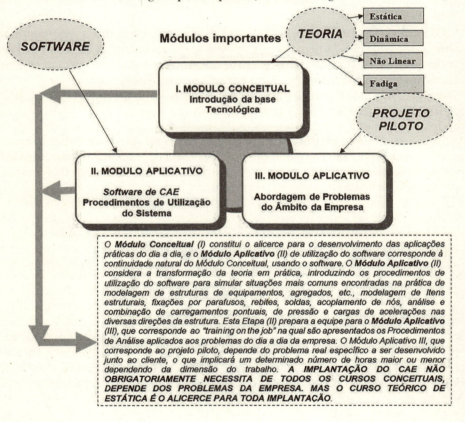

Os softwares de elementos finitos contêm uma quantidade enorme de recursos e comandos. Normalmente são efetuados treinamentos com exemplos em tutoriais, e após a repetição de um caso, muitas vezes o usuário sabe resolver aquele problema, mas tem dificuldade de tomar iniciativa em novas aplicações. Qual o motivo dessa dificuldade, e qual a melhor forma de abordar essa importante questão?

Essa questão, como vimos no caso real mencionado, está relacionada à "base conceitual" do método. Muitas implantações são feitas focando o *software* como a salvação para todos os problemas, e já comentamos tratar-se de uma visão equivocada. Durante os processos de implantação, costumamos comentar o caso fictício de um paciente que vai a um consultório e o médico sugere que não entende muito daquele assunto, mas tem um *software* de medicina, e informando os sintomas, a resposta para seu mal e os remédios já são obtidos como "saída" do programa. O paciente, se tiver juízo, levanta-se e sai correndo do consultório. Não há motivo para supor que na área de engenharia de simulação seja diferente, embora existam "pacientes" que acreditem nessa falácia e "médicos" que as vendam. Costumamos dizer que, se algum vendedor de *software* oferecer o seu produto com essa visão, "levante-se e vá correndo ao Procon".

Portanto, a abordagem do sistema CAE deve contemplar os principais recursos que são efetivamente necessários para a resolução dos problemas de modelagem estrutural no dia a dia do engenheiro de aplicação. Deve abordar objetivamente a "espinha dorsal" do sistema CAE, estabelecendo os procedimentos básicos de referência para a utilização do sistema em qualquer outra análise a ser efetuada. É importante escolher alguns exemplos controlados, de modo a confrontar as expectativas de resposta com os resultados obtidos no *software*, mas sempre justificando cada passo à luz da teoria, só dessa forma se ensina o caminho. Deve-se focalizar a metodologia operacional do sistema CAE por meio da "resolução completa e passo a passo" de um exemplo de estrutura em que são utilizados os diversos elementos finitos, identificando a sequência básica de etapas na aplicação do método dos elementos finitos. Não é necessário o conhecimento de todos os recursos visuais do *software*, que são inúmeros; deve-se focar a atenção nos recursos conceituais, e não na imensa quantidade de "perfumaria" que o *software* pode oferecer. Dessa forma, a aplicação prática no *software* CAE deve ser efetuada cobrindo todas as etapas de uma análise com os recursos do MEF.

Quais as recomendações finais que poderíamos efetuar em termos do uso da tecnologia CAE objetivando uma implantação adequada?

Deve-se ter em mente que o uso da tecnologia CAE não se limita a uma simples aplicação de cálculos baseados em um programa de elementos finitos. Para fazer sentido e apresentar utilidade prática, o uso do método dos elementos finitos deve ser feito a partir de um "procedimento geral de análise", fundamentado no que se pode chamar de "critério de projeto". Neste, todas as hipóteses formuladas para a concepção do modelo de cálculo, como cargas, condições de contorno, propriedades mecânicas do material, geometria da peça etc., devem ser objetivamente estabelecidas, servindo como embasamento para as delicadas tarefas de preparação de modelos e interpretação dos resultados.

É dentro desses conceitos que se deve abordar a "metodologia de implantação", de forma que o grupo envolvido em um programa desse tipo consolide o treinamento efetuado, participando ativamente da modelagem e análise por elementos finitos de produtos do âmbito da empresa. Essa etapa é fundamental, pois a tecnologia CAE é parte integrante da "metodologia de pesquisa e desenvolvimento de produto", já que a análise acurada de tensões e como consequência, o comportamento estrutural otimizado do componente depende desse procedimento. A Figura 5.2 ilustra o sequenciamento considerado ideal para implantação do método dos elementos finitos.

FIGURA 5.2 – Sequência correta para implantação do CAE.

Conceitos do MEF
Introdução da Base Teórica

Módulo Aplicativo
Utilização dos Recursos do Software de CAE

Módulo Aplicativo
Caso Real - Problemas do Âmbito da Empresa

IMPACTOS ECONÔMICOS NA UTILIZAÇÃO DE ANÁLISES CAE

Os ganhos empregados com o desenvolvimento de produtos utilizando simulação virtual para avaliar o comportamento do projeto podem ser divididos em ganhos técnicos e ganhos econômicos.

Como ganhos técnicos, relacionam-se principalmente com:

- A diminuição de falha em campo do equipamento.
- A confiabilidade do projeto.
- A redução de tempos de projeto.

Como ganhos econômicos, financeiros relacionam-se principalmente com:

- O aumento da competitividade do produto.
- A redução de custos com retrabalhos em protótipos e ferramental.
- A redução de custo com garantia e assistência técnica.
- O tempo de retorno do investimento reduzido.

FIGURA 5.3 – Avaliação dos custos de simulação no desenvolvimento de um novo produto.

PROJETO/PRODUTO DESENVOLVIDO		
Preço de venda estimado	R$	100.000,00
Quantidade de venda/mês		10
Quantidade de venda/ano		120
Tempo para retorno do investimento (anos)		5
Percentual do valor de venda		0,25%
Custo do trabalho de análise numérica	R$	150.000,00
Valor embutido em cada equipamento comercializado	R$	250,00

Simulação de um Recall		
Percentual gasto por equipamento para realizar retrabalho		5%
Valor por equipamento recall	R$	5.000,00
Total de gastos com produto comercializado	R$	3.000.000,00

Como exemplo, podemos considerar o desenvolvimento de um produto que tem um preço de venda no mercado de R$100 mil. A Figura 5.3 mostra os demais parâmetros envolvidos, como a quantidade de venda do equipamento por mês, por ano e tempo para retorno do investimento. Se estimarmos que o custo de realização da avaliação estrutural do produto desenvolvido fosse de R$150 mil, envolvendo os custos de contratação de pessoal especializado, implantação, treinamento de colaboradores e realização de testes, o valor da simulação embutido em cada equipamento comercializado ficaria em torno de R$250, podendo ser considerado como "mais uma peça do equipamento". A Figura 5.3 ilustra a avaliação de custos do exemplo em questão.

Por outro lado, caso a simulação estrutural não fosse realizada e ocorresse uma situação de *recall*, considerando um percentual de 5% do valor do produto gasto para corrigir o problema, o total de gastos com o produto comercializado seria da ordem de R$3 milhões, sem considerar outros fatores que poderiam prejudicar a imagem da empresa. As consequências poderiam ser catastróficas.

CONCLUSÃO DO PRESENTE
CAPÍTULO E DA OBRA

Todas as atividades desenvolvidas no presente texto comprovam a importância de desenvolver produtos de forma metódica. A segurança e confiabilidade agregada ao produto, a redução de custos e os gastos com diferentes protótipos conceituais, o tempo menor de desenvolvimento e os retrabalhos de pós-vendas justificam completamente a adoção do desenvolvimento metódico considerando a simulação virtual.

Podemos perceber que, desde as primeiras ideias apresentadas sobre o produto que será desenvolvido e depois testado virtualmente, a metodologia de desenvolvimento terá sempre papel central para que não se corra o risco de repetição de atividades de forma desnecessária pela ausência de procedimentos logicamente encadeados, como foi mostrado no presente texto.

A capacitação da equipe de trabalho, tanto na metodologia de desenvolvimento de produto quanto nas técnicas de simulação (investimentos na tecnologia CAE), constitui um binômio fundamental para a obtenção do sucesso no desenvolvimento de um novo produto.

As atividades de treinamento nesses dois pilares, que sustentam o desenvolvimento de produtos, são absolutamente fundamentais.

REFERÊNCIAS BIBLIOGRÁFICAS

ALVES FILHO, A. **Elementos finitos – A base da tecnologia CAE – Análise dinâmica.** 2.ed. – 4. Reimpressão. São Paulo: Erica, 2008.

_____. **Elementos finitos – A base da tecnologia CAE – Análise não linear.** 1.ed. São Paulo: Erica, 2012.

_____. **Elementos finitos – A base da tecnologia CAE.** 6.ed. São Paulo: Erica, 2015.

_____; China, L. S. M. **Methodology of Design of Wind Turbine Tower Structures.** 3rd Joint International Conference On – Rome/Italy, 2016.

AMBRÓSIO, J. A. C.; SEABRA PEREIRA, M.; MILHO, J. F. A. **Rigid Multibody Systems: The Plastic Hinge Approach.** Crashworthiness. Energy Management and Occupant Protection. AMBRÓSIO, Jorge A. C. (ed.) Springer WienNewYork, 2001.

Associação Brasileiras de Normas Técnicas, NBR 14762. **Dimensionamento de estruturas de aço constituídas por perfis formados a frio.** Abril, 2001.

_____, NBR ISO 5008. **Tratores agrícolas de rodas e máquinas de campo – medição da vibração transmitida ao corpo inteiro do operador.** Maio, 2015.

Ansys, Inc. **Theory Manual.** Release 5.7. 0011369. Twelfth Edition. SAS IP, Inc., 1984.

BACK, N. *et al.* **Projeto integrado de produtos: planejamento, concepção e modelagem.** São Paulo: Manole, 2008.

CHEUNG, Y. K.; TAM, L. G. **Finite Strip Method.** CRC Press, 1988.

DIAS de MEIRA, A. **Avaliação do comportamento da estrutura de ônibus rodoviário solicitado a impacto frontal.** Tese de doutorado, Programa de Pós-graduação em Engenharia Mecânica, Universidade Federal do Rio Grande do Sul, Porto Alegre, 2010.

FUCKS, H. O. *et al.* **Metal Fatigue in Engineering.** John Wiley & Sons Inc., New York, United States, 1980.

GILLESPIE, T. D. **Fundamentals of Vehicle Dynamics.** Warrendale: SAE, 1992.

HANCOCK, G. J.; KWON, Y. B.; BERNARD, E. S. **Strength Design Curves for Thin Walled Sections Undergoing Distorcional Buckling.** Journal of Constructional Steel Research, 1994.

HUANG, S. *et al.* **Improving Design for Crashworthiness of a Minibus.** International Journal Vehicle Safety, 2005.

JONES, N. **Quasi-Static Behavior.** Crashworthiness. Energy Management and Occupant Protection. AMBRÓSIO, J. A. C. (ed.) Springer WienNewYork, 2001a.

_____. **Material Strain Rate Sensitivity.** Crashworthiness. Energy Management and Occupant Protection. AMBRÓSIO, J. A. C. (ed.) Springer WienNewYork, 2001b.

_____. **Dynamic Axial Crushing.** Crashworthiness. Energy Management and Occupant Protection. AMBRÓSIO, J. A. C. (ed.) Springer WienNewYork, 2001c.

_____. **General Introduction to Structural Crashworthiness. Crashworthiness. Energy Management and Occupant Protection.** AMBRÓSIO J. A. C. (ed.) Springer WienNewYork, 2001d.

LS-DYNA. **User Manual – Non Linear Dynamic Analysis of Structures.** May 1999. Version 950-d Livermore Software Technology Corporation 7374, las Pocitas Road Livermore.

MACAULAY, M. **Introduction to Impact Engineering.** Brunel University, 1987.

MOURA, E. D. A. **Estudo de suspensões passiva, semiativa MR e ativa.** Dissertação de mestrado, Programa de Pós-graduação em Engenharia Mecânica, Universidade Federal de Itajubá, 2003

NARDELLO, A. **Projeto e desenvolvimento de uma pista de testes.** Dissertação de mestrado, Programa de Pós-graduação em Engenharia Mecânica, Universidade Federal do Rio Grande do Sul, Porto Alegre, 2005.

PAHL, G. *et al.* **Projeto na engenharia:** fundamentos do desenvolvimento eficaz de produtos, métodos e aplicações. São Paulo: Blucher, 2005.

PERES, G. **Uma metodologia para simulação e análise estrutural de veículos de transporte de carga.** Dissertação de mestrado, Programa de Pós-graduação em Engenharia Mecânica, Universidade Federal do Rio Grande do Sul, Porto Alegre, 2006

RIERA, J. D. **A Critical Reappraisal of Nuclear Power Plant Safety Against Accidental Aircraft Impact.** Nuclear Engineering and Design, North-Holland, 57, 193-206. North Holland, 1980.

SAE J267. **Wheels/rims – Truck and Bus – Performance Requirements and Test Procedures for Radial and Cornering Fatigue,** 2014.

SCHAEFER, B. W.; PEKOZ, T. **Direct Strength Prediction of Cold-Formed Steel Members Using Numerical Elastic Buckling Solutions.** Thin-Walled Structures, Research and Development. Eds Shanmugan, pp. 137-144, 1998.

_____. **CUFSM 2.5 - Users Manual and Tutorials.** Available as www.ce.jhu.edu/bschafer/cufsm, 2001.

SHIGLEY, J. E.; MISCHKE, C. R.; BUDYNAS, R. G. **Projeto de Engenharia Mecânica.** 7.ed. São Paulo:Bookman,, 2005.

Standard EN 13374:2004. **Temporary Edge Protection Systems - Product Specification, Test Methods.** 2004.

Standard SANS 1563:2005. **The Strength of Large Passenger Vehicle Superstructures (roll-over protection).** Edition 1.1, 2005.

TECH, T. W.; ITURRIOZ, I.; MORSCH, I. B. **Study of a Frontal Bus Impact Against a Rigid Wall.** WIT Transactions on engineering sciences. Impact Loading of Lighweight Structures, M. Alves & N. Jones. Ed., 2005.

TIMOSHENKO, S. **Teoria da elasticidade.** Guanabara, 1980.

VDI 2221. **Systematic Approach to the Design of Technical Systems and Products.** Translation of German Edition: Verein Deutscher Ingenieure, 1987.

WALBER, M., TAMAGNA, A. **Avaliação dos níveis de vibração existentes em passageiros de ônibus rodoviários intermunicipais, análise e modificação projetual.** Revista Liberato, 2010.

WALBER, M. *et al.* **Evaluation of the Seat Fastening in the Frame of a Road Bus Submitted to Frontal Impact.** Latin American Journal of Solids and Structures, 2015.

ÍNDICE

A

acelerômetro, 78
  triaxial, 79
álgebra matricial, , 19
American Society of Mechanical
  Engineers (ASME), 86
análise
  de engenharia, 30–31
  de tensões, 85, 231
  dinâmica, 320
  estática, 332
  estrutural, 395
  modal, 68, 72, 171
  não linear, 339
  por elementos finitos, 334
avaliação
  da solução, 41
  de fadiga, 83
  de sobrecarga do projeto, 83
  dinâmica, 83, 84
avoid bending moments, 197

B

base conceitual, 397
baseline de projeto, 322
beam elements, 96, 128
Belytschko-Tsay, 292
bolt preloads, 74
boundary conditions
  displacement restraints, 253
  loads, 253
buckling, 91

C

cálculo
  de dano cumulativo, 63, 67
  de dimensionamento, 84
  estrutural, , 22
carregamentos de projeto, 62–64
cinemática, 314
círculo de Mohr, 344, 393
cisalhamento, 344
clareza, 53
coeficiente
  de Poisson, 72, 94
  de segurança, 61, 346
comportamento de placa, 113
compressão primária longitudinal, 255
computação gráfica, , 8
concepção, 28, 41, 83
condições de contorno essenciais ou
  geométricas, 107
configuração deformada da estrutura,
  , 21
crashworthiness, 289
critério
  de fadiga, 91
  de Mohr Coulomb, 345
  de Palmgreen-Miner, 350
  de pico, 88
  de projeto, 397
  de Tresca, 345
  de von Mises, 63, 67, 115

D

deflexão máxima, 87, 94

deformações
permanentes, 112
temporárias, 112
Design for Manufacturing and Assembly (DFMA), 315
deslocamentos nodais, , 19
detalhamento, 28, 83
diagrama de Goodman, 206–207, 349
display style, 105
distribuição Weibull, 173

E

element forces, 113
elementos
de casca, 119
de gap, 119
de massa concentrada, 119
de mola, 119
de viga, 119
finitos, , 16
isoparamétricos, 100
rígidos, 104, 119
sólidos, 119
hexaédricos, 103
tetraédricos parabólicos, 188
enforced motion, 260, 348
Engenharia
Auxiliada por Computador (CAE), , 1
Preditiva, , 11, 24
Simultânea, , 3
engenheiro
analista, 62, 71
de projetos, 85
envelope de cargas, 64–66
ergonomia, 315
escoamento do material, 187
e instabilidade da estrutura, 87
espiral de projeto, 36, 318
estabelecimento do conceito, 41
Estado Plano de Tensões, 112
extensômetros, 78
elétricos, 140

F

fabricação de protótipos, , 3
fadiga, 84
de Goodman, 91
falha
estática, 84
por fadiga, 101
fase de concepção, 35
Fator de Carga de Flambagem (FCF), 91, 233
filtro passa-baixa, 144
forças, 314
cortantes, 321
de inércia, 68
formulação Hughes_Liu, 266
free edges, 358

G

geometria, 314
globalização, , 1, 4

H

Hughes-Liu, 268

I

Índice de Falha (IF), 91–92, 195
iniciação de trinca na estrutura, 87
In Plane Forces, 127
integração direta, 169
integral de Duhamel, 349
internal angle, 105
ISO-9000, , 2

J

junta estrutural, , 13

K

Kaimal, 174
Kaizen, , 2

Índice 405

L

lei
  de Hooke, 79, 333
  de Newton, 260, 333
levantamento de necessidades, 35, 38
limite de escoamento, 65
linha mestra, 32

M

manutenção, 315
material
  independent joint factors, 125
  parent, 118, 119
matriz de rigidez
  da estrutura, , 16
  dos elementos, , 16
mecânica estrutural, , 19, 86, 96
Mesh_Statistics_Mesh Metric_Element
  Quality, 106
método
  da resistência direta, 304–305
  das faixas finitas, 305
  de Elementos Finitos (MEF), 83, 96,
    212, 397
  de Goodman, 115
  de Riera, 292, 304
metodologia
  de Aplicação do MEF, 395
  operacional, 397
microstrain, 257
midsurfaces, 73, 97
modelo
  de cálculo, 64
  estrutural, , 21
modos de falha, 47
momento
  de inércia, 241
  estático, 243
  fletor, 321
montagem, 315
mordida, 199

N

Newmark, 278
nodal stresses, 156, 339
Norma Europeia EN 13374
  2004, 213
nós, , 17, 119

O

operação, 315
operador jacobiano, 352
outputs, 319

P

parent material, 170
peopleware, , 2
planejamento, 83
  do produto, 31
  do projeto, 28, 31
plane stress, 99, 319
plasticidade, 87
plate behavior, 99, 113, 319
popa a popa, 38
power train, 320
pré-avaliação estrutural, 41
produção, 315
projeto
  do desenho global preliminar, 53
  do produto, 28, 50
  do sistema estrutural, 84
  estrutural, 85
propagação da trinca na estrutura, 87
protótipo
  conceitual, 325
  virtual, , 4
puncionamento, 99

Q

QFD, , 2
QS-9000, , 2

R

range, 162
  das tensões, 180
regra de Palmgreen-Miner, 349
requisitos do armador, 35
resistência
  à fadiga, 248
  dos materiais elementar, 86
  estrutural, 45, 315
response set, 157, 339
resposta dinâmica, 79
rigid elements, 128
roll over, 137

S

SAE J267, 86
segurança, 54, 315
séries sistemáticas, 37
show contact-merge, 105
simplicidade, 54
simulação virtual, 27
  do tipo estrutural, 83
sistema multicorpo, 267
sistemas
  de qualidade, , 2
  multicorpos, 267
sociedades classificadoras, 331
software de análise, , 4
Solution Information Visible on
  Results, 106
spring/molas, 357
Stess Limit Type, 371
strain gauges, , 6, 77, 120, 138
stress
  path, 192
  tensor, 156
superposição modal, 169

T

técnica da linha mestra, 32
tensão
  admissível, 318
  de escoamento, 233
  de von Mises, 87–88, 161, 371
teoria
  da Energia de Distorção (Max
    Equivalent Stress), 371
  da mecânica estrutural, 37, 128
  da viga, 172
  de von Mises-Hencky, 87, 151
  do método, 63
thin shell
  elements, 96, 128
  isoparametric linear elements, 100
transformada de Fourier, 349
transporte, 315

V

valores admissíveis de tensão/
  deformação, 64
Van der Hoven, 174
VDI 2221, , 25, 83
velocidade das inovações, , 4
viscoplasticidade, 285
von Karman, 174

Projetos corporativos e edições personalizadas
dentro da sua estratégia de negócio. Já pensou nisso?

Coordenação de Eventos
Viviane Paiva
viviane@altabooks.com.br

Assistente Comercial
Fillipe Amorim
vendas.corporativas@altabooks.com.br

A Alta Books tem criado experiências incríveis no meio corporativo. Com a crescente implementação da educação corporativa nas empresas, o livro entra como uma importante fonte de conhecimento. Com atendimento personalizado, conseguimos identificar as principais necessidades, e criar uma seleção de livros que podem ser utilizados de diversas maneiras, como por exemplo, para fortalecer relacionamento com suas equipes/ seus clientes. Você já utilizou o livro para alguma ação estratégica na sua empresa?

Entre em contato com nosso time para entender melhor as possibilidades de personalização e incentivo ao desenvolvimento pessoal e profissional.

PUBLIQUE SEU LIVRO

Publique seu livro com a Alta Books. Para mais informações envie um e-mail para: autoria@altabooks.com.br

 /altabooks /alta-books /altabooks  /altabooks

CONHEÇA OUTROS LIVROS DA ALTA BOOKS

Todas as imagens são meramente ilustrativas.